人工智能技术丛书

ChatGLM3 大模型本地化部署、应用开发与微调

王晓华 著

清華大学出版社
北 京

内 容 简 介

本书作为《PyTorch 2.0 深度学习从零开始学》的姊妹篇，专注于大模型的本地化部署、应用开发以及微调等。本书不仅系统地阐述了深度学习大模型的核心理论，更注重实践应用，通过丰富的案例和场景，引导读者从理论走向实践，真正领悟和掌握大模型本地化应用的精髓。

全书共分 13 章，全方位、多角度地展示了大模型本地化实战的完整方案，内容包括大模型时代的开端、PyTorch 2.0 深度学习环境搭建、基于 gradio 的云上自托管 ChatGLM3 部署实战、使用 ChatGLM3 与 LangChain 实现知识图谱抽取和智能问答、适配 ChatGLM3 终端的 Template 与 Chain 详解、ChatGLM3 多文本检索的增强生成实战、构建以人为本的 ChatGLM3 规范化 Prompt 提示工程、使用 ChatGLM3 的思维链构建、GLM 源码分析与文本生成实战、低资源单 GPU 微调 ChatGLM3 实战、会使用工具的 ChatGLM3、上市公司财务报表非结构化信息抽取实战、上市公司财务报表智能问答与财务预警实战。

本书适合大模型的初学者、有一定基础的大模型研究人员、大模型应用开发人员。同时，本书还可作为高等院校或高职高专相关专业大模型课程的教材，助力培养新一代的大模型领域人才。

图书在版编目（CIP）数据

ChatGLM3 大模型本地化部署、应用开发与微调 / 王晓华著. —北京：清华大学出版社，2024.4（2024.11重印）
（人工智能技术丛书）
ISBN 978-7-302-65881-8

Ⅰ. ①C… Ⅱ. ①王… Ⅲ. ①人工智能 Ⅳ. ①TP18

中国国家版本馆 CIP 数据核字（2024）第 064907 号

责任编辑： 夏毓彦
封面设计： 王 翔
责任校对： 闫秀华
责任印制： 刘海龙

出版发行： 清华大学出版社
网 址：https://www.tup.com.cn，https://www.wqxuetang.com
地 址：北京清华大学学研大厦 A 座　　邮 编：100084
社 总 机：010-83470000　　邮 购：010-62786544
投稿与读者服务：010-62776969，c-service@tup.tsinghua.edu.cn
质 量 反 馈：010-62772015，zhiliang@tup.tsinghua.edu.cn

印 装 者： 三河市科茂嘉荣印务有限公司
经 销： 全国新华书店
开 本： 190mm×260mm　　**印 张：** 17.75　　**字 数：** 479 千字
版 次： 2024 年 4 月第 1 版　　**印 次：** 2024 年 11 月第 3 次印刷
定 价： 89.00 元

产品编号：105864-01

前　言

大模型领域既是繁星点点的未知宇宙，也是蕴含无数可能的广阔天地，正是这一独特的魅力，令无数的探索者为之倾倒，为之奋斗。随着大模型应用逐渐走入人们的日常生活，支撑它的深度学习技术也开始登上更为广阔和深远的人工智能大舞台。

关于本书

本书将揭示大模型 ChatGLM3 的本地化实战应用,带领读者领略 ChatGLM3 的高级应用之美.书中不仅详细如何进行 ChatGLM3 的私有云部署、开发应用、构建思维链以及在有限资源条件下的微调方法，为了让读者更深入地了解 ChatGLM3 的模型架构，还将解析 GLM 系列模型的源码，并完成一项文本生成任务。本书的最后将通过实现基于自然语言的真实上市公司大规模年度财务报表非结构化信息抽取实战、智能问答与财务预警实战，展现大模型应用的美好前景。这两个实战案例将融合本书前面介绍的所有知识，从大模型程序应用入手，涉及微调以及工具的使用，并结合具体的业务知识背景，为读者带来一次深度学习的完整体验。

本书涉及的深度学习编程方法与技巧以 PyTorch 为主。PyTorch 因其易用性和普及性而成为深度学习领域的翘楚。当然，本书只是围绕大模型的应用进行深入剖析，若想了解更多关于深度学习的内容，例如卷积神经网络、循环神经网络等模块的构建和使用方法，强烈推荐参阅《PyTorch 2.0 深度学习从零开始学》。

本书作为《PyTorch 2.0 深度学习从零开始学》的姊妹篇，不仅延续了《PyTorch 2.0 深度学习从零开始学》中的核心理念与知识体系，更将深度学习引向了一个新的高度，专注于大模型的本地化研究与应用。本书将帮助读者深入理解深度学习与大模型的精髓，探寻其背后的思维逻辑和创新精神。在这个过程中，读者不仅能学习到理论知识，更能感受到大模型背后的力量与智慧，从而为自己在这一领域的研究和 实践提供有力的支撑。

本书特点

本书具有如下 6 个方面的特点：

- 内容与结构的系统性：本书延续了《PyTorch 2.0 深度学习从零开始学》的知识体系，精心设计了内容与结构，结合深度学习基础知识和大模型的具体方向，逐步引导读者走进大模型高级应用和微调场景。每个章节都按照逻辑顺序展开，确保读者在学习过程中能够循序渐进地掌握相关知识和技能。
- 理论与实践的紧密结合：本书不仅关注理论知识，更注重实践应用。通过丰富的实战案例讲解，读者可以亲手进行操作和实践，深入了解深度学习和大模型在实际问题中的应用方法和解决方案。

- 大模型本地化部署领域的专业洞察：本书对大模型本地化部署领域进行深入研究和专业洞察，涵盖了目前最新的研究成果、模型架构和应用场景。读者通过阅读本书，可以紧跟学术前沿，全面了解大模型的发展趋势和实际应用。
- 注重培养解决问题的能力：本书以实际项目为导向，注重培养读者解决问题的能力。通过深入分析实际案例和提供实战代码，读者可以逐步提升自己的实践能力和创新能力，为未来的实际工作做好充分准备。
- 优美的语法和丰富的实例：本书采用优美的语法和丰富的实例进行讲解，让读者在学习过程中感受深度学习的魅力和大模型的智慧。通过生动的比喻、形象的描述和实用的技巧，读者可以更好地理解和掌握深度学习和大模型的核心概念和方法。
- 笔者的专业背景和实战经验：作为深度学习专家和畅销图书作者，笔者具有深厚的学术背景和丰富的实践经验。在撰写本书的过程中，笔者以实际项目中遇到的问题为导向，注重知识体系的完整性和实用性，力求使本书成为一本具有参考价值的重要著作。

本书适合人群

本书适合学习人工智能、深度学习、大模型开发应用以及 PyTorch 算法的人员阅读，也适合作为高等院校或高职高专大模型相关课程的教材。

建议读者在学习本书内容的过程中，独立进行一些代码的编写，采取开放式的实验方法，即读者自行准备实验数据和实验环境，解决实际问题，最终达到理论联系实际的目的。

配套资源下载

本书配套示例源代码、数据集、PPT 课件、作者微信群答疑服务，需要用微信扫描下面的二维码获取。如果在阅读本书的过程中发现问题或有疑问，请联系 booksaga@163.com，邮件主题为“ChatGLM3 大模型本地化部署、应用开发与微调”。

笔　者

2024 年 2 月

目　　录

第 1 章　大模型时代的开端 ······ 1

1.1　大模型的历史与发展 ······ 1

1.1.1　大模型的“涌现” ······ 1

1.1.2　深度学习与大模型的起源 ······ 3

1.1.3　大模型的概念与特点 ······ 4

1.1.4　大模型开启了深度学习的新时代 ······ 5

1.2　为什么要使用大模型 ······ 6

1.2.1　大模型与普通模型的区别 ······ 7

1.2.2　为什么选择 ChatGLM ······ 8

1.2.3　大模型应用场合与发展趋势 ······ 9

1.3　本章小结 ······ 10

第 2 章　PyTorch 2.0 深度学习环境搭建 ······ 11

2.1　安装 Python 开发环境 ······ 12

2.1.1　Miniconda 的下载与安装 ······ 12

2.1.2　PyCharm 的下载与安装 ······ 14

2.1.3　softmax 函数练习 ······ 18

2.2　安装 PyTorch 2.0 ······ 19

2.2.1　NVIDIA 10/20/30/40 系列显卡选择的 GPU 版本 ······ 19

2.2.2　PyTorch 2.0 GPU NVIDIA 运行库的安装 ······ 19

2.2.3　Hello PyTorch ······ 22

2.3　Hello ChatGLM3 ······ 23

2.3.1　ChatGLM3 简介与安装 ······ 23

2.3.2　CPU 版本的 ChatGLM3 推演 ······ 25

2.3.3　GPU（INT4 或 INT8 量化）版本的 ChatGLM3 推演 ······ 26

2.3.4　GPU（half 或 float 量化）版本的 ChatGLM3 推演 ······ 28

2.3.5　离线状态的 ChatGLM3 的使用 ······ 29

2.3.6　ChatGLM 的高级使用 ······ 30

2.4　本章小结 ······ 31

第 3 章　基于 gradio 的云上自托管 ChatGLM3 部署实战 ······ 32

3.1　gradio 的基本使用详解 ······ 32

3.1.1　从 gradio 的 Interface 开始 ······ 33

3.1.2 gradio 输入与输出组件 …… 35
3.1.3 启动 gradio 的 launch …… 41
3.1.4 gradio 中多样化的输入和输出组件 …… 42
3.1.5 gradio 中常用的几个组件 …… 45
3.1.6 使用 gradio 搭建视频上色服务 …… 57
3.2 基于 gradio 的猫狗分类可视化训练与预测实战 …… 59
3.2.1 运行环境与数据集的准备 …… 60
3.2.2 模型的设计 …… 63
3.2.3 PyTorch 模型训练的基本流程 …… 64
3.2.4 可视化训练流程 …… 65
3.2.5 使用训练好的模型完成 gradio 可视化图像分类 …… 67
3.3 基于网页端的 ChatGLM3 部署和使用 …… 69
3.3.1 使用 gradio 搭建 ChatGLM3 网页客户端 …… 70
3.3.2 使用 ChatGLM3 自带的网页客户端 …… 71
3.4 基于私有云服务的 ChatGLM3 部署和使用 …… 72
3.4.1 使用 FastAPI 完成 ChatGLM3 私有云交互端口的搭建（重要） …… 73
3.4.2 基于 streamlit 的 ChatGLM3 自带的网页客户端 …… 74
3.5 本章小结 …… 74

第 4 章 使用 ChatGLM3 与 LangChain 实现知识图谱抽取和智能问答 …… 75

4.1 当 ChatGLM3 遇见 LangChain …… 76
4.1.1 LangChain 的基本构成、组件与典型场景 …… 76
4.1.2 确认统一地址的 ChatGLM3 部署方案 …… 78
4.1.3 使用 ChatGLM3 构建 LangChain 的 LLM 终端 …… 78
4.1.4 从一个简单的提示模板开始 …… 81
4.1.5 ChatGLM3 格式化提示词的构建与使用 …… 82
4.2 ChatGLM3+ LangChain 搭建专业问答机器人 …… 84
4.2.1 使用 LangChain 的 LLM 终端完成文本问答 …… 84
4.2.2 数据准备与基础算法分析 …… 86
4.2.3 使用 LangChain 完成提示语 Prompt 工程 …… 87
4.2.4 基于 ChatGLM3 的 LLM 终端完成专业问答 …… 88
4.3 使用 ChatGLM3 的 LLM 终端搭建知识图谱抽取与智能问答 …… 89
4.3.1 基于 ChatGLM3 的 LLM 终端完成知识图谱抽取 …… 89
4.3.2 基于 ChatGLM3 的 LLM 终端完成智能问答 …… 91
4.4 本章小结 …… 92

第 5 章 适配 ChatGLM3 终端的 Template 与 Chain 详解 …… 93
5.1 基于输入模板的人机交互 …… 93
5.1.1 提示模板的 4 种类型 …… 94
5.1.2 可嵌套的提示模板 …… 95
5.2 Template 中示例的最佳选择 …… 97
5.2.1 基于长度的输出示例 …… 97
5.2.2 基于相似度的输出示例 …… 99
5.3 使用 Chain 提高 ChatGLM3 的能力 …… 100
5.3.1 Chain 的数学计算方法 …… 101
5.3.2 多次验证检查器 …… 101
5.4 LangChain 中的记忆功能 …… 102
5.4.1 ConversationChain 会话链的使用 …… 102
5.4.2 系统 memory 的使用 …… 103
5.5 基于 ChatGLM3 终端撰写剧情梗概、评论与宣传文案实战 …… 105
5.5.1 对过程进行依次调用的顺序链 SimpleSequentialChain …… 105
5.5.2 对过程进行依次调用的顺序链 SequentialChain …… 107
5.5.3 对顺序链添加额外参数的方法 …… 109
5.6 本章小结 …… 111
第 6 章 ChatGLM3 多文本检索的增强生成实战 …… 112
6.1 使用自然语言处理方法对目标进行查找 …… 113
6.1.1 数据集的准备 …… 113
6.1.2 分别基于 BM25 与 LLM 终端进行目标查找的方法 …… 114
6.1.3 建立工业级标准化输出：LLM 终端与 BM25 结合 …… 116
6.2 基于 LLM 终端完成文本内容抽取与文本问答 …… 118
6.2.1 读取目标内容 …… 118
6.2.2 LangChain 对文档的读取与分割方法 …… 119
6.2.3 基于 LangChain 的文本分块 …… 123
6.2.4 找到最近似问题的文本段落 …… 124
6.2.5 使用 LLM 终端完成智能文本问答 …… 125
6.3 使用 LLM 终端完成反向问题推断 …… 127
6.3.1 文本问题提取实战 …… 127
6.3.2 存储提取后的内容 …… 130
6.4 本章小结 …… 131
第 7 章 构建以人为本的 ChatGLM3 规范化 Prompt 提示工程 …… 132
7.1 提示工程模板构建的输入与输出格式 …… 132

7.1.1 提示模板的输入格式 ······ 133
7.1.2 提示模板的输出格式 ······ 135
7.2 提示工程模板高级用法 ······ 138
7.2.1 提示模板的自定义格式 ······ 138
7.2.2 提示模板的 FewShotPromptTemplate 格式 ······ 139
7.2.3 部分格式化的提示模板详解 ······ 140
7.3 结合提示工程的网页搜索服务实战 ······ 142
7.3.1 网页搜索的 API 实现 ······ 142
7.3.2 网页问答提示模板的实现 ······ 143
7.3.3 结合网页搜索的 LLM 终端问答实战 ······ 144
7.4 本章小结 ······ 145

第 8 章 使用 ChatGLM3 的思维链构建 ······ 146

8.1 思维链初探 ······ 146
8.1.1 思维链源于人类使用自然语言的概念来理解事物 ······ 147
8.1.2 思维链的优势与应用场景 ······ 147
8.2 思维链详解及其实战 ······ 149
8.2.1 思维链详解 ······ 149
8.2.2 基于 ChatGLM3 的思维链实战 ······ 150
8.3 本章小结 ······ 152

第 9 章 GLM 源码分析与文本生成实战 ······ 153

9.1 GLM 组件详解 ······ 154
9.1.1 GLM 模型架构重大突破：旋转位置编码 ······ 154
9.1.2 添加旋转位置编码的注意力机制 ······ 156
9.1.3 新型的激活函数 GLU 详解 ······ 156
9.1.4 GLM“三角掩码”与“错位”输入输出格式详解 ······ 157
9.2 GLM 整体架构详解与文本生成实战 ······ 159
9.2.1 调整架构顺序的 GLMBlock ······ 159
9.2.2 自定义 GLM 模型（单文本生成版） ······ 162
9.3 本章小结 ······ 167

第 10 章 低资源单 GPU 微调 ChatGLM3 实战 ······ 168

10.1 什么是大模型微调 ······ 168
10.1.1 大模型微调的作用 ······ 169
10.1.2 大模型微调技术有哪些 ······ 169
10.1.3 参数高效微调详解 ······ 170
10.2 ChatGLM3 大模型微调的准备内容 ······ 171

10.2.1 从数据准备看 ChatGLM3 微调：有监督微调详解 ······ 172
10.2.2 从实施看 ChatGLM3 微调：LoRA 详解 ······ 173
10.2.3 适配 ChatGLM3 微调的辅助库：PEFT 详解 ······ 174
10.3 虚拟客服多轮问答实战 ······ 180
10.3.1 ChatGLM3 数据输入结构和处理函数 ······ 181
10.3.2 ChatGLM3 微调训练 ······ 186
10.3.3 ChatGLM3 微调推理 ······ 189
10.4 加速的秘密：accelerate 训练方法与模型量化详解 ······ 191
10.4.1 加速器 accelerate 详解与完整代码编写 ······ 192
10.4.2 加速的秘密 1：大模型的量化技术 ······ 195
10.4.3 加速的秘密 2：大模型的 INT8 量化方案 ······ 196
10.4.4 加速的秘密 3：大模型 ChatGLM3 中的量化源码分析与实践 ······ 198
10.5 更快的量化训练方案：QLoRA 基础内容详解 ······ 200
10.5.1 加速的秘密 4：基于 bitsandbytes 的 ChatGLM3 量化 QLoRA 实现 ······ 200
10.5.2 加速的秘密 5：QLoRA 详解 ······ 202
10.5.3 微调的目的：让生成的结果更聚焦于任务 ······ 205
10.6 QLoRA 微调文本生成实战 ······ 207
10.6.1 数据处理 ······ 207
10.6.2 损失函数设计 ······ 210
10.6.3 基于 QLoRA 的 ChatGLM3 文本生成微调实战 ······ 211
10.6.4 基于 QLoRA 的 ChatGLM3 文本生成 ······ 213
10.7 本章小结 ······ 215

第 11 章 会使用工具的 ChatGLM3 ······ 216

11.1 ChatGLM3 调用工具源码详解与实战 ······ 216
11.1.1 Python 调用工具详解 ······ 217
11.1.2 ChatGLM3 工具调用流程详解 ······ 218
11.1.3 大模型 ChatGLM3 工具调用实战详解 ······ 220
11.1.4 大模型 ChatGLM3 工具调用原理详解 ······ 223
11.1.5 ChatGLM3 消息传递方式详解 ······ 230
11.2 ChatGLM3 官方工具注册与调用源码分析与实战 ······ 231
11.2.1 Python 中的装饰器与回调函数 ······ 231
11.2.2 ChatGLM3 官方工具函数的注册源码分析详解 ······ 233
11.2.3 大模型 ChatGLM3 官方工具调用的判定依据详解 ······ 236
11.2.4 ChatGLM3 官方工具函数的调用分析详解 ······ 237
11.2.5 ChatGLM3 调用工具分析与实战演示 ······ 238
11.3 ChatGLM3 实战：构建个人助理之美妆助手 ······ 240

11.3.1 背景和参考资料设定 …… 240
11.3.2 美妆助手的使用实战 …… 246
11.4 本章小结 …… 247

第 12 章 上市公司财务报表非结构化信息抽取实战 …… 249

12.1 超长文本处理功能的 ChatGLM3 与真实财务报表的处理 …… 250
12.1.1 ChatGLM3-6B-32K 模型的获取与缓存 …… 250
12.1.2 超大规模的 2020—2023 年真实中国股票市场年度财务报表数据库的建立 …… 250
12.2 单报表非结构化信息抽取实战 …… 253
12.2.1 单报表数据探查与提取信息结构化处理 …… 253
12.2.2 单报表数据非结构化信息抽取的实现 …… 254
12.3 本章小结 …… 256

第 13 章 上市公司财务报表智能问答与财务预警实战 …… 257

13.1 基于 ChatGLM3 的非结构化数据抽取与大规模财务报表数据库的建立 …… 257
13.1.1 逐行代码讲解使用 ChatGLM3 对关键数据进行抽取 …… 258
13.1.2 大规模上市公司财务报表目标字段抽取函数的建立 …… 260
13.1.3 大规模上市公司财务报表目标字段数据库的建立 …… 262
13.2 基于自然语言的上市公司财务报表智能问答与财务预警实战 …… 264
13.2.1 使用自然语言结合 ChatGLM3 实现上市公司财务报表智能问答与预警解决方案 1 …… 264
13.2.2 使用自然语言结合 ChatGLM3-6B 实现上市公司财务报表智能问答与预警解决方案 2 …… 267
13.2.3 使用自然语言结合 ChatGLM3 实现上市公司财务报表智能问答与预警解决方案 3 …… 270
13.3 本章小结 …… 272

附录 大模型的“幻觉” …… 273

第 1 章

大模型时代的开端

大模型时代是指当前人工智能技术阶段，此阶段采用了基于深度学习等技术的大型神经网络模型。这些模型具有数量级庞大的参数和极高的计算复杂度，需要海量数据、大规模计算力和强大的算法优化能力等条件来支撑它们的训练和应用。大模型时代催生了一系列新兴的 AI 技术和应用场景，如自然语言处理（NLP）、计算机视觉、语音识别、推荐系统等，使得 AI 技术逐渐成为人类社会发展的重要推动力量。

在大模型时代，AI 技术已经不仅仅是若干个单独的算法或者模型，而是通过集成、协作、创新等方式形成的更加完整和广泛的技术体系，拥有更多的可能性和应用空间。同时，AI 技术的发展也带来了许多挑战和问题，如数据隐私、算法公正性、人机关系等。

1.1　大模型的历史与发展

大模型凭借强大的建模能力和高效的训练速度，迅速成为自然语言处理领域的明星。随着研究的深入，人们逐渐发现模型参数的数量直接决定了模型的表达能力，于是研究者们开始不断增大模型的参数规模，从数百万增大到数亿，甚至更多。

随着大模型的普及和应用，其优点和潜力逐渐得到人们的认可。大模型具有强大的泛化能力，可以在大规模数据上进行训练，从而获得更高的准确率和更广泛的应用领域。同时，大模型也具有强大的表达能力和灵活性，可以适应各种不同的任务和场景。

1.1.1　大模型的“涌现”

在数字时代的浩瀚星空中，大模型如同新星般以其独特的光芒和力量，照亮了人工智能的未来之路。它们的出现，不仅是技术进步的象征，更是对人类智慧的一次深刻模拟和扩展。

从传承来看，大模型的研究与深度学习的研究是紧密相连的，它们之间的关系仿佛血脉相连，这种关系的起源可以追溯至 20 世纪 80 年代。在那个时代，反向传播算法的提出与应用激活了多层感知机（Multi-Layer Perceptron，MLP）的训练可能性，这就好像一场瑞雪，预示着深度学习春天的到来。然而，由于受到当时计算机算力和数据规模的限制，深度学习仍然像一朵含苞待放的花蕾，尚未能取得突破性的进展。

进入 21 世纪，技术的车轮滚滚向前，为深度学习的发展揭开了新的篇章。2006 年，Hinton 等人正式提出了深度学习的概念，他们巧妙地运用无监督预训练的方法，解决了深层网络训练中的梯度消失难题。这一创新如同阳光雨露，滋润了深度学习这朵待放的花蕾，使其渐渐繁荣起来。尤其值得一提的是，2012 年 Hinton 领导的团队凭借深度学习模型 AlexNet 在 ImageNet 图像识别挑战赛中一举夺冠，这无疑在全球范围内造成了极大的震动，让人们看到了深度学习的无穷潜力。

深度学习模型的规模在此基础上持续攀升，催生了大模型的问世。大模型的出现得益于两方面的推动力：一方面是 GPU、TPU 等专用硬件的出现提升了算力，这就好比将汽车的发动机升级为火箭发动机，为大规模模型训练提供了可能；另一方面是互联网大数据的爆炸式增长为模型训练提供了海量的数据支持，这就如同将小溪的水流汇集成为大海的波涛。在这两大推动力的共同作用下，大模型如雨后春笋般涌现，其中最具里程碑意义的是 Transformer 结构的提出（2017 年由 Vaswani 等人在论文 *Attention is All You Need* 中提出，并在自然语言处理领域中得到广泛应用），它使得深度学习模型的参数突破了 1 亿大关，这无疑标志着我们已经迈入了大模型时代。

大模型之所以被冠以“大”之名，是因为它们的规模和能力相比于普通模型来说是巨大的。它们不再局限于完成简单和特定的任务，而是能够完成更加复杂和高级的任务，例如自然语言理解、语音识别、图像识别等，这些任务都需要大量的数据和计算资源才能完成。大模型使我们在面对复杂和具有挑战性的问题时，有了更强大的工具和技术支持。

大模型的架构与普通模型相比，具有更加复杂和庞大的网络结构，更多的参数和更深的层数，这就好比一座摩天大楼与一间平房的区别。这种复杂性使得大模型能够处理和学习更复杂、更高级的模式和规律，从而在各种任务中产生出乎意料的优秀表现。而这正是大模型的涌现能力的体现，也是大模型最具魅力的地方。大模型在不同任务产生“涌现”现象的参数量比较如图 1-1 所示。

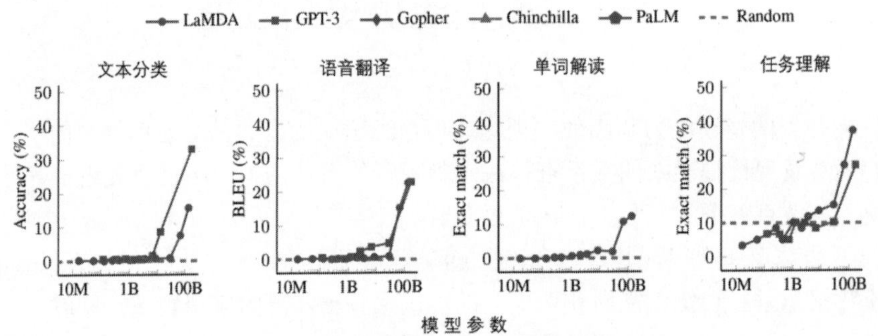

图 1-1　大模型在不同任务产生“涌现”现象的参数量比较

随着模型参数的递增，准确率仿佛经历了一场蜕变，模型在某一刹那“突然”就实现了跨越式的提升。这种变化可以简单地理解为量变引发质变——当模型的规模突破某个阈值时，精度的增速由负转正，呈现出一种异于常规的增速曲线，如同抛物线突破顶点，扶摇直上。因此，在模型规模与准确率的二维空间中，我们可以观察到一条非线性增长的轨迹，这是大模型所独有的魅力。

这种精度增速现象的涌现，不仅体现在数字的提升上，更在于模型所展现出的更高层次的抽象能力和泛化能力。换句话说，大模型在处理复杂任务时，能够捕捉到更深层次的数据模式和规律，从而给出更准确、更全面的预测和判断。这种涌现能力的出现并非偶然，而是有其深刻的内在逻辑。

首先，更复杂的神经网络结构是大模型涌现能力的重要基石。随着模型规模的扩张，神经元之间的连接逐渐丰富和深化，形成了一个错综复杂但有序的网络结构。这样的结构使得模型能够更好地挖掘输入数据中的高层次特征，将原始数据转换为具有丰富语义信息的特征向量，从而提高模型的表现能力。

其次，更多的参数意味着模型具备了更强的表达能力。大型模型通常拥有数以亿计的参数，这些参数为模型提供了巨大的自由度，使其能够对输入数据进行各种复杂的非线性变换。在自然语言处理领域，大语言模型（Large Language Model，LLM）正是凭借这种强大的表达能力，通过对海量文本数据的深度训练，学习到了语言背后的抽象特征和规律，从而能够生成流畅、自然的文本内容。

最后，更强的数据驱动能力是大模型涌现能力的关键所在。大型模型的训练过程往往需要海量的数据支持，这使得它们能够充分吸收和利用数据中的信息，学习到更为普遍和更加鲁棒的特征和规律。这种数据驱动的学习方式不仅提高了模型在训练任务上的表现，更重要的是赋予了模型在面对新任务时的强大适应能力和泛化能力。

本书将以大模型的涌现能力为切入点，带领读者深入探索深度学习大模型的内在机理和应用技巧。我们将通过源码精讲的方式，逐一剖析大模型的核心组件和工作原理，让读者对大型神经网络有一个全面而深入的了解；同时，还将介绍一系列高效的大模型应用开发和微调方法，帮助读者更好地利用这些巨型智能工具来解决实际问题。在这个过程中，我们将带领读者领略深度学习大模型的魅力和潜力，以及它们为人工智能领域带来的巨大变革和影响。

1.1.2　深度学习与大模型的起源

随着技术的日新月异，深度学习与大模型逐渐成为自然语言处理等领域的主流方法，它们不仅引领了人工智能技术的新潮流，更为我们的未来描绘出了一幅充满无限可能的画卷。

Google 的 BERT 和 OpenAI 的 GPT-3 是这一时代的杰出代表。BERT 全名为 Bidirectional Encoder Representations from Transformers，是基于 Transformer 的一个预训练语言模型。自 2018 年发布以来，凭借其在自然语言理解和自然语言生成任务中的卓越性能，BERT 已经成为 NLP 领域的新里程碑。与此同时，GPT-3 作为 OpenAI 在 2020 年的杰出作品，拥有惊人的 1750 亿模型参数，展现了在自然语言生成任务中出色的生成能力和泛化能力，成为当时最强大的语言模型之一。

深度学习与大模型的成功并非偶然。在众多机构和企业的推动下，各种大模型如雨后春笋般涌现出来。Facebook 的 RoBERTa、微软的 MT-DNN 等大模型都在自然语言处理、计算机视觉、语音识别等领域取得了显著进展，为人工智能技术的发展注入了新的活力。尤其值得一提的是，2021 年 Google 的 Switch Transformer 首次突破了万亿规模，同年 12 月推出的 1.2 万亿参数 GLaM 通用大语言模型再次刷新了纪录，展现了人工智能技术的巨大潜力。

大模型的影响力已经跨越了自然语言处理领域，对计算机视觉、语音识别等领域也产生了深远影响。这些领域的突破，不仅提升了人工智能技术的整体水平，更为我们的日常生活带来了前所未有的便利。例如，通过大模型的帮助，自然语言翻译变得越来越准确和流畅，智能客服能够更好地理解我们的需求并提供满意的解答，个人助理可以更加智能地管理我们的日程和生活。

尽管大模型的训练仍需大量的数据和计算资源，但随着技术的进步，其训练和应用正变得越来越可行和普遍。云计算、边缘计算等新技术的发展，为大模型的训练和应用提供了强大的基础设施支持。同时，新的算法和优化技术也在不断降低大模型的训练成本和提高其效率。

展望未来，我们有理由相信，在技术的持续推动和创新下，深度学习与大模型将继续为人工智能领域书写新的辉煌。随着模型规模的进一步扩大和算法的不断优化，我们可以期待大模型在自然语言处理、计算机视觉、语音识别等领域取得更加卓越的性能。同时，随着人工智能技术的不断发展和社会应用的不断深化，我们可以期待更多新的应用场景和商业模式涌现出来。

总的来说，深度学习与大模型的成功是人工智能技术发展的一个重要里程碑。它们不仅为我们提供了强大的工具和技术支持，更为我们的未来描绘出了一幅充满无限可能的画卷。在这个新时代里，我们有理由相信，深度学习与大模型将继续引领人工智能技术的发展潮流，不断地为我们带来更多的科技奇迹。

1.1.3 大模型的概念与特点

在人工智能领域，大模型犹如一颗璀璨的明珠，指引着技术发展的方向。它们以巨大的参数规模和复杂的计算结构，展现出了前所未有的智能潜力。本节将从大模型的基本概念出发，逐步深入解析其发展历程、特点、分类以及泛化与微调等内容，带领读者一同探寻大模型的奥秘。

1. 大模型的定义

大模型，顾名思义，是指具有大规模参数和复杂计算结构的机器学习模型。这些模型通常由深度神经网络构建而成，参数数量动辄数十亿，甚至数千亿。大模型的设计初衷是提高模型的表达能力和预测性能，使其能够处理更加复杂的任务和数据。在自然语言处理、计算机视觉、语音识别和推荐系统等领域，大模型都展现出了卓越的性能和广泛的应用前景。

2. 大模型的发展历程

大模型的发展经历了萌芽期、探索沉淀期和迅猛发展期三个阶段。在萌芽期，以卷积神经网络（CNN）为代表的传统神经网络模型，为大模型的发展奠定了基础。在探索沉淀期，Transformer 架构的提出奠定了大模型预训练算法架构的基础，使大模型技术的性能得到了显著提升。到了迅猛发展期，大数据、大算力和大算法的完美结合，大幅提升了大模型的预训练和生成能力以及多模态多场景应用能力，以 GPT 为代表的大模型更是在全球范围内引起了广泛关注。

3. 大模型的特点

相对于普通的深度学习模型，大模型的特点更为突出，一般包括以下几点：

- 巨大的规模：大模型包含数十亿个参数，模型大小可以达到数百吉字节甚至更大，这使得大模型具有强大的表达能力和学习能力。
- 涌现能力：当模型的训练数据突破一定规模时，大模型会突然涌现出之前小模型所没有的、意料之外的复杂能力和特性，展现出类似人类的思维和智能。
- 更好的性能和泛化能力：大模型在各种任务上表现出色，包括自然语言处理、图像识别、语音识别等，具有强大的泛化能力。

- 多任务学习：大模型可以同时学习多种不同的任务，如机器翻译、文本摘要、问答系统等，这使得模型具有更广泛的语言理解能力。
- 依赖大数据和计算资源：大模型需要海量的数据进行训练，同时需要强大的计算资源来支持模型的训练和推理过程。

4. 大模型的分类

根据输入数据类型和应用领域的不同，大模型主要分为语言大模型、视觉大模型和多模态大模型三类。

- 语言大模型主要用于处理文本数据和理解自然语言。
- 视觉大模型主要用于图像处理和分析。
- 多模态大模型能够处理多种不同类型的数据，如文本、图像、音频等。

此外，按照应用领域的不同，大模型还可以分为通用大模型、行业大模型和垂直大模型三个层级。

- 通用大模型：可以在多个领域和任务上通用。
- 行业大模型：针对特定行业或领域进行预训练或微调
- 垂直大模型：针对特定任务或场景进行预训练或微调。

5. 大模型的泛化与微调

大模型的泛化能力是指模型在面对新的、未见过的数据时，能够正确理解和预测这些数据的能力。为了提高模型的泛化能力，通常需要对模型进行微调（Fine-tuning）。

微调是一种利用少量带标签的数据，对预训练模型进行再次训练的方法，以适应特定任务。在微调过程中，模型的参数会根据新的数据分布进行调整，从而提高模型在新任务上的性能和效果。

可以预见，大模型是未来人工智能发展的重要方向和核心技术。随着 AI 技术的不断进步和应用场景的不断拓展，大模型将在更多领域展现出惊人的能力，推动人类社会迈向更加美好的未来。

1.1.4　大模型开启了深度学习的新时代

近十年来，“深度学习+大算力”已成为实现人工智能的主流技术途径，通过这一方式训练得出的模型，在全球掀起了“大练模型”的热潮，并催生出众多的人工智能公司。然而，深度学习技术出现的这十年间，模型大多针对特定场景进行训练，即小模型依然沿用传统的定制化、作坊式的开发方式。这种方式需要完成从研发到应用的全方位流程，包括需求定义、数据收集、模型算法设计、训练调优、应用部署和运营维护等一系列阶段。因此，除了需要产品经理准确定义需求外，还需要人工智能研发人员具备扎实的专业知识和协同合作能力，以应对大量复杂的工作。

相较于传统模型，大模型的优势在于其具备通用能力。通过从海量、多类型的场景数据中学习，大模型能够总结出不同场景、不同业务的通用特征和规律，进而成为具有泛化能力的模型库。在应对新的业务场景或基于大模型开发应用时，可以对大模型进行适配，例如，利用小规模标注数据进行二次训练，或者无须自定义任务即可完成多个应用场景。因此，大模型的通用能力能够有效应对多样化、碎片化的人工智能应用需求，为大规模人工智能落地应用提供了可能。同时，作为一种新型的算法和工具，大模型正在成为人工智能技术新的制高点和基础设施。

值得一提的是，大模型的变革性技术特性，显著提升了人工智能模型在应用中的性能表现。它能够将人工智能的算法开发过程，由传统的烟囱式开发模式转向集中式建模。通过这种转变，大模型解决了人工智能应用落地过程中的一些关键痛点，包括场景碎片化、模型结构零散化和模型训练需求零散化等问题。这为我们在新时代探索和应用人工智能技术指明了方向，并奠定了坚实的基础。

随着大模型的出现和应用，深度学习技术的发展进入了一个全新的阶段。传统的模型开发方式针对特定场景进行训练，在面对多样化、碎片化的人工智能应用需求时显得力不从心。而大模型的出现则打破了这个局限，通过从海量数据中学习并总结出通用特征和规律，具备了应对各种场景和业务的通用能力。

大模型的优势不仅在于其通用能力，更在于其带来的开发模式的变革。传统的烟囱式开发模式，每个项目都需要从头开始，导致大量的人力、物力和时间成本的浪费。而集中式建模的方式，通过复用和共享大模型的能力，可以极大地提升开发效率，降低成本，同时也提高了模型的性能表现。

此外，大模型的出现也为人工智能技术的发展开辟了新的可能性。它不仅可以应对现有的业务场景，更可以预见和适应未来的需求。大模型的通用能力和高性能表现，使其可以作为一种基础设施，支撑起整个人工智能技术的发展和应用。

总之，大模型的出现是深度学习技术发展的重要里程碑。它不仅提升了模型的性能表现，更改变了我们的开发模式和应用方式。在新时代的人工智能技术探索和应用中，我们将更加依赖于大模型的力量，去揭示和理解这个世界的复杂性和多样性。因此，我们有理由相信，随着大模型的进一步发展和应用，人工智能技术的未来将更加光明和广阔。

1.2 为什么要使用大模型

随着 OpenAI 引领的超大模型风潮，大模型的发展日新月异。在现今的科技舞台上，每周，甚至每一天，我们都能见证到一个全新模型的开源，这些模型的创新性和实用性不断超越前作，彰显出深度学习的无穷潜力。

更重要的是，随着技术的进步和方法的优化，大模型的微调训练成本也大大降低，使得更多的研究者和实践者有机会亲自体验和使用这些大型模型。就如同原本昂贵的奢侈品逐渐走入寻常百姓家，大模型也从曲高和寡的研究领域逐渐扩展到了更广泛、更接地气的应用场景。笔者总结了目前大模型的一些分类及其说明，如下所示：

- 主流大模型：GLM-130B、PaLM、BLOOM、Gopher、Chinchilla、LaMDA、CodeGeeX、CodeGen。
- 分布式训练：3D 并行（包括张量并行、流水线并行、数据并行）、DeepSpeed、混合精度、Megatron-DeepSpeed。
- 微调：FLAN、LoRA、DeepSpeed。
- 应用：工具（包括 Toolformer、ART）。

这种发展趋势不仅预示着大模型将在更多领域得到应用，更重要的是，它为人工智能技术的生活化铺平了道路，使得更多的人可以享受到深度学习带来的便利和乐趣。未来，我们可以期待大模型在医疗、教育、娱乐等各个领域发挥出更大的作用，为我们的生活带来更多的便利和惊喜。

可以看到，大模型的开源和微调训练成本的降低，是深度学习领域的一大进步，也是人工智能技术发展的重要里程碑。这不仅为我们提供了更多的工具和可能性，更为我们的未来描绘出了一幅充满希望和机遇的画卷。在这个新时代里，我们有理由期待大模型将继续引领深度学习的发展潮流，为我们的生活和社会带来更多的正面影响。

1.2.1　大模型与普通模型的区别

从上一节我们了解到，大模型是指网络规模巨大的深度学习模型，具体表现为模型的参数量规模较大，其规模通常在百亿级别。随着模型参数的提高，人们逐渐接受模型参数越大其性能越好的特点，但是，大模型与普通深度学习模型之间到底有什么区别呢？

简单地解释，可以把普通模型比喻为一个小盒子，它的容量是有限的，只能存储和处理有限数量的数据和信息。这些模型可以完成一些简单的任务，如分类、预测和生成等，但是它们的能力受到了很大的限制。

表 1-1 列出了目前可以公开使用的大模型版本和参数量。

表 1-1　公开使用的大模型版本和参数量

Model	开　源	参数量(Billion)	类　型	是否开源
LLaMa	Meta AI	65	Decoder	open
OPT	Meta AI	175	Decoder	open
T5	Google	11	Encoder-Decoder	open
mT5	Google	13	Encoder-Decoder	open
UL2	Google	20	Encoder-Decoder	open
PaLM	Google	540	Decoder	no
LaMDA	Google	137	Decoder	no
FLAN-T5	Google	同 T5	Encoder-Decoder	open
FLAN-UL2	Google	同 UL2	Encoder-Decoder	open
FLAN-PaLM	Google	同 PaLM	Decoder	no
FLAN	Google	同 LaMDA	Decoder	no
BLOOM	BigScience	176	Decoder	open
GPT-Neo	EleutherAI	2.7	Decoder	open
GPT-NeoX	EleutherAI	20	Decoder	open
GPT3	OpenAI	175	Decoder	no
InstructGPT	OpenAI	1.3	Decoder	no

相比之下，大模型就像一个超级大的仓库，它能够存储和处理大量的数据和信息。它不仅可以完成普通模型能完成的任务，还能够处理更加复杂和庞大的数据集。这些大模型通常由数十亿，甚至上百亿个参数组成，需要大量的计算资源和存储空间才能运行。这类似于人类大脑（约有 1 000 亿个神经元细胞），在庞大的运算单元支撑下，完成更加复杂和高级的思考和决策。

1.2.2 为什么选择 ChatGLM

ChatGLM 系列是国产大语言模型中性能最好、回答准确率最高的大模型。

智谱 AI 第一代 ChatGLM-6B 在 2023 年 3 月推出，开源模型推出后不久就获得了很多的关注和使用。到 2023 年 6 月，ChatGLM2 发布，再次引起了业界广泛的关注。ChatGLM Logo 如图 1-2 所示。

图 1-2 ChatGLM Logo

2023 年的 10 月 27 日，智谱 AI 再次发布第三代基础大语言模型 ChatGLM3 系列。本次发布的第三代模型共包含 3 个：基础大语言模型 ChatGLM3-6B-Base、对话调优大语言模型 ChatGLM3-6B 和长文本对话大语言模型 ChatGLM3-6B-32K。

ChatGLM 的独特之处在于，它不仅是一个语言模型，更是一个具备深度思考能力的语言专家。它能够理解并解析复杂的语言结构，对语义的理解更加精准，从而在回答问题、解决问题时更具针对性。同时，ChatGLM 还具备了出色的记忆能力，可以记住与它交流的每一个细节，实现个性化的交流体验。在每一次交流中，它都能根据用户的喜好和需求，提供更加贴心、高效的服务。ChatGLM3 系列模型除了基本对话能力的提升外，还有诸多支持：

- 更强的代码执行能力：即 Code Interpreter。ChatGLM3 的代码增强模块 Code Interpreter 根据用户需求生成代码并执行，自动完成数据分析、文件处理等复杂任务。
- 网络搜索增强 WebGLM：接入搜索增强，能自动根据问题在互联网上查找相关资料，并在回答时提供相关参考文献或文章链接。
- 全新的 Agent 智能体能力：ChatGLM3 集成了自研的 AgentTuning 技术，AI Agent 水平比第二代提升 1000%。关于 AgentTuning，可以参考网络文章“如何提高大语言模型作为 Agent 的能力？清华大学与智谱 AI 推出 AgentTuning 方案”。Agent 能力非常依赖规划和推理，从公布的结果看，ChatGLM3 在 GSM8K 等数学逻辑推理方面的评测结果已经超过 GPT-3.5，因此对于 Agent 的支持理论上应该非常棒。
- 多模态能力：官方宣称具有多模态理解能力的 CogVLM，可以看图识语义，在 10 余个国际标准图文评测数据集上取得了 SOTA（state-of-the-art，最先进的结果）。
- 端侧推理：ChatGLM3 推出可手机部署的端测模型 ChatGLM3-1.5B 和 ChatGLM3-3B，支持在手机端调用，速度可以达到 20 tokens/s。一般成年人阅读的速度是每秒 2~5 个单词，完全足够，而且官方宣称自己的 ChatGLM3-1.5B 和 ChatGLM3-3B 与 ChatGLM2-6B（即第二代）水平差不多。

ChatGLM 系列是非常具有影响力的国产大语言模型系列，从 2023 年 3 月份开源第一代，到 2023 年 10 月迭代到第三代，发展十分迅猛，而且它在 AI Agent、代码执行、多模态等方面都有非常好的布局和提升，十分值得大家关注。

可以预见，ChatGLM 不仅可以作为一个自然语言处理大模型，还可以广泛应用于其他的应用场景，例如教育辅导、智能客服、智能助手、智能写作等多个领域，为人们的生活带来极大的便利。

在教育领域，ChatGLM 发挥了重要的作用。它能够根据学生的提问和需求，提供精准、及时的解答。同时，ChatGLM 还可以根据学生的学习情况和兴趣爱好，提供个性化的学习建议和资源推荐。这使得教育更加智能化、个性化，从而提高学生的学习效果和兴趣。

在智能客服领域，ChatGLM 以其高效、精准的回答能力，解决了传统客服面临的种种问题。它能够快速、准确地理解用户的问题和需求，提供有针对性的解决方案。这大大提高了客服效率和服务质量，提升了用户的满意度和忠诚度。

在智能助手领域，ChatGLM 可以帮助人们完成各种任务，如订餐、购物、日程管理等。通过自然语言交互，用户可以轻松地与助手进行交流，实现快速、便捷的生活体验。

在智能写作领域，ChatGLM 可以帮助人们快速生成文章、报告等文本内容。通过输入关键词或主题，用户可以轻松地获得高质量的文本内容，从而提高写作效率和准确性。

ChatGLM 模型以其卓越的性能和广泛的应用，展现了人工智能领域的强大潜力和无限可能性。作为一款大语言模型，它不仅具备了深度思考能力、精准语义理解能力和个性化交流体验能力等多种优势，还广泛应用于智能客服、智能助手、教育辅导等多个领域。这使得 ChatGLM 成为人工智能领域中的一颗璀璨明珠，为人类社会带来了诸多便利和改变。

1.2.3　大模型应用场合与发展趋势

在人工智能的广袤星空中，大模型犹如一颗璀璨的星辰，引领着深度学习领域的前行。从自然语言处理的源头出发，它们以注意力机制为核心基石，逐渐延伸至 ChatGLM 等巍峨之作，其参数之巨已至千亿、万亿之域。与此同时，训练数据的海洋也在不断扩张，为模型的成长提供了丰沃的土壤，推动着人工智能从对外界的简单感知向深度认知跃进。

大模型之美，在于它能从繁杂多变的场景中汲取智慧，从海量数据中提炼出通用的特征和规律，进而构建一个具有高度泛化能力的模型宇宙。当面对新的业务挑战时，这个大模型宇宙可以轻松地进行自我适配，或是借助少量的标注数据进行微调，或是无须任何定制即可应对多个应用场景，展现出通用的智能魅力。这种通用性，为应对多样且零碎的人工智能需求提供了一把钥匙，为人工智能的大规模落地应用开辟了一条康庄大道。

在制造业领域中，大模型正施展其魔法，将研发、销售及售后的每一个环节都点石成金。在研发环节，它借助 AI 生成图像或 3D 模型技术，为产品设计、工艺设计、工厂设计等流程注入新的活力。在销售和售后环节，它则创造出更加懂客户、更加个性化的智能客服和数字人带货主播，让销售和服务的效率和质量都迈上了一个新的台阶。

在医疗领域中，大模型也在默默奉献。它助力提升医疗服务的效率，从呼叫中心的自动分诊到常见病的问诊辅助，再到医疗影像的解读助手，它都在默默发光发热。此外，它还通过合成数据为医学研究提供强大的支持，为解决部分辅助医疗设备的匮乏问题贡献自己的力量。

金融行业同样在大模型的支持下蓬勃发展。银行业通过智慧网点、智能服务、智能风控等场景应用大模型技术，实现了业务的智能化升级；保险业则借助智能保险销售助手、智能培训助手等工具提高了工作效率；证券期货业也利用大模型在智能投研、智能营销等方面取得了显著成果。

在传媒与互联网领域中，大模型更是掀起了一场革命。它大幅提升了文娱内容的生产效率，降低了成本，让更多的人能够享受到高质量的文娱产品。从更深远的角度来看，大模型有望颠覆传统的互联网业态和场景入口，取代传统搜索引擎的地位，为我们提供更加高效、便捷的信息获取方式和交互体验。

可以相信，在不久的将来，大模型将在更多领域展现出惊人的能力，推动人类社会迈向更加美好的未来。而我们也将继续努力，传播先进技术理念和实践经验，为科技进步贡献自己的力量。

1.3 本章小结

本章作为本书的开篇，犹如一幅壮丽的画卷，将大模型、人工智能以及深度学习的基本内容呈现在读者眼前。大模型在人工智能领域中具有广泛应用前景，尤其在图像生成、自然语言处理和音频生成等领域中，它如同明亮的灯塔，照亮了我们探索的方向。

随着人工智能领域的持续进步和深度学习技术的日臻成熟，大模型如同智慧的巨人，在各个领域中展现出无穷的魅力。在自然语言处理领域，大模型已化身为自动文本摘要的巧匠、对话系统的智者以及机器翻译的桥梁；在图像处理领域，大模型又变身为图像生成的艺术家、风格转换的魔术师以及图像修复的工匠；在音频处理领域，大模型则成为了语音合成的歌者、音乐生成的创作者。

深度学习技术的不断演进，预示着人工智能与大模型的未来将更加灿烂辉煌。我们热切期待大模型在更多领域中绽放智慧之光，同时，也期待更多创新的生成式模型技术破土而出，为人工智能领域的发展添砖加瓦。本书如同一把钥匙，旨在为读者打开从零开始学习大模型基本原理和实现方法的大门，引领读者深入探究大模型的应用，并感受它在人工智能领域中的辉煌前景。

第 2 章

PyTorch 2.0 深度学习环境搭建

工欲善其事，必先利其器。对于任何一位想要构建深度学习应用程序或是将训练好的模型应用到具体项目的读者，都需要使用编程语言来实现设计意图。在本书中，将使用 Python 语言作为主要的开发语言。

Python 之所以在深度学习领域中被广泛采用，这得益于许多第三方提供的集成了大量科学计算类库的 Python 标准安装包，其中最常用的便是 Miniconda。Python 是一种脚本语言，如果不使用 Miniconda，那么第三方库的安装可能会变得相当复杂，同时各个库之间的依赖性也很难得到妥善的处理。因此，为了简化安装过程并确保库之间的良好配合，推荐安装 Miniconda 来替代原生的 Python 语言安装。

PyTorch 是一种开源的深度学习框架，由 Facebook 的人工智能研究团队开发。它提供了两个高级功能：

- 强大的 GPU 加速的张量计算（类似于 NumPy）。
- 基于深度神经网络的自动求导系统。

PyTorch 的主要特点是动态计算图，这意味着计算图可以在每个运行时刻动态改变，这大大提高了模型的灵活性和效率。

除此之外，PyTorch 还提供了丰富的 API，支持多种深度学习的模型和算法，并能够轻松与其他 Python 库（例如，NumPy 和 SciPy）进行交互。

目前，PyTorch 已广泛应用于学术研究和商业开发，包括自然语言处理、计算机视觉、生成对抗网络（GANs）等领域，是全球最受欢迎的深度学习框架之一。

在本章中，首先将引导读者完成 Miniconda 的完整安装。然后，将通过一个实践项目来帮助读者熟悉 PyTorch 2.0。这个项目将生成可控的手写数字，作为一个入门级的程序，它将帮助读者了解一个完整的 PyTorch 项目的工作流程。通过这个项目，读者将能够初步体验到 PyTorch 2.0 的强大功能和灵活性。

2.1 安装 Python 开发环境

2.1.1 Miniconda 的下载与安装

第一步：下载和安装

（1）在 Miniconda 官网打开下载页面，如图 2-1 所示。

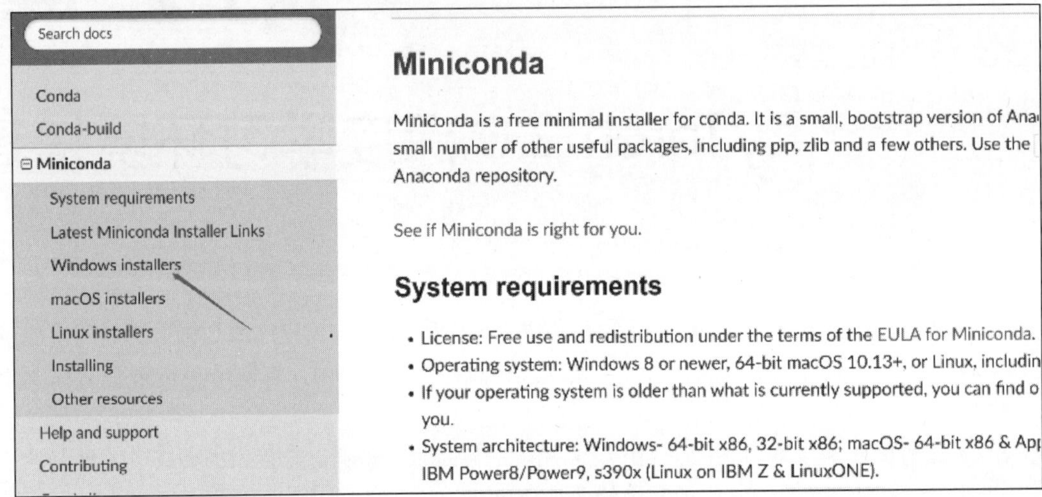

图 2-1 Miniconda 下载页面

目前提供的是最新集成了 Python 3.11 64-bit 版本的 Miniconda，如果读者使用的是以前的 Python 版本，例如 Python 3.10，也是完全可以的，读者可以根据自己的操作系统选择下载。

这里笔者推荐使用 Windows Python 3.11 64-bit 版本，可以到 Miniconda 官网下载，如图 2-2 所示。

Search docs
Conda
Conda-build
Miniconda
System requirements
Installing
Latest Miniconda Installer Links
Windows installers

Python version	Name	Size
Python 3.11	Miniconda3 Windows 64-bit	73.2 MiB
Python 3.10	Miniconda3 Windows 64-bit	69.5 MiB
Python 3.9	Miniconda3 Windows 64-bit	70.0 MiB
	Miniconda3 Windows 32-bit	67.8 MiB
Python 3.8	Miniconda3 Windows 64-bit	71.0 MiB
	Miniconda3 Windows 32-bit	66.8 MiB

图 2-2 Miniconda 官网提供的下载

（2）下载完成后得到的是 EXE 文件，直接运行即可进入安装过程。安装完成以后，出现如图 2-3 所示的目录结构，说明安装正确。

› 此电脑 › 本地磁盘 (C:) › miniforge3

名称	修改日期	类型
condabin	2021/8/6 16:11	文件夹
conda-meta	2022/12/12 10:07	文件夹
DLLs	2021/8/6 16:11	文件夹
envs	2021/8/6 16:11	文件夹
etc	2021/11/16 16:55	文件夹
include	2021/8/6 16:11	文件夹
Lib	2022/1/13 14:46	文件夹

图 2-3　Miniconda 安装目录

第二步：打开控制台

在计算机桌面依次单击“开始”→“所有程序”→“Miniconda3”→“Miniconda Prompt (Miniconda3)”，打开 Miniconda Prompt 窗口，它与 CMD 控制台类似，输入命令就可以控制和配置 Python。在 Miniconda 中最常用的是 conda 命令，该命令可以执行一些基本操作，读者可以自行测试一下这个命令。

第三步：验证 Python

在 Miniconda Prompt 窗口中输入 python，如果安装正确，会打印出 Python 版本号以及控制符号。在控制符号下输入代码：

```
print("hello Python")
```

输出结果如图 2-4 所示。

```
(base) C:\Users\xiaohua>python
Python 3.11.4 | packaged by Anaconda, Inc. | (main, Jul  5 2023, 13:47:18) [MSC v.1916 64 bit (AMD64)] on win32
Type "help", "copyright", "credits" or "license" for more information.
>>> print("hello Python")
hello Python
>>>
```

图 2-4　验证 Miniconda Python 是否安装成功

第四步：使用 pip 命令

使用 Miniconda 的好处在于，它能够很方便地帮助读者安装和使用大量第三方类库。本书中，我们将使用 pip 命令安装第三方类库。查看已安装的第三方类库的命令如下：

```
pip list
```

注意： 如果此时命令行还处于>>>状态，可以输入 exit()退出。

在 Miniconda Prompt 控制台输入 pip list 命令，结果如图 2-5 所示。

```
(base) C:\Users\xiaohua>pip list
WARNING: Ignoring invalid distribution -qdm (c:\miniforge3\lib\site-packages)
WARNING: Ignoring invalid distribution -harset-normalizer (c:\miniforge3\lib\site-packages)
WARNING: Ignoring invalid distribution -ensorflow-gpu (c:\miniforge3\lib\site-packages)
Package                          Version
-------------------------------- -------------------------
absl-py                          1.0.0
aiofiles                         0.8.0
aiohttp                          3.8.1
aiosignal                        1.2.0
alabaster                        0.7.12
altair                           4.2.0
altgraph                         0.17.2
anyio                            3.5.0
argon2-cffi                      21.1.0
arrow                            1.1.1
```

图 2-5　列出已安装的第三方类库

在 Miniconda 中安装第三方类库的命令如下：

```
pip install name
```

这里的 name 是需要安装的第三方类库名，假设需要安装 NumPy 包（这个包已经安装过），那么输入的命令就是：

```
pip install numpy
```

这个安装过程略去，请读者自行尝试。使用 Miniconda 的好处就是默认已安装好了大部分学习所需的第三类库，这样避免了使用者在安装和使用某个特定类库时，可能出现的依赖类库缺失的情况。

2.1.2 PyCharm 的下载与安装

和其他语言类似，Python 程序的编写可以使用 Windows 自带的编辑器。但是这种方式对于较为复杂的程序工程来说，容易混淆相互之间的层级和交互文件，因此在编写程序工程时，我们建议使用专用的 Python 编译器 PyCharm。

第一步：PyCharm 的下载和安装

（1）进入 PyCharm 官网的 Download 页面，选择不同的版本，如图 2-6 所示，PyCharm 有收费的专业版和免费的社区版，这里建议读者选择免费的社区版即可。

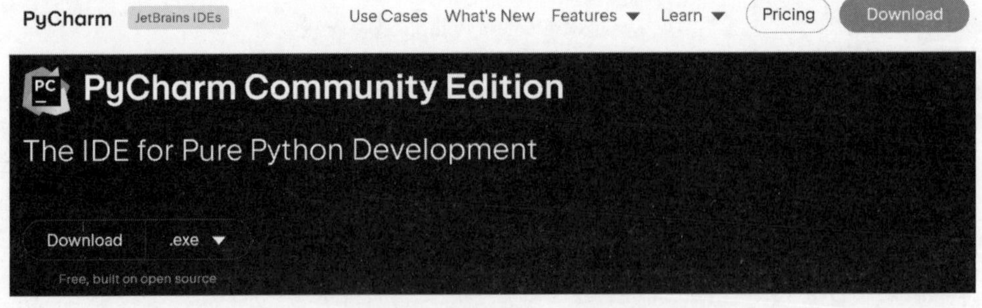

图 2-6　PyCharm 的免费版

（2）下载 PyCharm 安装文件后，双击运行进入安装界面，如图 2-7 所示。直接单击 Next 按钮，采用默认安装即可。

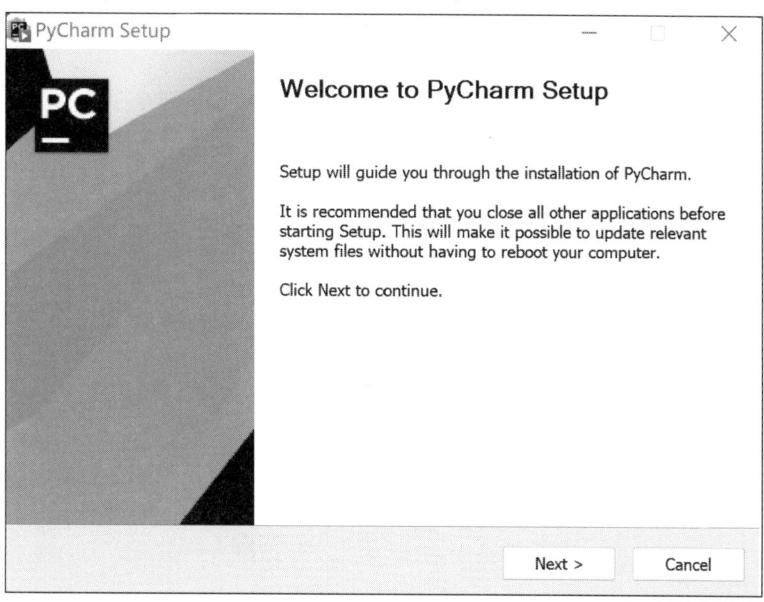

图 2-7　PyCharm 的安装文件

（3）在安装 PyCharm 的过程中需要对安装的参数进行选择，如图 2-8 所示，这里建议直接使用默认安装即可。

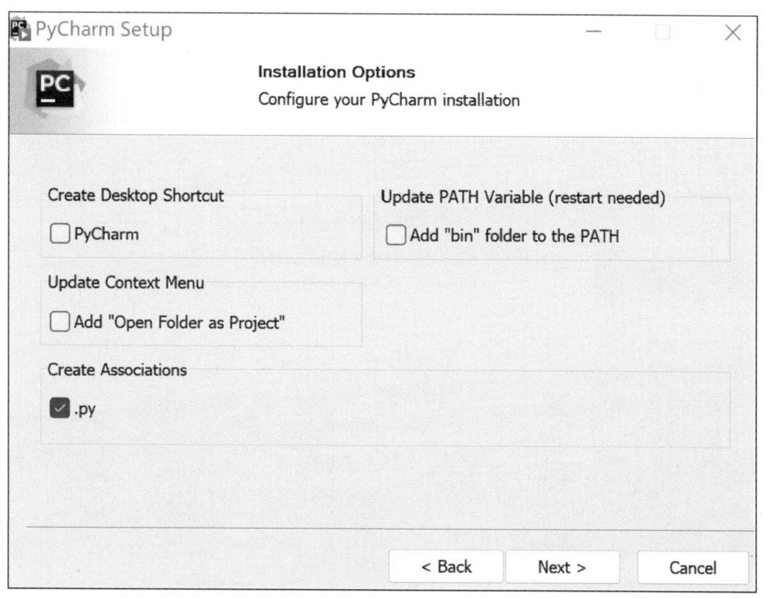

图 2-8　PyCharm 的配置选择（按个人真实情况选择）

（4）安装完成后出现 Finish 按钮，单击该按钮安装完成，如图 2-9 所示。最后将在桌面上显示一个 PyCharm 程序图标，双击该图标可运行 PyCharm。

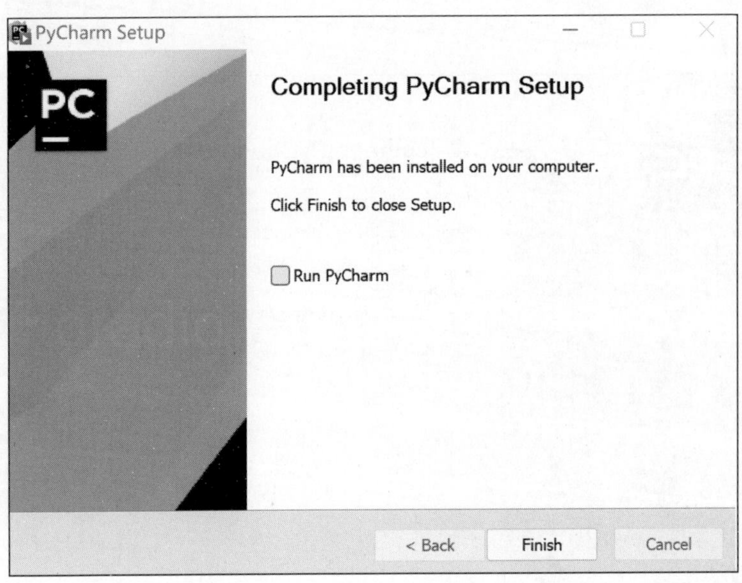

图 2-9 PyCharm 安装完成

第二步：使用 PyCharm 创建程序

（1）单击桌面上新生成的图标进入 PyCharm 程序界面。由于是第一次启动 PyCharm，需要接受相关的协议，在勾选界面下方的复选框后单击 Continue 按钮，进行下一步操作。因为操作比较简单，这里就不截图显示了。

（2）进入 PyCharm 工程创建界面创建新的项目，可以直接创建一个新项目（New Project），或者打开一个已有的项目文件夹（Open），如图 2-10 所示。

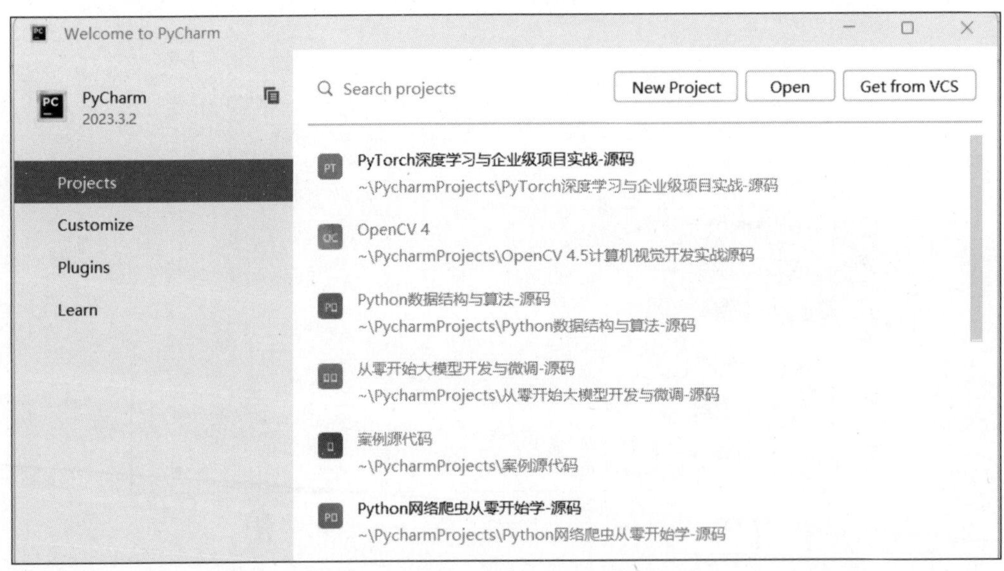

图 2-10 PyCharm 工程创建界面

（3）这里单击 New Project 按钮创建一个新项目，下面就是配置 Python 环境路径，填写好 python.exe 地址后（就是上一步安装的 c:\miniconda3 目录下的 python.exe），单击 Create 按钮，将在 PyCharm 项目管理目录 PycharmProjects 下面创建一个新项目，如图 2-11 所示。

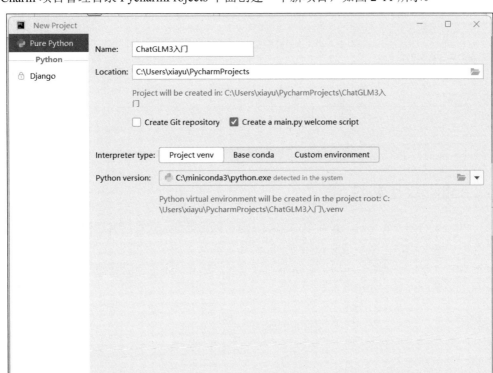

图 2-11　PyCharm 新建文件界面

（4）对于创建的新项目，PyCharm 默认提供了一个测试程序 main.py，内容如图 2-12 所示。

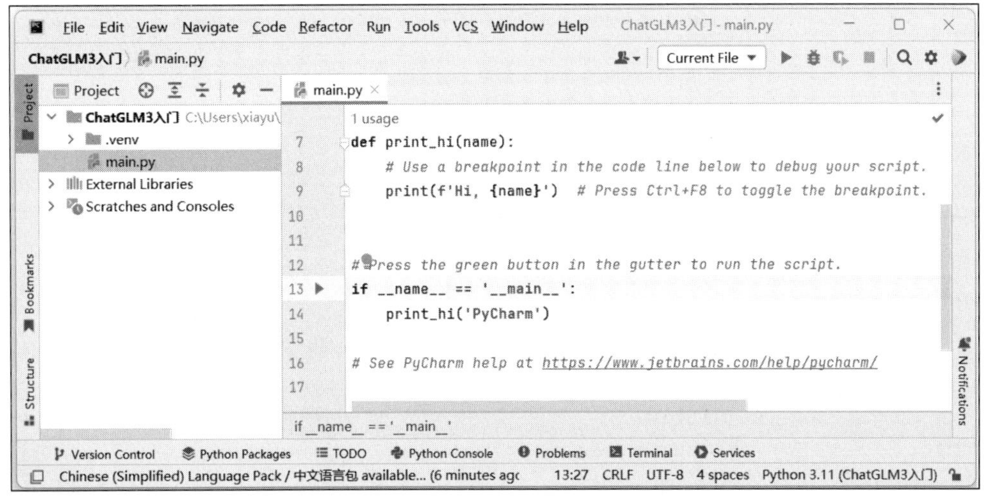

图 2-12　PyCharm 工程运行界面

选中 main.py，单击菜单栏中的 Run|run...运行代码，或者直接右击 main.py 文件名，在弹出的

快捷菜单中选择 run 命令。如果成功，将输出“Hi, PyCharm”，如图 2-13 所示。

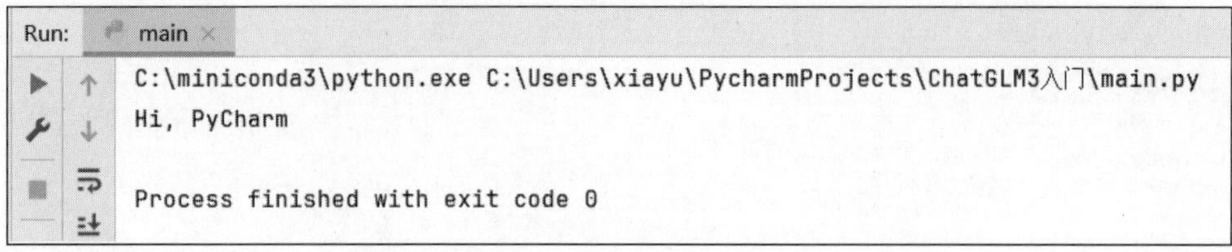

图 2-13 运行成功

至此，Python 与 PyCharm 的配置就完成了。

2.1.3 softmax 函数练习

对于 Python 科学计算来说，最简单的想法就是可以将数学公式直接表达成程序语言，可以说，Python 满足了这个想法。本小节将使用 Python 实现和计算一个深度学习中最为常见的函数——softmax 函数。至于这个函数的作用，现在不加以说明，笔者只是带领读者尝试实现其程序的编写。

softmax 函数的计算公式如下：

$$\text{softmax}(i) = \frac{\exp^{x\_i}}{\sum_{i=0}^{j=N} \exp^{x\_j}}$$

其中，x_i 表示输入向量 x 中的第 i 个元素，N 为数据总量，Σ 表示求和符号，exp 表示自然指数函数。

带入 softmax 的结果其实就是先对每一个 x_i 进行以 e 为底的指数计算，变成非负，然后除以所有项之和进行归一化，之后每个 x_i 就可以解释成在观察到的数据集类别中，特定的 x_i 属于某个类别的概率，或者称作似然（Likelihood）。

提示：softmax 用以解决概率计算中概率结果大而占绝对优势的问题。例如函数计算结果中有两个值 a 和 b，且 a>b，如果简单地以值的大小为单位进行衡量，那么在后续的使用过程中，a 永远被选用而 b 由于数值较小而不会被选择，但是有时候也需要使用数值小的 b，softmax 就可以解决这个问题。

softmax 按照概率选择 a 和 b，由于 a 的概率值大于 b，因此在计算时 a 经常会被取得，而 b 由于概率较小，因此取得的可能性也较小，但是有概率被取得。

softmax 函数的代码如下：

```
import numpy
def softmax(inMatrix):
m,n = numpy.shape(inMatrix)
outMatrix = numpy.mat(numpy.zeros((m,n)))
soft_sum = 0
for idx in range(0,n):
    outMatrix[0,idx] = math.exp(inMatrix[0,idx])
    soft_sum += outMatrix[0,idx]
```

```
for idx in range(0,n):
    outMatrix[0,idx] = outMatrix[0,idx] / soft_sum
return outMatrix
```

可以看到，当传入一个数列后，分别计算求出每个数值所对应的指数函数值，之后将其相加，再计算每个数值在数值和中的概率。例如：

```
a = numpy.array([[1,2,1,2,1,1,3]])
```

结果请读者自行打印验证。

2.2　安装 PyTorch 2.0

Python 运行环境调试完毕后，本节的重点就是安装本书的主角——PyTorch 2.0。

2.2.1　NVIDIA 10/20/30/40 系列显卡选择的 GPU 版本

目前市场上有 NVIDIA 10/20/30/40 系列显卡，对于需要调用专用编译器的 PyTorch 来说，不同的显卡需要安装不同的依赖计算包。笔者在此总结了不同显卡的 PyTorch 版本以及 CUDA 和 cuDNN 的对应关系，如表 2-1 所示。

表 2-1　NVIDIA 10/20/30/40 系列显卡的版本对比

显卡型号	PyTorchGPU 版本	CUDA 版本	cuDNN 版本
10 系列及以前	PyTorch 2.0 以前版本	11.1	7.65
20/30/40 系列	PyTorch 2.0 向下兼容	11.6+	8.1+

注意：这里的区别主要在于显卡运算库 CUDA 与 cuDNN 的区别，当在 20/30/40 系列显卡上使用 PyTorch 时，可以安装 CUDA11.6 版本以上以及 cuDNN8.1 版本以上的计算包。

注意：由于本书使用 PyTorch 2.0，因此要求读者的计算机配有 20/30/40 系列的显卡，用来顺利运行本书的示例代码。

下面以 PyTorch 2.0 为例，演示完整的 CUDA 和 cuDNN 的安装步骤，不同的版本的安装过程基本一致。

2.2.2　PyTorch 2.0 GPU NVIDIA 运行库的安装

本小节讲解 PyTorch 2.0 GPU 版本的前置软件的安装。对于 GPU 版本的 PyTorch 来说，由于调用了 NVIDIA 显卡作为其代码运行的主要工具，因此额外需要 NVIDIA 提供的运行库作为运行基础。

我们选择 PyTorch 2.0.1 版本进行讲解。对于 PyTorch 2.0 的安装来说，最好的方法是根据官方提供的安装命令进行安装，具体参考官方文档 https://pytorch.org/get-started/previous-versions/。从页面上可以看到，针对 Windows 版本的 PyTorch 2.0.1，官方提供了几种安装模式，分别对应 CUDA 11.7、CUDA 11.8 和 CPU only。使用 conda 安装的命令如下：

```
    # CUDA 11.7
    conda install pytorch==2.0.1 torchvision==0.15.2 torchaudio==2.0.2
pytorch-cuda=11.7 -c pytorch -c nvidia
    # CUDA 11.8
    conda install pytorch==2.0.1 torchvision==0.15.2 torchaudio==2.0.2
pytorch-cuda=11.8 -c pytorch -c nvidia
    # CPU Only
    conda install pytorch==2.0.1 torchvision==0.15.2 torchaudio==2.0.2 cpuonly -c
pytorch
```

下面以 CUDA 11.8+cuDNN 8.9 为例讲解安装的方法。

（1）首先是 CUDA 的安装。在百度搜索 CUDA 11.8 download，进入官方下载页面，选择适合的操作系统安装方式（推荐使用 exe(local)本地化安装方式），如图 2-14 所示。

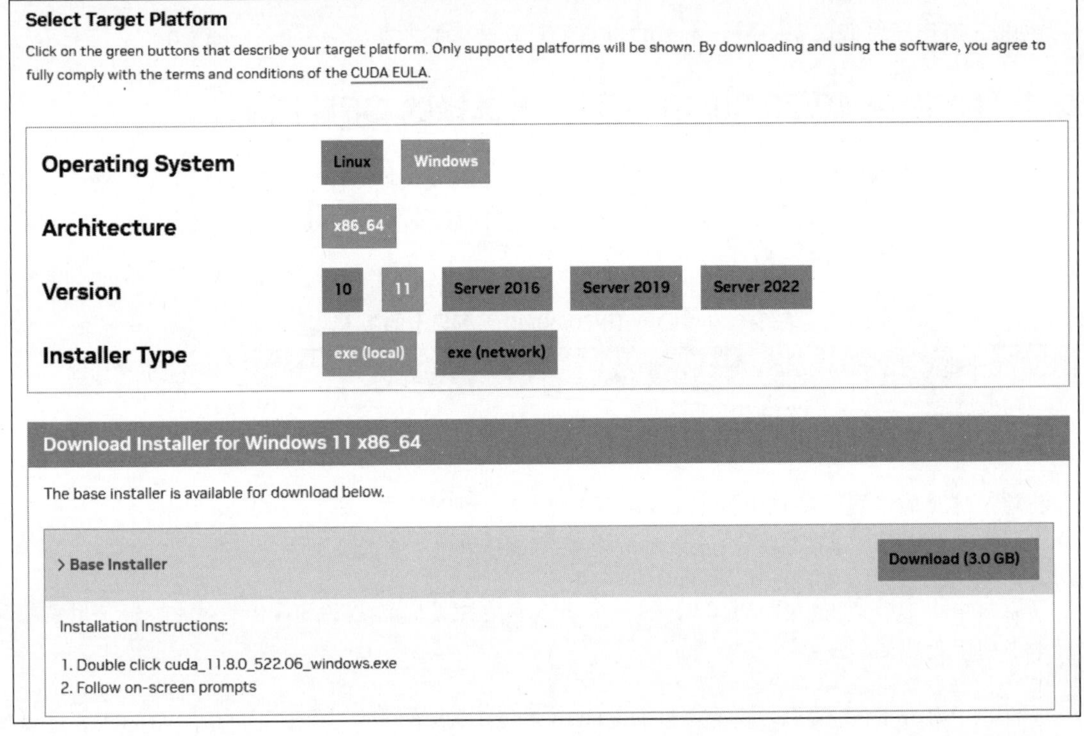

图 2-14　CUDA 11.8 下载页面

此时下载下来的是一个 EXE 文件，读者自行安装，不要修改其中的路径信息，完全使用默认路径安装即可。

（2）下载和安装对应的 cuDNN 文件。要下载 cuDNN，需要先注册，相信读者可以很快完成，之后直接进入下载页面，如图 2-15 所示。

注意：不要选择错误的版本，一定要找到对应 CUDA 的版本号。另外，如果使用的是 Windows 64 位的操作系统，需要下载 x86_64 版本的 cuDNN。

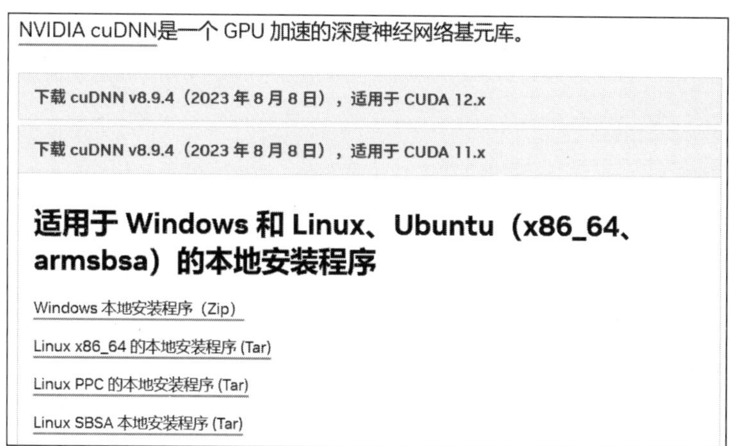

图 2-15　cuDNN 8.9 下载页面

（3）下载的 cuDNN 是一个压缩文件，将它解压并把所有的目录复制到 CUDA 安装主目录中（直接覆盖原来的目录），CUDA 安装主目录如图 2-16 所示。

名称	修改日期	类型	大小
bin	2021/8/6 16:27	文件夹	
compute-sanitizer	2021/8/6 16:26	文件夹	
extras	2021/8/6 16:26	文件夹	
include	2021/8/6 16:27	文件夹	
lib	2021/8/6 16:26	文件夹	
libnvvp	2021/8/6 16:26	文件夹	
nvml	2021/8/6 16:26	文件夹	
nvvm	2021/8/6 16:26	文件夹	
src	2021/8/6 16:26	文件夹	
tools	2021/8/6 16:26	文件夹	
CUDA_Toolkit_Release_Notes	2020/9/16 13:05	TXT 文件	16 KB
DOCS	2020/9/16 13:05	文件	1 KB
EULA	2020/9/16 13:05	TXT 文件	61 KB
NVIDIA_SLA_cuDNN_Support	2021/4/14 21:54	TXT 文件	23 KB

图 2-16　CUDA 安装主目录

（4）确认 PATH 环境变量，这里需要将 CUDA 的运行路径加载到环境变量的 PATH 路径中。安装 CUDA 时，安装向导能自动加入这个环境变量值，确认一下即可，如图 2-17 所示。

（5）最后完成 PyTorch 2.0.1 GPU 版本的安装，只需在终端窗口中执行本小节开始给出的 PyTorch 安装命令即可。

```
# CUDA 11.8
conda install pytorch==2.0.1 torchvision==0.15.2 torchaudio==2.0.2
```

```
pytorch-cuda=11.8 -c pytorch -c nvidia
```

图 2-17 将 CUDA 路径加载到环境变量 PATH 中

2.2.3 Hello PyTorch

到这里我们已经完成了 PyTorch 2.0 的安装。下面使用 PyTorch 2.0 做一个小练习。打开 CMD，依次输入如下命令，验证安装是否成功。

```
import torch
result = torch.tensor(1) + torch.tensor(2.0)
result
```

结果如图 2-18 所示。

```
Python 3.11.4 | packaged by Anaconda, Inc. | (main, Jul  5 2023, 13:47:18)
Type "help", "copyright", "credits" or "license" for more information.
>>> import torch
>>> result = torch.tensor(1) + torch.tensor(2.)
>>> result
```

图 2-18 验证安装是否成功

或者打开前面安装的 PyCharm IDE，先新建一个项目，再新建一个 hello_pytorch.py 文件，输入如下代码：

```
import torch
```

```
result = torch.tensor(1) + torch.tensor(2.0)
print(result)
```

最终结果请读者自行验证。

2.3 Hello ChatGLM3

ChatGLM 系列是智谱 AI 发布的一系列大语言模型，因为其优秀的性能和良好的开源协议，在国产大模型和全球大模型领域都有很高的知名度。其开源的第三代基座大语言模型 ChatGLM3-6B 的性能较前一代有了大幅提升，可以认为是十分强大的中文基础大模型。

2.3.1 ChatGLM3 简介与安装

自诞生以来，ChatGLM 便以其卓越的性能和广泛的应用而闻名于世，成为国产大语言模型中最强大、最著名的模型。2023 年 3 月，第一代 ChatGLM-6B 面世，开源之后便获得了广泛的关注和使用。短短 3 个月后，ChatGLM2 的发布再次引发了科技界的热议。2023 年 10 月 27 日，智谱 AI 再次发布了第三代基础大语言模型 ChatGLM3 系列，这一系列共包含了 3 个模型：基础大语言模型 ChatGLM3-6B-Base、对话调优大语言模型 ChatGLM3-6B 和长文本对话大语言模型 ChatGLM3-6B-32K。

1. ChatGLM3 简介

ChatGLM3 系列的发布，标志着中国在自然语言处理领域的研究取得了新的突破。这一系列模型不仅具备了更强大的语言理解能力，更能在不同场景下进行高效、精准的应用。其中，ChatGLM3-6B-Base 作为基础大语言模型，凭借其出色的性能表现，成为众多领域中的得力助手；ChatGLM3-6B 通过对话调优，实现了更加智能、自然的交互体验；ChatGLM3-6B-32K 作为长文本对话大语言模型，以其在长文本处理方面的卓越表现，广泛应用于新闻媒体、科技文献等领域。ChatGLM3 模型说明如表 2-2 所示。

表2-2　ChatGLM3模型说明

版本模型	模型介绍	上下文长度	备注
ChatGLM3-6B-Base	基础大语言模型，预训练结果	8K	基础模型
ChatGLM3-6B	基础大语言模型，针对对话微调调优，适合对话	8K	
ChatGLM3-6B-32K	对话调优的大语言模型，但是支持 32K 上下文	32K	不支持工具函数调用

ChatGLM 系列的持续升级和优化，不仅提升了国产大语言模型的国际竞争力，更为人工智能领域的发展注入了新的活力。未来，我们有理由相信，ChatGLM 将继续秉持开放、共享的精神，推动人工智能技术的创新和发展，为人类社会的进步贡献更多的力量。

需要注意，ChatGLM3 的功能不局限于生成对话，它在工具调优、Prompt（提示）调优、代码执行等方面都有很大提升。具体来说，ChatGLM3 的功能提升主要集中在以下几点：

- 更强大的基础模型：ChatGLM3-6B 的基础模型 ChatGLM3-6B-Base 采用了更多样的训练数据、更充分的训练步数和更合理的训练策略。在语义、数学、推理、代码、知识等不同角度的数据集上测评显示，ChatGLM3-6B-Base 在 10B 以下的预训练模型中具有最强的性能。

- 更完整的功能支持：ChatGLM3-6B 采用了全新设计的 Prompt 格式，除正常的多轮对话外，同时原生支持工具调用（Function Call）、代码执行（Code Interpreter）和 Agent 任务等复杂场景。
- 更全面的开源序列：除了对话模型 ChatGLM3-6B 外，还开源了基础模型 ChatGLM-6B-Base、长文本对话模型 ChatGLM3-6B-32K。以上所有模型的源码权重对学术研究完全开放，在填写问卷进行登记后还可免费商业使用。

2. ChatGLM3 安装

在介绍完 ChatGLM3 激动人心的新功能之后，下面开始使用 ChatGLM3，读者有两种方式获取 ChatGLM3。

第一种方式是从 GitHub 上获取 ChatGLM3 源码（笔者不推荐）。读者可以登录 GitHub，搜索关键字“ChatGLM”，打开对应的链接，结果如图 2-19 所示。

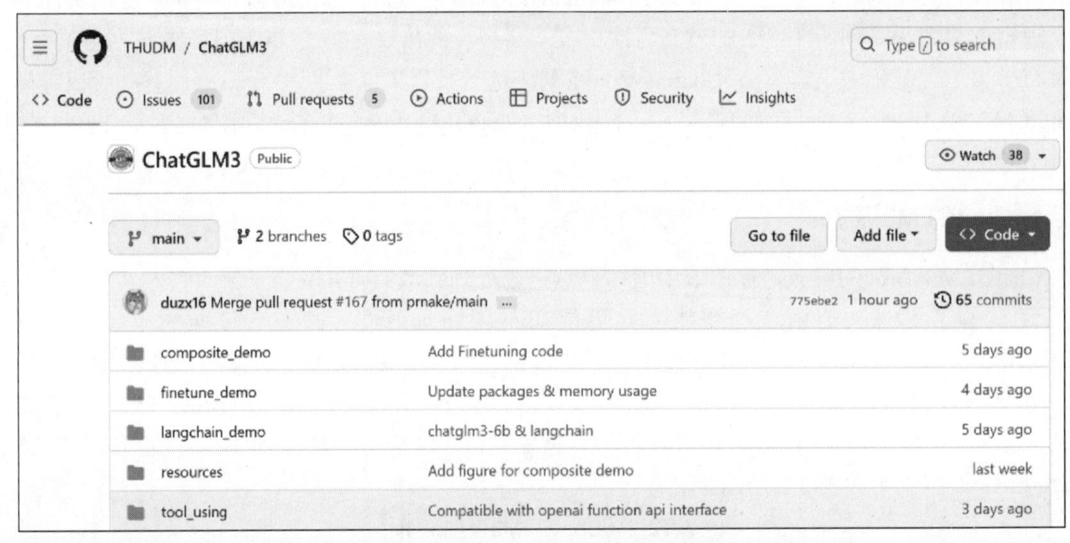

图 2-19　GitHub 上的 ChatGLM3 源码

这里读者可以使用 GitHub 自行下载对应的源文件，但需注意，这里的源码权重并不直接提供，而是需要单独下载。因此，读者可以采用第二种方式（笔者推荐）来完成 ChatGLM3 的配置和使用。

第二种方式是通过魔塔社区（ModelScope）（见图 2-20）的模型库，安装对应的库包来直接下载和使用完整的 ChatGLM3。

魔塔社区的库包可以使用 pip 命令进行安装，如下所示。

```
pip install modelscope
```

待安装结束后，即可在 PyCharm 中新建一个空的项目，通过在代码中调用 ChatGLM3-6B 模型来生成对话。

图 2-20　魔搭社区首页

为了便于读者选择适合自己的 ChatGLM3 版本，下面我们将依次使用 CPU 版本、GPU（INT4 或 INT8 量化）版本、GPU（half 或 float 量化）版本对本示例进行推演。

2.3.2　CPU 版本的 ChatGLM3 推演

我们首先完成 CPU 版本的 ChatGLM3 的推演。由于采用 CPU 进行推演，因此在自动下载完模型参数后，推演的耗时较长，这一点请读者注意。

```
import torch
from modelscope import AutoTokenizer, AutoModel, snapshot_download
model_dir = snapshot_download("ZhipuAI/chatglm3-6b", revision = "v1.0.0")
tokenizer = AutoTokenizer.from_pretrained(model_dir, trust_remote_code=True)

with torch.no_grad():
   model = AutoModel.from_pretrained(model_dir,
trust_remote_code=True) .cpu().float()

model = model.eval()
response, history = model.chat(tokenizer, "你好", history=[])
print(response)
response, history = model.chat(tokenizer, "晚上睡不着应该怎么办", history=history)
print(response)
```

由于第一次调用，需要从网上直接下载对应的权重文件，这个权重文件比较大，因此读者需要根据自身的网络带宽情况等待文件下载结束。

下载过程如图 2-21 所示，可以看到此时的下载较烦琐，权重文件被分成了 8 个部分依次下载。

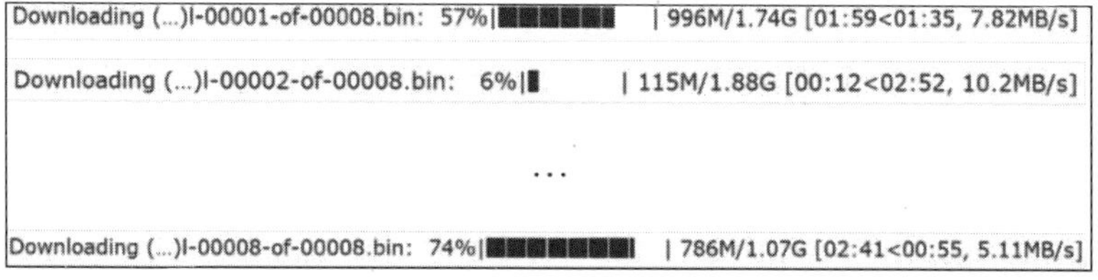

图 2-21　下载过程展示

此时需要注意，对于下载的内容，还需要进行一次合并处理的过程，如图 2-22 所示。

```
Downloading shards: 100%|████████████| 8/8 [31:58<00:00, 239.76s/it]
Loading checkpoint shards: 100%|████████████| 8/8 [00:07<00:00, 1.01it/s]
```

图 2-22　合并分割的权重

如果有报错，可以等待 1 分钟后重新连接，再进行下载。

全部下载完成后，ChatGLM3 自动进入运行模式，在代码中可以设置需要让模型回答的普通问题，上述代码段的回答结果如图 2-23 所示。注意：返回回答结果的时间会长一点，请读者耐心等待。

```
你好👋！我是人工智能助手 ChatGLM3-6B，很高兴见到你，欢迎问我任何问题。
晚上睡不着的原因有很多，比如压力、焦虑、饮食、生活习惯等。这里给你提供一些建议，帮助你更容易入睡：

1. 保持规律作息：每天尽量在相同的时间入睡和起床，以帮助调整你的生物钟。

2. 创造一个良好的睡眠环境：保持房间安静、舒适、黑暗，并保持适宜的温度。

3. 避免刺激性活动：在睡前一小时内避免从事刺激性强的活动，如剧烈运动、看恐怖电影等。

4. 放松身心：可以尝试一些放松身心的方法，如深呼吸、瑜伽、冥想等。

5. 避免过多使用电子产品：睡前一小时内避免使用手机、电脑等电子产品，以减少蓝光的影响。

6. 适量饮水：晚上适量饮水可以防止夜间因口渴而醒来。
```

图 2-23 ChatGLM 的回答示例

请读者自行运行代码进行验证。需要读者注意的是，即使问题是一样的，但是每一次运行代码得到的回答也有可能不一样。因为我们所使用的 ChatGLM 是生成式模型，前面的生成会直接影响后面的生成，而这点也是生成模型相对于一般模型不同的地方。前面的结果有了波动，后面就会发生很大的变化，会有一个滚雪球效应。

另外，CPU 版本的 ChatGLM3 推演耗时较长，因此推荐读者尽量采用 GPU 版本的模型进行后续的学习。

2.3.3 GPU（INT4 或 INT8 量化）版本的 ChatGLM3 推演

在 PyTorch 中，模型量化是一种优化技术，它可以将模型的权重和激活值从浮点数转换为低精度的整数格式，如 INT4 和 INT8。这种转换可以显著减少模型的大小和计算复杂度，同时加快推理速度，特别是在资源受限的设备上，如智能手机、嵌入式系统和物联网设备等。现在，我们来详细了解一下 INT4 和 INT8 这两种 GPU 模型量化推演方式。

1. INT8 量化

INT8 量化是将模型的权重和激活值从浮点数转换为 8 位整数的过程。与浮点数相比，虽然 INT8 整数表示的数值范围较小，精度较低，但它可以显著减少存储和计算的需求。

在 INT8 量化中，模型的权重和激活值会经过一个量化过程，该过程包括缩放和偏移，以确保量化后的值能够尽可能地保留原始浮点数的信息。在推理时，这些量化值会被反量化回浮点数进行计算，然后再量化回 INT8 进行下一步操作。

2. INT4 量化

INT4 量化是一种更为激进的量化方式，它将模型的权重和激活值量化为 4 位整数。由于表示范围更小，精度更低，INT4 量化通常会导致更大的精度损失。然而，与 INT8 相比，INT4 量化可以进一步减少模型的存储需求和计算复杂度。

需要注意，INT4 量化在实际应用中相对较少见，因为过低的精度可能导致模型性能显著下降。此外，不是所有的硬件都支持 INT4 操作，因此在选择量化方式时需要考虑硬件的兼容性。

3. 量化的优势

量化具有以下优势：

- 减少模型大小：量化可以显著减少模型的存储需求，使得部署更加轻便。
- 提高推理速度：低精度的计算通常比浮点数计算更快。
- 降低能耗：在移动和嵌入式设备上，低能耗是至关重要的，量化有助于减少计算时的能耗。

4. 注意事项

量化的注意事项如下：

- 精度损失：量化通常会导致一定程度的精度损失，需要在性能和精度之间进行权衡。
- 模型需重新训练：有些量化方法可能需要重新训练或微调模型以恢复性能。
- 硬件支持：不同的硬件对量化的支持程度不同，需要确保所选的量化方式与目标硬件兼容。

下面来完成 INT4 量化的 ChatGLM3 推演代码，如下所示（注意 model 的构建方式）：

```
import torch
from modelscope import AutoTokenizer, AutoModel, snapshot_download
model_dir = snapshot_download("ZhipuAI/chatglm3-6b", revision = "v1.0.0")
tokenizer = AutoTokenizer.from_pretrained(model_dir, trust_remote_code=True)

with torch.no_grad():
    # 采用量化方案的 ChatGLM3
    model = AutoModel.from_pretrained(model_dir,
trust_remote_code=True).quantize(4).cuda()

model = model.eval()
response, history = model.chat(tokenizer, "你好", history=[])
print(response)
response, history = model.chat(tokenizer, "晚上睡不着应该怎么办", history=history)
print(response)
```

请读者自行打印结果进行验证和比较。

如果想换成 INT8 格式的模型构建方法，则可以采用如下的 model 构建：

```
model = AutoModel.from_pretrained(model_dir,
trust_remote_code=True).quantize(8).cuda()
```

可以看到，只需简单地将 quantize(4)中的数字 4 改成 8 即可。具体请读者自行验证。

2.3.4 GPU（half 或 float 量化）版本的 ChatGLM3 推演

使用 GPU 对 ChatGLM3 进行推演，除了前面提到量化方法之外，常规方案的 GPU 推演中 half 和 float 是两种最常用的格式。它们分别对应 16 位浮点数（float16）和 32 位浮点数（float32）。half 格式占用 13GB 显存，float 格式占用 40GB 显存。下面来具体介绍。

1. half 格式

half 格式即 16 位浮点数（float16）。与 float 相比，half 格式占用的内存减半，这在大规模深度学习应用中具有显著优势。它允许我们在相同的 GPU 内存限制下加载更大规模的模型或处理更多数据。此外，随着现代 GPU 硬件对 float16 操作的支持不断增强，使用 half 格式还可能带来计算速度的提升。然而，half 格式有一个固有的缺点，即降低精度，这可能导致在某些情况下出现数值不稳定或精度损失的情况。

2. float 格式

接下来谈谈 float 格式。这种格式提供了较高的精度，能够准确表示大范围的数值。在进行复杂的数学运算或需要高精度结果的场景中，float 格式是首选。然而，高精度也意味着更多的内存占用和可能更长的计算时间。对于大规模深度学习模型，尤其是当模型参数众多、数据量巨大时，float 格式可能会导致 GPU 内存不足或推演速度下降的情况。

选择是使用 float 还是 half 格式时，需要考虑以下几个因素：

- 模型要求：某些模型对精度非常敏感，可能需要使用 float32。
- 硬件支持：不是所有 GPU 都支持 float16 操作，或者支持的程度不同。
- 内存限制：如果 GPU 内存有限，使用 float16 可以显著减少内存占用。
- 性能要求：对于需要快速推演的应用，float16 可能是一个更好的选择。

选择 float 还是 half 格式是一个权衡精度、内存和性能的过程。如果应用场景对精度要求较高，且 GPU 内存充足，那么 float 格式可能是更好的选择；如果面临内存限制或希望加快推演速度，那么使用 half 格式或混合精度训练可能会带来显著的好处。对于 ChatGLM3 这样的大型模型，混合精度推演可能是一个折中的好选择，它能够在保持一定精度的同时，充分利用 GPU 的计算能力。

下面是使用 half 格式完成 ChatGLM3 模型推演的示例，代码如下：

```
import torch
from modelscope import AutoTokenizer, AutoModel, snapshot_download
model_dir = snapshot_download("ZhipuAI/chatglm3-6b", revision = "v1.0.0")
tokenizer = AutoTokenizer.from_pretrained(model_dir, trust_remote_code=True)

with torch.no_grad():
    # 采用 GPU half 方案的 ChatGLM3
    model = AutoModel.from_pretrained(model_dir,
trust_remote_code=True).half().cuda()

model = model.eval()
```

```
response, history = model.chat(tokenizer, "你好", history=[])
print(response)
response, history = model.chat(tokenizer, "晚上睡不着应该怎么办", history=history)
print(response)
```

如果想要使用 float 格式下的 GPU 推演模式，则只需要将 model 的构建代码改为如下方式：

```
model = AutoModel.from_pretrained(model_dir,
trust_remote_code=True).float().cuda()
```

此时，对于普通用户来说应该会产生一个爆显存的提示。因此在具体选择上，读者应该遵循自己所使用的硬件资源合理选择不同的模型。如果 GPU 具有较大的显存容量，那么使用 half 版本的模型可能不是问题；对于显存有限的情况，选择量化版本将是一个明智的决策。

为了保证 ChatGLM3 模型在后续学习过程中的效率和准确率之间的平衡，笔者将主要使用 GPU 的 half 版本来进行讲解。half 版本通过降低数据精度来减少显存占用，同时在一定程度上保留了模型的准确性。这种折中方案使得更多用户能够在有限的硬件资源上运行和实验 ChatGLM3 模型。

在具体学习过程中，读者还应该根据自己的具体条件和需求来调整模型的构建方式，包括修改模型的层数、神经元数量、激活函数等。通过合理调整这些参数，读者可以获得一个既高效又准确的推断结果。

总之，读者在使用 ChatGLM3 模型时，应该充分了解自己的硬件资源限制，并根据实际情况选择合适的模型版本和构建方式。这样做不仅可以避免显存溢出等问题，还可以确保模型在推演过程中保持高效和准确。

2.3.5　离线状态的 ChatGLM3 的使用

对于部分有特殊需求的读者来说，一个能够离线使用或者部署在私有云架构上的大模型是必不可少的。ChatGLM3 也提供了可完全离线的 ChatGLM 部署和使用方法。首先，需要打开魔塔社区在本地的下载地址，一般这个存储地址为：

```
C:\Users\你当前登录用户名\.cache\modelscope\hub\ZhipuAI
```

此时，在这个文件夹下，我们可以看到从魔塔社区下载的全部 ChatGLM3 的源码与权重文件，局部界面如图 2-24 所示。

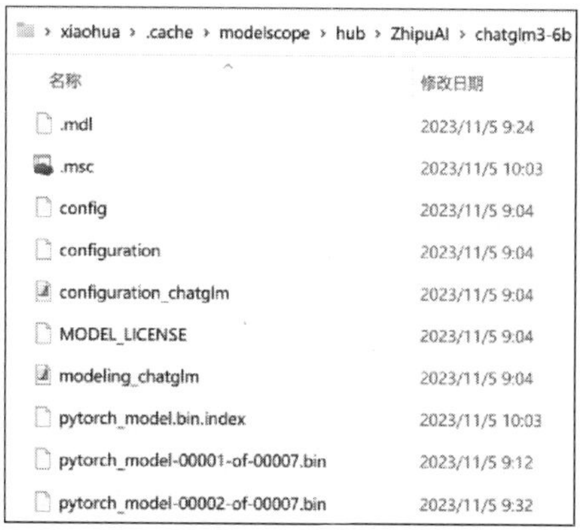

xiaohua › .cache › modelscope › hub › ZhipuAI › chatglm3-6b

名称	修改日期
.mdl	2023/11/5 9:24
.msc	2023/11/5 10:03
config	2023/11/5 9:04
configuration	2023/11/5 9:04
configuration_chatglm	2023/11/5 9:04
MODEL_LICENSE	2023/11/5 9:04
modeling_chatglm	2023/11/5 9:04
pytorch_model.bin.index	2023/11/5 10:03
pytorch_model-00001-of-00007.bin	2023/11/5 9:12
pytorch_model-00002-of-00007.bin	2023/11/5 9:32

图 2-24　ChatGLM3 源码与权重文件

要离线使用 ChatGLM3，读者可以将 chatglm3-6b 目录直接复制到 PyChram 的当前项目目录下，如图 2-25 所示。然后在代码中修改模型存档地址。

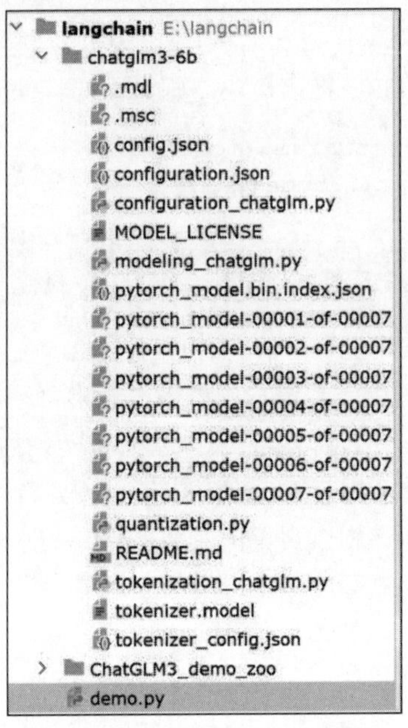

图 2-25 把 ChatGLM3 源码放到当前项目目录下

对于新的 ChatGLM3 模型的调用，也可以简单地使用如下代码完成：

```
# model_dir = snapshot_download("./chatglm3-6b", revision = "v1.0.0") # 注销
联网验证代码
model_dir = "../chatglm3-6b"          # 直接提供 ChatGLM3 的存储地址
...
tokenizer = AutoTokenizer.from_pretrained(model_dir, trust_remote_code=True)
model = AutoModel.from_pretrained(model_dir,
trust_remote_code=True).half().cuda()
```

在上面代码中，我们注释了原始的 snapshot_download 下载和验证函数，替代为直接使用本地模型，相对于当前 demo 位置的源码和权重存储相对地址。

最终结果请读者自行打印完成。

2.3.6 ChatGLM 的高级使用

前面我们进行了一次非常小的演示，介绍了 ChatGLM 的使用。除此之外，ChatGLM 还可以有更多用法，例如进行文本内容的抽取，读者可以尝试如下任务：

```
content="""ChatGLM3-6B 是一个最强开源的、支持中英双语的大语言模型，
基于 General Language Model(GLM)架构，具有 62 亿参数。
手机号 18888888888
结合模型量化技术，用户可以在消费级的显卡上进行本地部署（INT4 量化级别下最低只需 6GB 显存）。
ChatGLM-6B 使用了较 ChatGPT 更为高级的技术，针对中文问答和对话进行了优化。
邮箱 123456789@qq.com
```

```
经过约 1T 标识符的中英双语训练，辅以监督微调、前馈自助、人类前馈强化学习等技术的加持，
账号:root 密码:xiaohua123
62 亿参数的 ChatGLM-6B 已经能生成相当符合人类偏好的回答，更多信息请参考我们的博客。
"""
Prompt='从上文中，提取"信息"(keyword,content)，包括:"手机号"、"邮箱"、"账号"、"密码"类型的实体，只输出这些实体，不要其他的。输出 JSON 格式内容'
input ='{}\n\n{}'.format(content,Prompt)
print(input)
response, history = model.chat(tokenizer, input, history=[])
print(response)
```

这是一个经典的文本抽取任务，希望通过 ChatGLM 抽取其中的内容。这里使用了一个 Prompt（中文暂时称为“提示”），它是研究者们为了下游任务设计出来的一种输入形式或模板，能够帮助 ChatGLM“回忆”起自己在预训练时“学习”到的东西。

Prompt 也可以帮助使用者更好地“提示”预训练模型所需要去做的任务，这里通过 Prompt 的方式向 ChatGLM 传达了一个下游任务目标，即需要对文本进行信息抽取，抽取其中蕴含的手机号、邮箱、账号密码等常用信息。最终显式结果如图 2-26 所示。

```
{
"手机号": "18888888888",
"邮箱": "123456789@qq.com",
"账号": "root",
"密码": "xiaohua123"
}
```

图 2-26　文本信息抽取结果

可以看到，这是一个使用 JSON 表示的抽取结果，其中的内容还根据 Prompt 中定义的键值，直接抽取了对应的内容。

除此之外，我们还可以使用 ChatGLM 进行一些常识性的文本问答和编写一定量的代码。当然，要完成这些内容，还需要设定好特定的 Prompt，从而使得 ChatGLM 能更好地理解用户所提出的问题和所要表达的意思。

2.4　本章小结

在本章中，首先详细介绍了 PyTorch 2.0 框架、开发环境和第三方软件的安装：先讲解了 PyTorch 的独特性和其在机器学习领域的重要地位，然后逐步展开，详细阐述了如何进行环境配置和软件安装，并通过一个非常简单的示例验证了安装环境。

在接下来的代码演示部分，我们以 ChatGLM3 为例，向读者展示了大语言模型的基本使用方法。ChatGLM3 是一种基于 Transformer 的大语言模型，具有进行自然语言对话和生成连贯文本的能力。我们详细介绍了如何使用 ChatGLM3 进行对话和文本生成，从而为后续的大模型应用提供了坚实的基础。

本章为后续的深度学习应用提供了必要的基础。希望读者能够充分理解和掌握本章的内容，为后续的学习和实践打下坚实的基础。

第3章 基于 gradio 的云上自托管 ChatGLM3 部署实战

在上一章中，我们从一个简单的示例开始，探索了如何在本地实现 ChatGLM3 问答实战。相信读者已经对这些内容有了深刻的理解并掌握了应用实现的基本方法。然而，从用户的视觉体验和实际操作流程来看，我们的操作主要局限于 PyCharm 终端之内，且每次与 ChatGLM3 的交互都需要重新启动程序。这样的操作方式不仅在多轮对话中显得烦琐不便，更可能打断我们思维的连贯性，影响工作效率。

为了解决这些痛点，本章将引领读者走进云上部署的神奇世界，学习如何在云端轻松管理和使用 ChatGLM3。通过云上部署，我们可以随时随地访问和使用 ChatGLM3，无须每次都进行烦琐的启动操作。这不仅将极大地提升我们的工作效率，还能确保多轮对话中思维的连贯性，让我们的工作流程更加顺畅、高效。

可以相信，云上部署的 ChatGLM3 将成为我们强大的智能助手，无论是在科研、工作还是日常生活中，都能为我们提供及时、准确的信息支持。让我们一起跨越终端的限制，拥抱云端的无限可能，开启全新的智能交互体验。

注意：除非笔者主动说明，否则本书均采用 gradio≥4.10 的版本，如果读者在使用时出现报错，请升级 gradio 到最新版本。

3.1 gradio 的基本使用详解

在上一章中，我们探讨了如何运用基础的 ChatGLM3 进行问答和初步实践，尽管这种方式能够一次性地解决问题，但在实际应用中，我们发现它可能会对任务的连续性造成干扰。为了克服这一问题，我们需要探索一些新的方法，让它们既能满足我们的需求，又能保证任务的连续性。

从实际操作层面来看，这些方法往往要求用户具备一定的技术背景和手动操作能力，这对于非技术人员来说可能构成了一定的障碍。因此，在本节中，将重点介绍如何基于自定义网页端部署和使用 ChatGLM3，特别是结合 gradio 的部署方案。我们的目标是降低使用门槛，让更多的人能够轻松利用这一强大的自然语言处理工具。

此外，为了提供更灵活和私有的服务，还将介绍如何使用 FastAPI 搭建私有云服务器。FastAPI 是一个现代、快速（高性能）的 Web 框架，用于构建 API，它使得我们能够轻松地将 ChatGLM3 部署到私有云环境中。在这部分内容中，将详细阐述如何使用 FastAPI 完成这一服务，并提供完整的操作指南。

同时，为了丰富读者的使用体验和选择，还将提供官方使用 streamlit 完成网页端 ChatGLM3 服务的演示示例。streamlit 是一个用于快速创建数据应用的开源 Python 库，通过它，我们可以轻松地创建出美观且交互性强的网页端应用。相信这一演示示例将为读者带来更多的启发和可能性。

综上所述，本节内容将涵盖基于自定义网页端部署和使用 ChatGLM3 的方法、使用 FastAPI 搭建私有云服务器的步骤以及官方使用 streamlit 完成网页端 ChatGLM3 服务的演示示例。通过学习这些内容，读者将能够更全面地了解和掌握 ChatGLM3 的部署和使用技巧，从而更好地应用于实际工作和研究中。

3.1.1　从 gradio 的 Interface 开始

gradio 是一个强大的库，它简化了将机器学习模型转换为交互式界面的过程。不需要深入的前端开发知识或复杂的用户界面设计技能，使用者只需几行代码就可以快速地为自己的模型创建一个美观且功能齐全的界面。这一特性使得 gradio 成为数据科学家、机器学习工程师、研究人员以及任何希望展示或共享其模型的人的理想选择。

1. 核心优势

gradio 的核心优势如下：

- 易用性：gradio 的 API 设计直观且对用户友好，即使是编程新手也能快速上手。
- 快速原型设计：允许用户在几分钟内搭建起一个可交互的模型演示。
- 灵活性：提供了丰富的定制选项，以满足各种特定的需求和应用场景。
- 跨平台兼容性：无论是在本地环境还是在云端，gradio 都能轻松部署。

2. 应用场景

gradio 的应用场景如下：

- 模型展示：研究人员可以使用 gradio 快速为他们的机器学习模型创建一个演示界面，以便于在会议、研讨会或在线平台上展示。
- 教育目的：教师可以利用 gradio 来创建交互式教程，帮助学生更好地理解机器学习模型的工作原理。
- 原型测试：在开发早期阶段，可以使用 gradio 快速构建用户界面原型，以收集用户反馈并进行迭代。
- 企业级应用：对于企业来说，gradio 提供了一个高效的方式来部署和测试机器学习模型，同时还能轻松地集成到现有的工作流程中。

3. 进阶功能

除了基本的界面创建功能外，gradio 还支持更多高级特性，例如：

- 自定义界面元素：允许用户添加自定义的按钮、滑块、下拉菜单等界面元素。
- 多模型支持：可以在同一个界面中集成多个模型，实现更复杂的交互逻辑。
- 安全性与隐私：提供了多种机制来保护用户数据和模型的安全。
- 可扩展性：gradio 的架构设计允许用户通过插件系统来扩展其功能。

在具体使用上，读者可以采用如下命令在 minconda 终端中进行安装：

```
pip install gradio
```

安装完成后，可以通过下面代码来检查 gradio 是否正确安装：

```
import gradio as gr
print(gr.__version__)
```

如果正确安装这里就会打印出目前安装的 gradio 版本。

4. gradio 的核心组件

一般来说，gradio 的核心组件主要由界面（Interface）、输入类型与输出类型共同组成。

1）界面

gradio 的核心是 Interface 类，它提供了一种简单的方式来定义输入和输出类型，并创建交互式的 Web 界面。通过这个类，用户可以轻松地指定模型的输入和输出应该如何呈现给用户，以及如何处理用户的输入和展示模型的输出。

2）输入类型

gradio 支持多种输入类型，以满足不同模型的需求。一些常见的输入类型包括：

- gr.Text：用于文本输入，适用于自然语言处理任务的模型。
- gr.Image：用于图像上传，适用于图像处理或计算机视觉模型。
- gr.Audio：用于音频输入，适用于语音识别或音频处理模型。

此外，gradio 还支持更多高级输入类型，如文件上传、滑块、下拉菜单等，以提供更丰富的交互体验。

3）输出类型

与输入类型相对应，gradio 也提供了多种输出类型来展示模型的输出结果。一些常见的输出类型包括：

- gr.Text：用于展示文本输出结果。
- gr.Image：用于展示图像处理模型的输出结果。
- gr.Audio：用于播放音频处理模型的输出结果。

通过选择合适的输入和输出类型，用户可以创建出符合模型特性和需求的交互式界面。

下面是一个简单的使用 gradio 构建初始界面的例子，代码如下：

```
import gradio as gr
def greet(name):
    return "Hello " + name + "!"
```

```
demo = gr.Interface(fn=greet, inputs=gr.Textbox(), outputs=gr.Textbox())
demo.launch()
```

读者可以直接运行此段代码，之后会生成一个对应的地址，这是基于本地设置的网页地址：

```
Running on local URL:  http://127.0.0.1:7860
```

我们直接在浏览器中打开这个地址，结果如图 3-1 所示。

name	output
xiaohua	Hello xiaohua!
Clear　Submit	Flag

图 3-1　gradio 界面

这是我们的第一个 gradio 操作界面，可以看到界面左侧和右侧都是一个文本框，而我们对界面进行的处理是在 greet 函数中进行的，并返回最终的结果。归纳如下：

- 处理和输出：上面的示例中，greet 函数接收用户输入的名字，并返回问候语。gradio 自动处理这种输入和输出流程，使得交互流畅自然。
- 回调函数：在 gradio 中，界面与 Python 函数（如 greet）直接关联，这种函数被称为回调函数，负责处理输入数据并生成输出。

3.1.2　gradio 输入与输出组件

gradio 提供的多种输入和输出组件，这些组件对于设计有效的 gradio 界面至关重要。了解这些组件的参数和使用方法，可以帮助用户创建出更加符合需求和用户体验的交互式界面。

在设计 gradio 界面时，选择合适的输入和输出组件是关键。例如，如果用户的模型需要处理图像数据，那么使用 Image 输入组件和 Image 输出组件将是非常合适的。同样地，如果模型需要处理文本数据，那么 Textbox、Textarea 等文本输入组件和 Text、Label 等文本输出组件将是更好的选择。

此外，还有一些其他类型的输入和输出组件，如 Audio、Dataframe、Slider、Checkbox、Dropdown 等，它们分别适用于不同的数据类型和展示需求。通过合理地组合这些组件，用户可以创建出功能丰富、交互性强的 gradio 界面。

1. 输入组件

输入组件允许用户以各种方式提供数据给机器学习模型。gradio 提供的输入组件涵盖了从基本数据类型（如文本、数字）到复杂数据类型（如图像、音频、视频、数据框）的广泛范围。每个组件都有一系列参数，这些参数可以定制以适应特定的用例和用户体验需求。gradio 提供的输入组件如下：

（1）Audio：允许用户上传音频文件或直接录音。
参数说明：

- source：指定音频来源（如麦克风）。
- type：指定返回类型。

示例：gr.Audio(source="microphone", type="filepath")。

（2）Checkbox：提供复选框，用于布尔值输入。
参数说明：

- Label：显示在复选框旁边的文本标签。

示例：gr.Checkbox(label="同意条款")。

（3）CheckboxGroup：允许用户从一组选项中选择多个。
参数说明：

- choices：字符串数组，表示复选框的选项。
- label：标签文本。

示例：gr.CheckboxGroup(["选项 1", "选项 2", "选项 3"], label="选择你的兴趣")。

（4）ColorPicker：用于选择颜色，通常返回十六进制颜色代码。
参数说明：

- default：默认颜色值。

示例：gr.ColorPicker(default="# ff0000")。

（5）Dataframe：允许用户上传 CSV 文件或输入 DataFrame。
参数说明：

- headers：列标题数组。
- row_count：初始显示的行数。

示例：gr.Dataframe(headers=["列 1", "列 2"], row_count=5)。

（6）Dropdown：下拉菜单，用户可以从中选择一个选项。
参数说明：

- choices：字符串数组，表示下拉菜单的选项。
- label：标签文本。

示例：gr.Dropdown(["选项 1", "选项 2", "选项 3"], label="选择一个选项")。

（7）File：用于上传任意文件，支持多种文件格式。
参数说明：

- file_count：允许上传的文件数量，如"single"或"multiple"。
- type：返回的数据类型，如"file"或"auto"。

示例：gr.File(file_count="single", type="file")。

（8）Image：用于上传图片，支持多种图像格式。

参数说明：

- Type：图像类型，如 pil。

示例：gr.Image(type='pil')。

（9）Number：数字输入框，适用于整数和浮点数。
参数说明：

- default：默认数字。
- label：标签文本。

示例：gr.Number(default=0, label="输入一个数字")。

（10）Radio：单选按钮组，用户从中选择一个选项。
参数说明：

- choices：字符串数组，表示单选按钮的选项。
- label：标签文本。

示例：gr.Radio(["选项 1", "选项 2", "选项 3"], label="选择一个选项")。

（11）Slider：滑动条，用于选择一定范围内的数值。
参数说明：

- minimum：最小值。
- maximum：最大值。
- step：步长。
- label：标签文本。

示例：gr.Slider(minimum=0, maximum=10, step=1, label="调整数值")。

（12）Textbox：单行文本输入框，适用于简短文本。
参数说明：

- default：默认文本。
- placeholder：占位符文本。

示例：gr.Textbox(default="默认文本", placeholder="输入文本")。

（13）Textarea：多行文本输入区域，适合较长的文本输入。
参数说明：

- lines：显示行数。
- placeholder：占位符文本。

示例：gr.Textarea(lines=4, placeholder="输入长文本")。

（14）Time：用于输入时间。
参数说明：

- label：标签文本。

示例：gr.Time(label="选择时间")；

（15）Video：视频上传组件，支持多种视频格式。
参数说明：

- label：标签文本。

示例：gr.Video(label="上传视频")。

（16）Data：用于上传二进制数据，例如图像或音频的原始字节。
参数说明：

- type：数据类型，如"auto"自动推断。

示例：gr.Data(type="auto", label="上传数据")。

2. 输出组件

输出组件用于展示机器学习模型的处理结果。与输入组件一样，输出组件也支持多种数据类型和格式，包括音频、图像、视频、数据框和文本等。通过使用合适的输出组件，开发者可以确保用户能够清晰地理解模型的输出，并据此做出决策或采取进一步的行动。gradio 提供的输出组件如下：

（1）Audio：播放音频文件。
参数说明：

- type：指定输出格式。

示例：gr.Audio(type="auto")。

（2）Carousel：以轮播方式展示多个输出，适用于图像集或多个数据点。
参数说明：

- item_type：设置轮播项目类型。

示例：gr.Carousel(item_type="image")。

（3）Dataframe：展示 Pandas DataFrame，适用于表格数据。
参数说明：

- type：指定返回的 DataFrame 类型。

示例：gr.Dataframe(type="pandas")。

（4）Gallery：以画廊形式展示一系列图像。
（5）HTML：展示 HTML 内容，适用于富文本或网页布局。

（6）Image：展示图像。

参数说明：

- type：指定图像格式。

示例：gr.Image(type="pil")。

（7）JSON：以 JSON 格式展示数据，便于查看结构化数据。
（8）KeyValues：以键值对形式展示数据。
（9）Label：展示文本标签，适用于简单的文本输出。
（10）Markdown：支持 Markdown 格式的文本展示。
（11）Plot：展示图表，如 matplotlib 生成的图表。
（12）Text：用于显示文本，适合较长的输出。
（13）Video：播放视频文件。

gradio 的输入和输出组件是构建交互式机器学习模型界面的基础，了解这些组件及其参数，对于创建符合用户需求和体验的优秀界面至关重要。

下面我们在原先代码的基础上把输出改为界面显示的方式，代码如下：

```
import gradio as gr
def greet(name):
    return "Hello " + name + "!"
demo = gr.Interface(fn=greet, inputs=gr.Textbox(), outputs=gr.Label())
demo.launch()
```

运行代码后结果如图 3-2 所示。

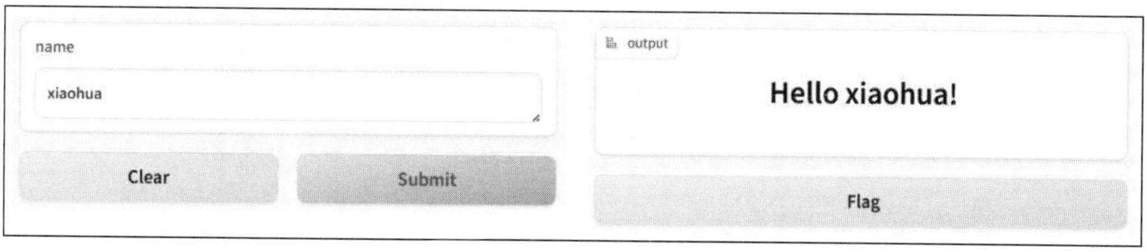

name
xiaohua
Clear　Submit
output
Hello xiaohua!
Flag

图 3-2　替换不同输出形式的 Web 页面

更多内容读者可以自行尝试使用。

下面是一个模拟图像分类的示例，以此更详细地讲解使用 gradio 完成程序设计的方法。

使用 gradio 处理图像分类，首先需要一个能够对输入进行处理的函数，我们一般从简单的开始，这里假设是一个分辨猫狗的函数，代码如下：

```
def image_classifier(inp):
    return {'cat': 0.3, 'dog': 0.7}
```

可以看到，模型根据输入的内容输出一个对结果的描述。一般可以认为此时输入的是一个图像，用于根据模型输出结果。

接下来就是对 Interface 类进行设计。我们先传入计算函数 image_classifier，然后定义输出类型

image 和 label，从而完成模型的设计。代码如下：

```
import gradio as gr
def image_classifier(inp):
    return {'cat': 0.3, 'dog': 0.7}

demo = gr.Interface(fn=image_classifier,inputs = "image",outputs = "label")
demo.launch()
```

输出结果如图 3-3 所示。

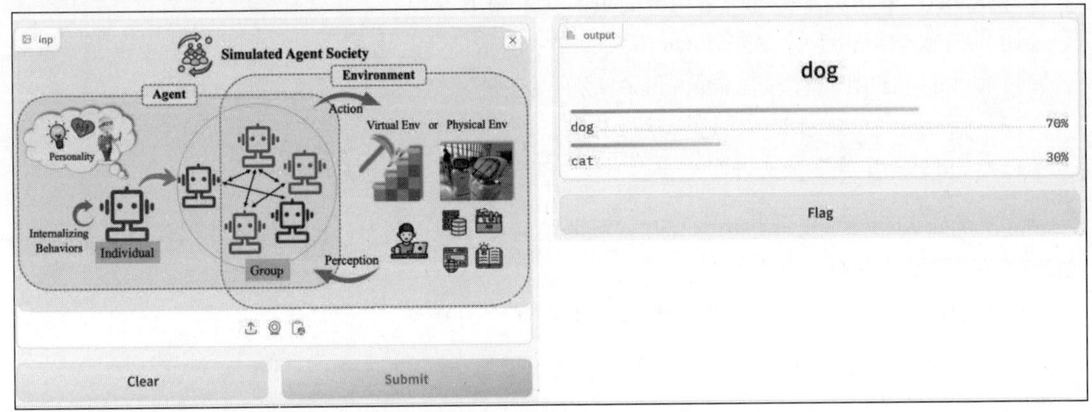

图 3-3 Interface 的格式结果

可以看到，此时界面右边有一个名为 output 的输出框，用于对结果进行可视化展示。而输出框下方的 Flag 按钮可以认为是一个保存按钮，可以标记输出结果中的问题数据。默认情况下，单击 Flag 按钮会将输入和输出数据发送回运行 gradio 演示的机器，并将它们保存到 CSV 日志文件中。

此外，读者还可以自定义 Flag 按钮被单击时的行为。下面列出了一些 FlaggingCallback 子类的示例，我们也可以根据需求自定义 FlaggingCallback 子类，实现对被标记数据的自定义处理。

- SimpleCSVLogger（简化 CSV 日志记录器）：提供了 FlaggingCallback 抽象类的简化实现，用于示例目的。每个被标记的样本（包括输入和输出数据）都会被记录到运行 gradio 应用的机器上的 CSV 文件中。
- CSVLogger（CSV 日志记录器）：FlaggingCallback 抽象类的默认实现。每个被标记的样本（包括输入和输出数据）都会被记录到运行 gradio 应用的机器上的 CSV 文件中。
- HuggingFaceDatasetSaver（Hugging Face 数据集保存器）：将每个被标记的样本（包括输入和输出数据）保存到 Hugging Face 数据集中的回调函数中。

下面回到 gradio 的函数输入输出类型。我们可以更进一步地说，gradio 的函数输入输出的数据类型，一般只有以下几种：

- Image
- Label
- Text/ Textbox
- Checkbox

- Number

这是因为在模型的处理过程和数据分析过程中，使用这几种数据即可完成我们所需要完成的任务。下面将 output 的输出类型替换成 text，读者可以尝试比较一下结果，如图 3-4 所示。

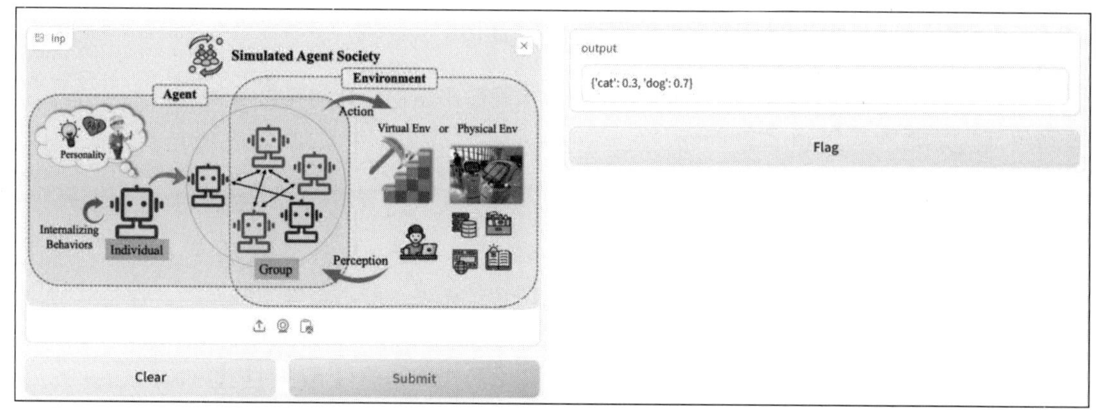

图 3-4　另一种 Interface 的格式结果

3.1.3　启动 gradio 的 launch

下面需要讲解一下 gradio 中的 launch，其作用是启动一个为演示服务的简单 Web 服务器。也可以通过设置 share=True 来创建公共链接，任何人都可以使用该链接从他们的浏览器中访问演示程序。示例如下：

```
import gradio as gr
demo = gr.Interface(fn=lambda text:text[::-1],inputs="text", outputs="text")
demo.launch(share=True)
```

在上面这个简单的例子中，使用了一个以 lambda 开头的匿名函数来完成 gradio 的启动。

下面是一个多输入和输出的例子，代码如下：

```
import gradio as gr
def greet(name, is_morning, temperature):
    salutation = "Good morning" if is_morning else "Good evening"
    greeting = f"{salutation} {name}. It is {temperature} degrees today"
    celsius = (temperature - 32) * 5 / 9
    return greeting, round(celsius, 2)

demo = gr.Interface(
    fn = greet,
    inputs=["text","checkbox",gr.Slider(0,100,value=17)],
    outputs=["text","number"]
)

demo.launch()
```

可以清楚地看到，这里提供了 3 种截然不同的输入方式，即文本输入、通过选择框进行选项选择，以及通过滚动条进行调节。所有这些输入方式最终都会被 greet 函数处理，进而产生包含文本和数字两种类型的结果作为输出。

3.1.4 gradio 中多样化的输入和输出组件

在 gradio 中，合理而巧妙地使用多种类型的输入和输出组件，是构建灵活和适应性强的机器学习模型界面的关键。

1. 处理不同类型的输入组件

1）组合不同输入类型

利用 gradio 的灵活性，我们可以在单个界面中混合使用多种输入组件。例如，读者可以创建一个界面，在界面中用户既可以上传图片（使用 gr.Image()），又可以输入描述性文本（使用 gr.Textbox()）。

这种组合输入特别适用于需要多模态数据（如图像和文本）的机器学习模型。

2）选择合适的输入类型

仔细考虑模型需要什么样的输入数据。例如，对于图像识别任务，gr.Image()是显而易见的选择；而对于文本翻译或摘要生成，gr.Textbox()或 gr.Textarea()可能更合适。

选择与模型输入格式兼容的组件，以减少数据预处理的需要。

3）自定义输入设置

通过调整输入组件的参数来优化用户体验。例如，使用 gr.Slider()时，可以设置滑块的最小值、最大值和步长，以确保用户输入在模型可接受的范围内。

对于 gr.Dropdown()或 gr.Radio()等选择型输入，提供一个清晰、简洁的选项列表，以减少用户的认知负担。

2. 处理不同类型的输出组件

1）展示多样化的输出

根据模型的输出类型选择合适的 gradio 输出组件。例如，对于图像处理任务，使用 gr.Image()来展示处理后的图像；对于文本生成任务，使用 gr.Text()来显示生成的文本。

如果模型能够产生多种类型的输出（如同时输出文本和图像），考虑使用 gr.Carousel()或 gr.Gallery()等组件来同时展示它们。

2）选择合适的输出类型

对于结构化数据输出，如表格或列表，使用 gr.Dataframe()可以提供一个清晰且可交互的视图。

对于音频输出，使用 gr.Audio()允许用户播放和监听处理后的音频文件。

3）增强输出可视化

利用 gradio 提供的可视化输出组件来增强模型输出的表现力。例如，使用 gr.Plot()来展示数据图表或模型性能指标。

如果模型生成了一系列图像或视频，使用 gr.Gallery()或 gr.Video()可以创建一个吸引人的展示效果。

带有图片与文字输入和输出的 gradio 示例如下：

```
import gradio as gr

def process_data(text, image):
    # 假设这里有数据处理逻辑
    processed_text = text.upper()
    return processed_text, image

demo = gr.Interface(
    fn=process_data,
    inputs=[gr.Textbox(label="输入文本"), gr.Image(label="上传图片")],
    outputs=[gr.Text(label="处理后的文本"), gr.Image(label="原始图片")]
)
demo.launch()
```

运行代码后结果如图 3-5 所示。

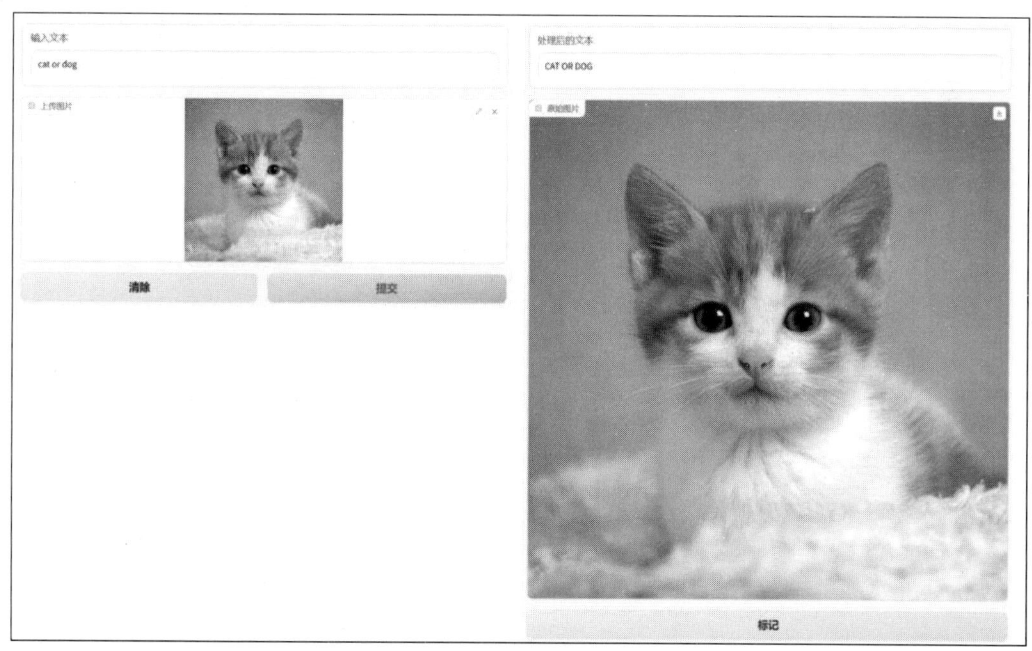

图 3-5　带有图片与文字输入和输出的 gradio 示例

3. 输出中的动态界面与实时反馈

对于使用 gradio 设计的页面来说，动态效果是必不可少的部分。

1）条件显示组件

利用 gradio 的条件逻辑功能，根据用户的输入或选择动态地显示或隐藏界面上的某些组件。例如，可以设置一个下拉菜单，让用户选择不同的任务类型。根据用户的选择，应用可以动态地显示与该任务相关的输入字段和按钮。

2）界面元素更新

通过监听用户交互事件，实时更新界面元素以反映用户的操作。例如，当用户上传一幅图片时，应用可以立即在界面上显示该图片的预览，而无须等待进一步的处理或提交操作。

3）即时处理与展示结果

设计应用逻辑以快速响应用户输入，并立即展示处理结果。例如，在文本处理任务中，当用户输入文本并单击提交按钮时，应用应迅速处理该文本，并在界面上显示分析结果，如情感分析、文本摘要等。

4）使用状态管理

利用状态管理来跟踪和保存用户的交互状态，以便在整个会话中保持一致性。例如，可以使用状态变量来记录用户的选择、输入值或其他相关信息，这样在应用的不同部分或后续交互中，可以轻松地访问和使用这些信息，以提供连贯的用户体验。

下面是一个动态页面与实时反馈的示例，代码如下：

```
import gradio as gr

def process_image(img, filter_type):
    if filter_type == "Black and White":
        img = img.convert("L")
    return img

demo= gr.Interface(
    fn=process_image,
    inputs=[gr.Image(type="pil"), gr.Radio(["None", "Black and White"])],
    outputs="image"
)
demo.launch()
```

展示结果如图 3-6 所示。

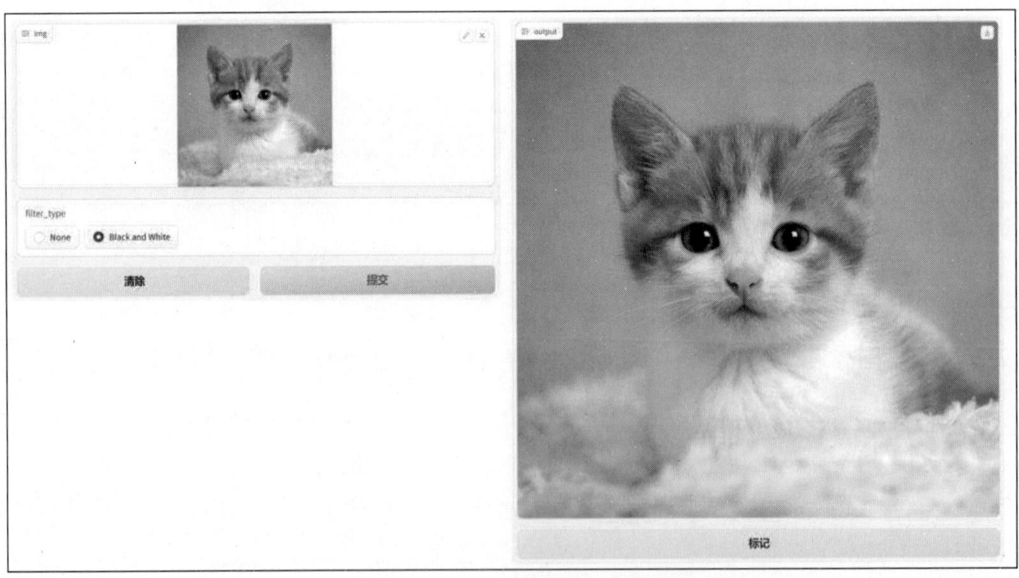

图 3-6　gradio 中带有动态界面与实时反馈的示例

可以看到，在界面左侧提供了是否将上传的图像进行黑白化操作的选择，在右侧根据左侧的选择动态、实时地生成结果。

3.1.5 gradio 中常用的几个组件

本小节将详解 gradio 中常用的几个组件。

1. 标签界面

TabbedInterface 允许在一个应用中创建多个标签页，每个标签页可以包含不同的界面和功能。一个简单的示例如下：

```
import gradio as gr

def function1(input1):
    return f"处理结果：{input1}"

def function2(input2):
    return f"分析结果：{input2}"

tab1 = gr.Interface(function1, "text", "text")
tab2 = gr.Interface(function2, "text", "text")

tabbed_interface = gr.TabbedInterface([tab1, tab2], ["界面 1", "界面 2"])
tabbed_interface.launch()
```

运行结果如图 3-7 所示。

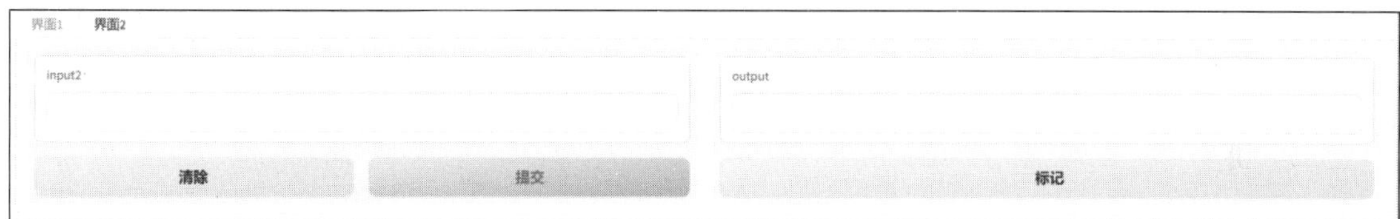

图 3-7 带有标签页的页面展示

可以很清楚地看到，此时的页面左上部分有两个标签，即“界面 1”“界面 2”，通过选择不同的标签来完成不同的功能。

2. Blocks 布局

Blocks 是 gradio 中用于自定义布局的一种强大工具，允许用户以更灵活的方式组织界面元素。下面示例是使用 Blocks 组件完成一个自定义文本内容的生成，代码如下：

```
import gradio as gr

def sentence_builder(quantity, animal, countries, place, activity_list, 
morning):
    return f"""The {quantity} {animal}s from {" and ".join(countries)} went to 
the {place} where they {" and ".join(activity_list)} until the {"morning" if morning 
else "night"}"""

demo = gr.Interface(
```

```
        sentence_builder,
        [
            gr.Slider(2, 20, value=4, label="Count", info="Choose between 2 and 20"),
            gr.Dropdown(
                ["cat", "dog", "bird"], label="Animal", info="Will add more animals later!"
            ),
            gr.CheckboxGroup(["USA", "Japan", "Pakistan"], label="Countries",
info="Where are they from?"),
            gr.Radio(["park", "zoo", "road"], label="Location", info="Where did they go?"),
            gr.Dropdown(
                ["ran", "swam", "ate", "slept"], value=["swam", "slept"],
multiselect=True, label="Activity", info="Lorem ipsum dolor sit amet, consectetur
adipiscing elit. Sed auctor, nisl eget ultricies aliquam, nunc nisl aliquet nunc,
eget aliquam nisl nunc vel nisl."
            ),
            gr.Checkbox(label="Morning", info="Did they do it in the morning?"),
        ],
        "text",
        examples=[
            [2, "cat", ["Japan", "Pakistan"], "park", ["ate", "swam"], True],
            [4, "dog", ["Japan"], "zoo", ["ate", "swam"], False],
            [10, "bird", ["USA", "Pakistan"], "road", ["ran"], False],
            [8, "cat", ["Pakistan"], "zoo", ["ate"], True],
        ]
    )

    if __name__ == "__main__":
        demo.launch()
```

运行结果如图 3-8 所示。

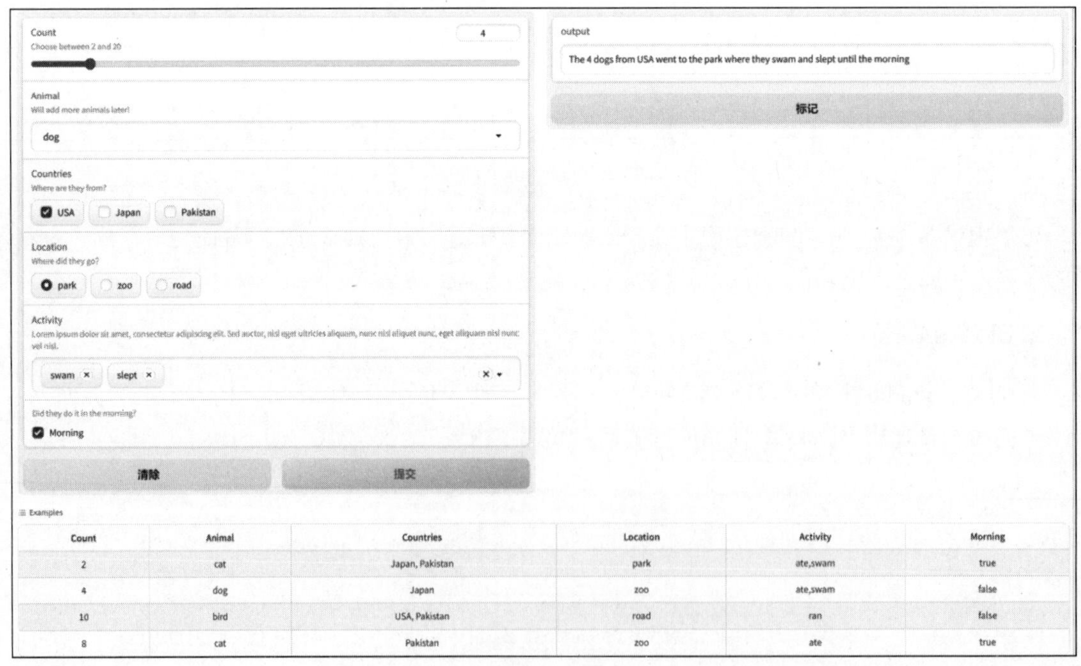

图 3-8 gradio 中 Blocks 模块的组合使用示例

可以看到，通过使用 Blocks 中不同的选项卡，即可获取到不同的文本内容的组合。除此之外，Blocks 还提供了便捷的组合方式，允许用户将相关的演示内容组合展示，比如通过选项卡的形式。

使用 Blocks 的基本步骤如下：首先创建一个 Blocks 对象，随后将它作为上下文环境（使用 Python 的 with 语句），在这个环境中，用户可以定义布局、添加组件或设置事件。最后，只需调用 launch() 方法，即可启动 Web 应用程序或演示程序。

```
import gradio as gr

def update(name):
    return f"Welcome to gradio, {name}!"

with gr.Blocks() as demo:
    gr.Markdown("Start typing below and then click **Run** to see the output.")
    with gr.Row():
        inp = gr.Textbox(placeholder="What is your name?")
        out = gr.Textbox()
    btn = gr.Button("Run")
    btn.click(fn=update, inputs=inp, outputs=out)

demo.launch()
```

这里完成了一个从左到右的联动示例，即在左侧输入框中输入名称，经过整理后，在右侧输出框进行输出，如图 3-9 所示。

Start typing below and then click **Run** to see the output.

Textbox

xiaohua

Textbox

Welcome to gradio, xiaohua!

Run

图 3-9　gradio 中的 Blocks 联动

另外可以看到，此时采用横排的形式完成了对 Blocks 联动的安排，而如果要采用竖排的形式对展示框体进行整合，则只需要使用竖排的方式即可，代码如下：

```
with gr.Blocks() as demo:
    gr.Markdown("Start typing below and then click **Run** to see the output.")
    inp = gr.Textbox(placeholder="What is your name?")
    out = gr.Textbox()

    btn = gr.Button("Run")
    btn.click(fn=update, inputs=inp, outputs=out)
```

此时相对于横排的代码，“with gr.Row():”这句代码被去除，从而完成对内容竖排。

下面是一个略微复杂的嵌套形式，它使用 Blocks 对不同选项卡进行集成，并在每个选项卡中对展示的内容进行调整，代码如下：

```
import numpy as np
import gradio as gr

def flip_text(x):
    return x[::-1]

def flip_image(x):
    return np.fliplr(x)

demo = gr.Blocks

with demo:
    gr.Markdown("Flip text or image files using this demo.")
    with gr.Tab("Flip Text"):
            text_input = gr.Textbox()
            text_output = gr.Textbox()
            text_button = gr.Button("Flip")
    with gr.Tab("Flip Image"):
            with gr.Row():
                image_input = gr.Image()
                image_output = gr.Image()
            image_button = gr.Button("Flip")

    text_button.click(flip_text, inputs=text_input, outputs=text_output)
    image_button.click(flip_image, inputs=image_input, outputs=image_output)

if __name__ == "__main__":
    demo.launch()
```

可以很明显地看到，不同选项卡中对于结果的展示，只需要一层一层地套进去即可。

3. gradio 中的 Row 与 Column

下面讲解一下 gradio 对布局中行和列的处理方法。一般情况下，不同的排版内容根据需要可以横排，也可以竖排展示，代码如下：

```
import gradio as gr

def update(name):
    return f"Welcome to gradio, {name}!"

demo = gr.Blocks()

with demo:
    with gr.Row():
        inp = gr.Textbox(placeholder="What is your name?")
        out = gr.Textbox()
    btn = gr.Button("Run")
    btn.click(fn=update, inputs=inp, outputs=out)

with demo:
```

```
    with gr.Column():
        inp = gr.Textbox(placeholder="What is your name?")
        out = gr.Textbox()
    btn = gr.Button("Run")
    btn.click(fn=update, inputs=inp, outputs=out)

if __name__ == "__main__":
    demo.launch()
```

在上面代码中，我们在一个框架下分别放置了不同的内容，通过代码可以很容易地对各组件的位置进行设置。

4. gradio 中的 Chatbot

Chatbot 的功能在于展示聊天机器人的输出内容，包括用户所提交的消息以及机器人的相应回复。此外，它还支持 Markdown 的部分功能，如粗体、斜体、代码段、表格等格式化文本的展示。更值得一提的是，这款聊天机器人还能处理并展示音频、视频、图像文件，为聊天内容增添多媒体元素。对于其他类型的文件，聊天机器人则提供链接供用户查看或下载。下面进行详细介绍，首先从输入输出代码上来看：

```
def response(message,chat_history):
    bot_response= random.choice(["How are you?", "I love you", "I'm very
hungry"])
    chat_history.append((message, bot_ response))
    time.sleep(2)
    return "",chat_history
…
chatbot = gr.Chatbot()
msg = gr.Textbox(autofocus=True)
msg.submit(response,[msg,chatbot],[msg,chatbot])
```

其中的response是答复函数，用于接收传入的信息，并将它们整合到名为chat_history的序列中。此时的 chat_histor 序列形式如下：

```
[msg1,bot_ response_1, msg2,bot_ response_2,…, msg100,bot_ response_100,]
```

之后根据列表的内容在 chat_bot 中进行展示。官方对其解释如下：

输入行为：将聊天机器人中的消息作为 List[List[str | None | Tuple]]传递，即列表的列表。内部列表包含两个元素，即用户消息和响应消息。

输出行为：期望函数返回 List[List[str | None | Tuple]]，即列表的列表。内部列表应包含两个元素，即用户消息和响应消息。

单个消息可以是：（1）有效的 Markdown 字符串；（2）如果要发送文件，则为元组（(文件路径或文件的 URL, [可选的字符串替代文本])）；如果文件是图像/视频/音频，那么它将在聊天机器人中显示；（3）None，在这种情况下，消息将不被显示。

下面就是一个使用 chat_bot 进行对话的完整例子，代码如下：

```
import time
import gradio as gr
```

```
import os
import random

def response(message,chat_history):
    bot_response = random.choice(["How are you?", "I love you", "I'm very hungry"])
    chat_history.append((message, bot_response))
    time.sleep(2)
    return "",chat_history  # response 返回的第一个空值，是为了将输入 msg 内容置零

app = gr.Blocks()
with app:
    chatbot = gr.Chatbot()
    msg = gr.Textbox(autofocus=True)
    clear = gr.ClearButton([msg, chatbot])
    msg.submit(response,[msg,chatbot],[msg,chatbot])    # sumbit 是采用键盘的回车

app.launch()
```

可以看到，此时随着msg的提交，即按下回车键后，输入的msg文本框中的内容被传送给response函数，并在处理后返回。还有一个细节需要注意，response 返回的第一个值是空值，这是为了将输入 msg 内容置零，这点请读者自行演示。

下面演示一下有多模态输入结构的 ChatBot 方法，首先需要提供上传文本和文本文件的函数，代码如下：

```
def add_text(history,text):
    history = history + [(text, None)]
    return history,""

def add_file(history, file):
    history = history + [((file.name,), None)]
    return history,""
```

接着就是对话框的主要执行函数，在这里仅简单提供一个回复，之后使用 yield 的方法将对话内容进行返回，代码如下：

```
def bot(history):
    response = "**That's cool!**"
    history[-1][1] = ""
    for character in response:
        history[-1][1] += character
        time.sleep(0.05)
        yield history
```

上面代码使用固定的内容进行回复，之后返回生成的结果。完整的代码如下：

```
app = gr.Blocks()
with app:
    chatbot = gr.Chatbot([],    # 初始值为空
            elem_id = "chatbot",   # 给回复 bot 起一个名字
            bubble_full_width=False,# 这个参数决定了聊天泡泡（即消息框）是否应该占据全
```

```
宽。设置为 False 意味着聊天泡泡不会占据全宽
            avatar_images=(None, (os.path.join(os.path.dirname(__file__),
"apic.jpg"))),# 这个参数用来设置聊天机器人和用户的头像
        )

    with gr.Row():
        txt = gr.Textbox(
            show_label=False,   # 这个参数决定了是否显示文本框的标签。标签通常用于指示文
本框的用途或期望的输入类型
            placeholder="Enter text and press enter, or upload an image",   # 这个
参数设置了文本框的占位符文本。占位符文本是在文本框为空时显示的浅色文本，用于提示用户应该输入什么内容
            container=False,    # 这个参数决定了文本框是否应该被包含在一个容器中。容器通
常用于提供额外的样式或布局控制。由于这里设置为 False，文本框将不会被包含在任何容器中，它将作为
一个独立的元素呈现
            autofocus=True
        )

        btn = gr.UploadButton("上传文件📁", file_types=["image", "video",
"audio"])

    txt_msg =
txt.submit(add_text,[chatbot,txt],[chatbot,txt],queue=False).then(bot, chatbot,
chatbot,api_name = "bot_response")
    file_msg = btn.upload(add_file,[chatbot, btn], [chatbot,txt],
queue=False).then(bot, chatbot, chatbot ,api_name = "file_upload" )
    chatbot.like(print_like_dislike, None, None)

app.launch()
```

在上面代码中，我们对每个模块进行注释，可以看到，此时分别采用 txt_msg 和 btn 作为文本和图像的触发模块，使它们可以根据触发来完成相应的操作。

```
def print_like_dislike(x: gr.LikeData):
    print(x.index, x.value, x.liked)

chatbot.like(print_like_dislike, None, None)
```

为了确认用户对信息的赞成或者否定情况，我们在对话框中还加上了确认按钮，并在后台打印了对应的信息，这点请读者注意。

5. gradio 中的 Checkbox

Checkbox 的作用是设置不同的布尔参数，值只有 True 和 False。具体来说：

- 输入（As input）：当复选框的状态发生变化时（例如，用户单击了复选框），该状态（选中或未选中）会作为一个布尔值传递给一个函数。如果复选框被选中，则传递的值可能是 True；如果未被选中，则传递的值可能是 False。
- 输出（As output）：checkbox 函数处理完输入后，会返回一个布尔值。如果这个返回值为 True，那么复选框应该被设置为选中状态。如果返回值为 False，复选框的状态可能会保持不变或变为未选中，具体取决于当前的实现和上下文。

简而言之，checkbox 函数根据输入和某些内部逻辑来决定是否应该选中复选框，并通过返回True或False来传达这个决定。如果函数返回True，则复选框会被选中。

一个使用checkbox的示例代码如下：

```
    # 导入gradio库，并简写为gr
    import gradio as gr

    # 定义一个函数sentence_builder，该函数接收6个参数，并返回一个格式化的字符串
    def sentence_builder(quantity, animal, countries, place, activity_list,
morning):
        return f"""The {quantity} {animal}s from {" and ".join(countries)} went to
the {place} where they {" and ".join(activity_list)} until the {"morning" if morning
else "night"}"""

    # 创建一个gradio应用界面，该界面会调用上面定义的sentence_builder函数
    app = gr.Interface(
        # 指定要调用的函数
        fn=sentence_builder,

        # 指定函数的输入参数，每个输入参数都对应一个gradio的组件
        inputs=[
            # 一个滑动条，用户可以在2到20之间选择一个数字，初始值为4，标签为"Count"
            gr.Slider(2, 20, value=4, label="Count", info="Choose between 2 and 20"),

            # 一个下拉菜单，用户可以在"cat", "dog", "bird"中选择一个，标签为"Animal"
            gr.Dropdown(["cat", "dog", "bird"], label="Animal", info="Will add more
animals later!"),

            # 一个复选框组，用户可以选择"USA", "Japan", "Pakistan"中的一个或多个，标签为
"Countries"
            gr.CheckboxGroup(["USA", "Japan", "Pakistan"], label="Countries",
info="Where are they from?"),

            # 一个单选按钮组，用户可以在"park", "zoo", "road"中选择一个，标签为"Location"
            gr.Radio(["park", "zoo", "road"], label="Location", info="Where did they
go?"),

            # 一个下拉菜单，但允许用户选择多个选项，初始选项为"swam"和"slept"，标签为
"Activity"
            gr.Dropdown(["ran", "swam", "ate", "slept"], value=["swam", "slept"],
multiselect=True, label="Activity",
                info="Lorem ipsum dolor sit amet, consectetur adipiscing elit. Sed auctor,
nisl eget ultricies aliquam, nunc nisl aliquet nunc, eget aliquam nisl nunc vel nisl."
            ),

            # 一个复选框，标签为"Morning"，用来表示活动是否在早上进行
            gr.Checkbox(label="Morning", info="Did they do it in the morning?"),
        ],

        # 指定函数的输出，这里使用一个文本框来显示生成的句子
        outputs=gr.Textbox()
    )
```

```
# 启动应用
app.launch()
```

从上面代码可以看到，我们调用了 Slider、Dropdown、CheckboxGroup、Radio、Dropdown 等多种数据方式，从而完成对内容的选择，并最终通过 sentence_builder 函数完成字符串的构建。

6. gadio 中的 file 处理

在 gradio 中，可以通过 file 函数完成文件的上传。下面是一个解压 zip 文件的例子，我们上传一个 zip 文件并将其内部数据进行大小计数，代码如下：

```
from zipfile import ZipFile
import gradio as gr

def zip_to_json(file_obj):
    files = []
    with ZipFile(file_obj.name) as zfile:
        for zinfo in zfile.infolist():
            files.append(
                {
                    "name": zinfo.filename,
                    "file_size": zinfo.file_size,
                    "compressed_size": zinfo.compress_size,
                }
            )
    return files

demo = gr.Interface(zip_to_json, "file", "json")
if __name__ == "__main__":
    demo.launch()
```

此时输入一个文件，解析该文件后在界面右侧输出结果，如图 3-10 所示。

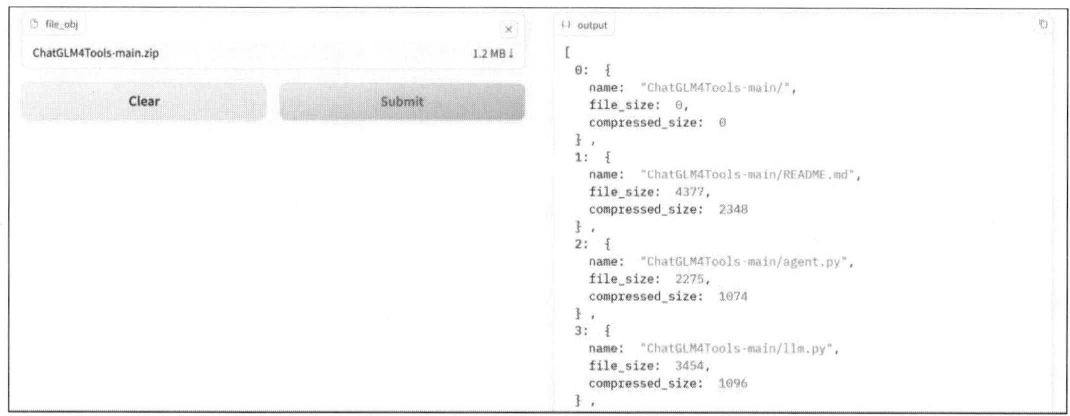

图 3-10　输入文件并解析

而对于上传文件及其压缩处理，可以通过如下所示的代码进行解析：

```
from zipfile import ZipFile
import gradio as gr
def zip_files(files):
```

```
    with ZipFile("tmp.zip", "w") as zipObj:
        for idx, file in enumerate(files):
            zipObj.write(file.name, file.name.split("/")[-1])
    return "tmp.zip"

demo = gr.Interface(
    zip_files,
    gr.File(file_count="multiple", file_types=["text", ".json", ".csv"]),
    "file",
    cache_examples=True
)

if __name__ == "__main__":
    demo.launch()
```

上面代码将不同类型的文件上传到服务器中，并自动生成一个名为 tmp.zip 的文件。

7. gadio 中的 plot 画图

gradio 中的 plot 画图功能可以结合 Python 中的 matplot 库包一起完成。首先演示一个简单的画图程序，即使用 matplot 绘制一个抛物线，代码如下：

```
import matplotlib.pyplot as plt
import numpy as np
fig = plt.figure()
ax = fig.add_subplot(111)
x = np.arange(2025, 2040 + 1)
year_count = x.shape[0]

plt_format = ({"cross": "X", "line": "-", "circle": "o--"})["line"]
series = np.arange(0, year_count, dtype=float)
series = series**2
series += np.random.rand(year_count)
ax.plot(x, series, plt_format)
plt.show()
```

在上面代码中，使用一个非常简单的函数对 year_count 序列中每个值计算平方值。画出的结果抛物线如图 3-11 所示。

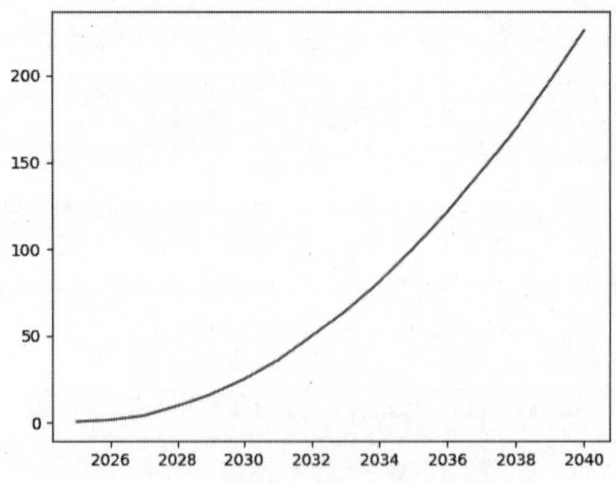

图 3-11　使用 matplot 完成的画图

接下来就是使用 gradio 完成图像的绘制工作，完整代码如下：

```
import matplotlib.pyplot as plt
import numpy as np
import gradio as gr

def plot_line():
    fig = plt.figure()
    ax = fig.add_subplot(111)

    x = np.arange(2025, 2040 + 1)
    year_count = x.shape[0]

    plt_format = ({"cross": "X", "line": "-", "circle": "o--"})["line"]
    series = np.arange(0, year_count, dtype=float)
    series = series**2
    series += np.random.rand(year_count)
    ax.plot(x, series, plt_format)
    return fig

app = gr.Interface(fn = plot_line,inputs=None, outputs=gr.Plot(label="picc"))
app.launch()
```

在上面代码中，首先将原有的画图函数进行包装，并返回画图结果 fig，之后使用 gr.Interface 对整体画图过程进行整合。此时需要注意，对于输入，我们采用的是 None，即输入为空；而对于输出，我们采用 gr.Plot 函数对其进行处理。结果如图 3-12 所示。

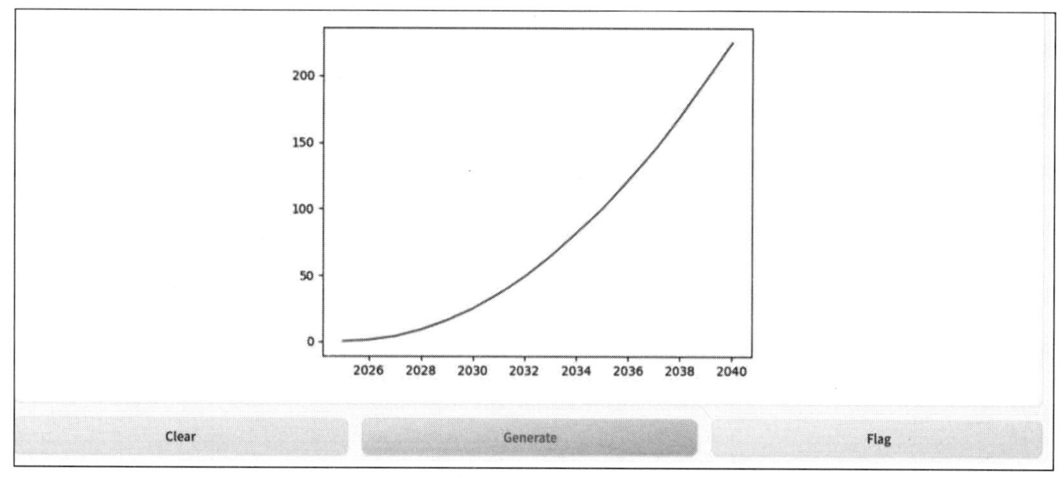

图 3-12　使用 gr.Plot 函数画图的结果

图 3-12 中 Generate 按钮的作用是生成图像，即调用源码中的具体工作函数（fn = plot_line）来完成图像生成；Clear 按钮是对已做图像的清除，这在随机生成图像中很有帮助；Flag 按钮是在当前目录下保存图像的一些基本信息。

下面我们略微修改一下代码，即添加可选择部分，用于调整图像生成的样式，修改后的代码如下：

```
import matplotlib.pyplot as plt
```

```
    import numpy as np
    import gradio as gr

    def plot_line(style):
        fig = plt.figure()
        ax = fig.add_subplot(111)
        x = np.arange(2025, 2040 + 1)
        year_count = x.shape[0]

        plt_format = ({"cross": "X", "line": "-", "circle": "o--"})[style]
        series = np.arange(0, year_count, dtype=float)
        series = series**2
        series += np.random.rand(year_count)
        ax.plot(x, series, plt_format)
        return fig

    app  = gr.Interface(
                     fn = plot_line,
                     inputs=gr.Dropdown(["cross", "line", "circle"],
label="Style"),
                     outputs=gr.Plot(label="picc"))
    app.launch()
```

在 plot_line 函数中，我们添加了一个额外的 style 选择框，由于此时的选择内容有具体的限制，因此在 gr.Interface 中使用了 gr.Dropdown 函数，并添加了 3 个选择内容。结果如图 3-13 所示。

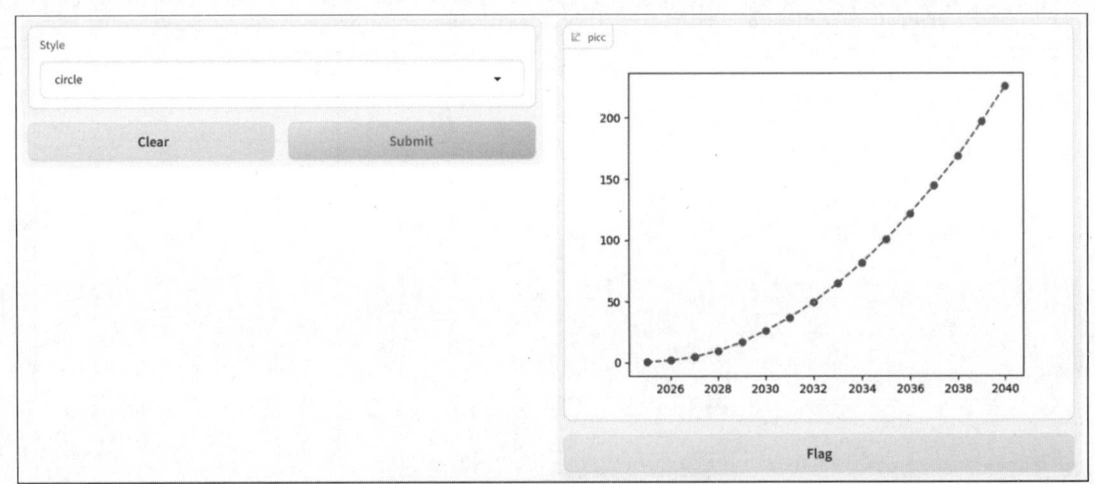

图 3-13　添加了 style 选择的画图框

可以看到，通过选择不同的 style 样式，在单击 Submit 按钮后，输出的图像结果也有了变化。另外需要注意，在按钮的设计上，不同的单独模块具有不同的按钮展现形式，具体以 input 的形式为准。

8. gadio 中的可视化进度条

Progress 类提供了一个在函数签名中使用的自定义进度跟踪器。要将进度跟踪器附加到函数，只需在输入参数之后添加一个参数，该参数的默认值为 gradio.Progress()实例。然后，可以通过调用

Progress 对象或使用 Iterable 上的 tqdm 方法在函数中更新进度跟踪器。

下面是一个完整的 Progress 示例代码：

```
import gradio as gr
import time
def my_function(x, progress=gr.Progress()):
    progress(0, desc="Starting...")
    time.sleep(1)
    for i in progress.tqdm(range(100)):
        time.sleep(0.05)
    return x

gr.Interface(my_function, gr.Textbox(), gr.Textbox()).launch()
```

从上面代码可以看到，对于在模块中添加对应的进度条，只需在函数的最后显式声明一个 progress=gr.Progress()，之后根据需求对不同的输出状态进行设计即可。

3.1.6 使用 gradio 搭建视频上色服务

本小节演示一个利用 gradio 搭建视频上色服务的例子。

1. 构建交互式界面的建议

在 gradio 框架中，利用预训练模型能够高效构建出功能强大的交互式界面，从而充分展现模型的卓越性能。以下是实现这一目标的关键步骤和专业建议：

（1）精心挑选适合的预训练模型：

- 模型来源：从众多可靠的来源中，如 modelscope 模型库，挑选出符合特定需求的预训练模型。
- 模型种类确定：明确应用场景，无论是图像识别、文本生成还是语音处理，都应选择对应类型的模型以确保最佳效果。

（2）将模型无缝集成至 gradio 应用：

- 模型加载：遵循所选模型的相关文档，正确导入必要的库并加载预训练权重，确保模型能够顺利运行。
- 处理函数编写：定制一个专门的处理函数，负责接收来自 gradio 的输入数据，利用模型进行高效预测或处理，并返回精确的输出结果。
- gradio 界面构建：根据模型的输入和输出特性，精心选择恰当的 gradio 输入和输出组件。随后，将处理函数与 gradio 界面紧密绑定，确保用户交互的流畅性和准确性。

2. 使用 gradio 在 5 分钟内搭建视频上色服务

搭建的视频上色服务形式如图 3-14 所示。

图 3-14 基于 gradio 完成的视频上色服务

1）模型介绍

DeOldify 是上色领域比较有名的开源算法，模型将 ResNet 作为 encoder 构建一个 UNet 结构的网络，并提出了多个不同的训练版本，在效果、效率、鲁棒性等方面有良好的综合表现。一个简单的示例如下：

```
    from modelscope.outputs import OutputKeys
    from modelscope.pipelines import pipeline
    from modelscope.utils.constant import Tasks

    video = 
'https://public-vigen-video.oss-cn-shanghai.aliyuncs.com/public/ModelScope/test
/videos/gray.mp4'
    colorizer = pipeline(Tasks.video_colorization, 
model='damo/cv_unet_video-colorization')
    result = colorizer(video)[OutputKeys.OUTPUT_VIDEO]
```

这段代码的作用是将黑白图像转换成彩色图像，结果如图 3-15 所示（彩图可在本书提供的配套文件中获取）。

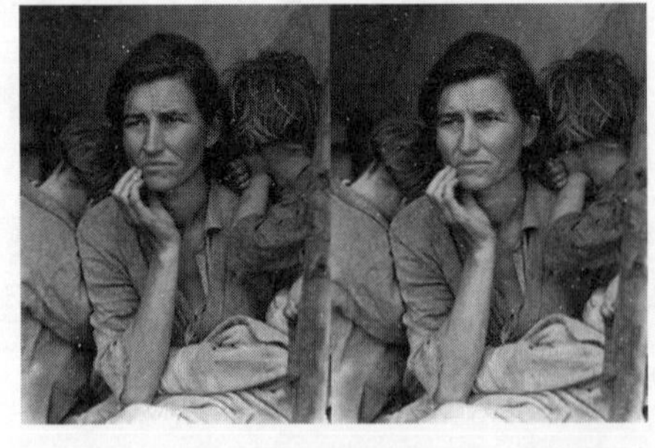

图 3-15 将黑白图像转换成彩色图像

在获取到需要对上传图片进行处理的核心处理模型后，接下来就是对模型进行包装，将包装后的模型处理内容传递给 gradio 作为回调函数使用，包装后的函数如下：

```
    def video_identity(video):
        # 这里传递的是 video 的地址

        from modelscope.outputs import OutputKeys
        from modelscope.pipelines import pipeline
        from modelscope.utils.constant import Tasks

        colorizer = pipeline(Tasks.video_colorization,
model='damo/cv_unet_video-colorization')
        # 这里返回的是 result_file_oath
        result_file_path = colorizer(video)[OutputKeys.OUTPUT_VIDEO]

        return result_file_path
```

2）基于 gradio 的视频上色服务的搭建

我们采用一个简单的方案完成 gradio 的视频上色服务搭建工作，完整代码如下：

```
    import gradio as gr
    import os

    demo = gr.Interface(video_identity,
                        gr.Video(),
                        "playable_video",
                        examples=[os.path.join( os.path.dirname(__file__),
                        "gray.mp4")],
                        cache_examples=True)

    if __name__ == "__main__":
        demo.launch(share=True)
```

在上面代码中，使用了 video_identity 作为回调函数完成上传视频的处理。而 gr.Video 和 "playable_video"的作用是显式地表明 gradio 的输入与输出是由两个可播放视频组成。example 的作用是将预下载的一段视频文件进行载入，使得用户可以很容易获取到页面的演示效果。

3.2　基于 gradio 的猫狗分类可视化训练与预测实战

猫狗分类作为计算机视觉领域最基础的任务之一，不仅是初学者的启蒙之选，更是深度学习在计算机视觉应用中的“Hello World”级别的经典范例。通过这一任务，我们能够直观地体验到深度学习在处理图像方面的强大能力，从而更深入地理解卷积神经网络等关键技术。

本节将引导读者踏上一段实践深度学习的旅程，我们将借助 PyTorch 这一灵活高效的深度学习框架，利用其强大的张量计算和图模型构建能力，为猫狗分类任务打下坚实的基础。同时，为了提升实验管理的效率和便捷性，我们将引入 SwanLab 这一强大的实验管理工具，帮助读者轻松管理实验配置、追踪训练过程，并可视化模型性能。

在代码编写方面，我们将通过精心设计的代码示例，向读者展示如何利用 PyTorch 构建和训练一个高效的猫狗分类器。我们将逐步解释每一行代码的作用和意义，确保每位读者都能跟上节奏，理解并掌握深度学习的核心原理。

当模型训练完成后，我们将进入可视化训练阶段。借助 SwanLab 的可视化功能，我们能够直观地观察到模型在训练过程中的表现，包括准确率、损失函数的变化趋势等关键指标。这将有助于我们更好地理解模型的训练动态，并为后续的模型优化提供有力支持。

最后，为了让读者能够更直观地体验猫狗分类器，我们将利用 gradio 这一轻量级的界面创建工具，快速构建一个交互式的 Demo 网页。通过这个网页，读者可以上传自己的猫狗照片，实时查看分类结果，从而深刻感受深度学习的魅力。

总之，本节旨在通过猫狗分类这一基础任务，带领读者全面了解深度学习的实践过程，掌握从数据准备到模型部署的全套技能。希望每位读者都能在这个过程中收获满满的知识与乐趣。

3.2.1 运行环境与数据集的准备

在前面我们演示了如何使用 ChatGLM3 完成大模型的使用过程，这是一个简化的过程，对于普通的模型训练，还需要有一些额外的环境的配置。除了前面所安装的 PyTorch、gradio 外，读者首先需要安装如下库：

```
pip install swanlab
```

在安装完必需的库后，下面需要做的是准备数据集，读者可以从 ModelScope 下载猫狗分类数据集，下载页面如图 3-16 所示。

图 3-16　猫狗分类数据集

该猫狗分类数据集包含训练集和验证集两部分，训练集由 275 幅图像构成，验证集则包含 70 幅图像，总体积轻巧，不到 10MB。数据集整理有序，包含名为“train”（训练集）和“val”（验证集）的两个文件夹，便于使用者进行区分和管理。在每个文件夹下，图像按照类别被整齐地分放在两个子文件夹中，确保了同一类别的图片聚集在一起，便于模型的训练与验证。所有图像均采用 JPG 格式，保证了图像的通用性和兼容性。此外，每个子文件夹中还附有一个 classname.txt 文件，其中记录了与标注文件中 label id 相匹配的类名，为使用者提供了明确的类别标识，使数据集的使用更加便捷和高效。

读者可以通过如下方法加载对应的数据集：

```
from modelscope.msdatasets import MsDataset
from modelscope.utils.constant import DownloadMode

ms_train_dataset = MsDataset.load(
          'cats_and_dogs', namespace='tany0699',
          subset_name='default', split='train') # 加载训练集
print(next(iter(ms_train_dataset)))

ms_val_dataset = MsDataset.load(
          'cats_and_dogs', namespace='tany0699',
          subset_name='default', split='validation') # 加载验证集
print(next(iter(ms_val_dataset)))
```

下载完毕后，会打印出数据集存储的地址，一般会在本地计算机当前用户的.cache\ modelscope 文件夹下，如下所示：

```
C:\Users\xiaohua\.cache\modelscope\hub\datasets\tany0699\cats_and_dogs\master\data_files\extracted\02fe9c1c955fd93f7d2ae785fee304055011d022c7210cdf5583bc907248adcf\train\cat
```

读者可以根据打印情况自行查阅数据集的相关内容，如图 3-17 所示。

图 3-17　下载后的图片地址

在数据集下载完毕后，猫狗图片被放置在不同文件夹中，下面需要对其进行读取。

从上面打印的内容来看，输出的文本格式显示了文件名与分类，其中第一列是图像的绝对路径，第二列是标签，0 代表猫，1 代表狗。完整的数据读取代码如下：

```
# 导入 MsDataset 类，用于加载 ModelScope 平台上的数据集
from modelscope.msdatasets import MsDataset
# 导入 DownloadMode 常量，通常用于指定数据集的下载模式，但在这段代码中未使用
from modelscope.utils.constant import DownloadMode
```

```
    # 使用 MsDataset 类的 load 方法加载名为'cats_and_dogs'的训练数据集，指定了命名空间和分割方式为'train'
    ms_train_dataset = MsDataset.load(
            'cats_and_dogs', namespace='tany0699',
            subset_name='default', split='train') # 加载训练集
    # 注释掉的代码用于打印训练数据集的第一个元素，用于调试
    # print(next(iter(ms_train_dataset)))

    # 使用与上面相同的方式加载验证数据集，分割方式为'validation'
    ms_val_dataset = MsDataset.load(
            'cats_and_dogs', namespace='tany0699',
            subset_name='default', split='validation') # 加载验证集
    # 注释掉的代码用于打印验证数据集的第一个元素，用于调试
    # print(next(iter(ms_val_dataset)))

    # 导入 csv 模块，用于处理 CSV 文件，但在这段代码中未使用
    import csv
    # 导入 os 模块，用于操作系统相关的功能
    import os
    # 导入 transforms 模块，用于图像预处理
    from torchvision import transforms
    # 导入 Image 类，用于图像的读取和操作
    from PIL import Image
    # 导入 Dataset 基类，用于自定义数据集
    from torch.utils.data import Dataset

    # 定义一个自定义数据集类 DatasetLoader，继承自 torch.utils.data.Dataset
    class DatasetLoader(Dataset):
        # 初始化方法，接收一个参数 data，通常是一个包含多个样本的列表或字典
        def __init__(self, data):
            self.data = data

        # 定义一个图像预处理方法，接收一个图像路径，返回预处理后的图像张量
        def preprocess_image(self, image_path):
            # 使用 PIL 库打开图像
            image = Image.open(full_path)
            # 定义一个图像变换序列，包括缩放、转为张量和标准化
            image_transform = transforms.Compose([
                transforms.Resize((256, 256)), # 将图像缩放到 256×256 大小
                transforms.ToTensor(),         # 将 PIL 图像转换为 PyTorch 张量
                transforms.Normalize(mean=[0.485, 0.456, 0.406], std=[0.229, 0.224, 0.225]) # 标准化图像
            ])

            # 应用图像变换并返回结果
            return image_transform(image)

        # 重写__getitem__方法，使其能够根据索引返回单个样本
        def __getitem__(self, index):
            # 从 self.data 中获取指定索引的图像路径和标签
```

```
        image_path, label =
self.data[index]['image:FILE'],self.data[index]['category']
        # 调用 preprocess_image 方法对图像进行预处理
        image = self.preprocess_image(image_path)
        # 返回图像张量和整数标签
        return image, int(label)

    # 重写__len__方法，返回数据集的大小
    def __len__(self):
        return len(self.data)

# 使用自定义的 DatasetLoader 类包装从 MsDataset 加载的训练数据集
data_train = DatasetLoader(ms_train_dataset)
```

在上面代码中，继承的 Dataset 是 PyTorch 中专用的数据读取类，一般由 4 个部分组成：

- __init__：接收 1 个输入参数 dataset 元组数据后，将读取后的数据存入 self.data 中，为后续读取图像做准备。
- preprocess_image：此函数用于图像预处理。首先，使用 PIL（Python Imaging Library，现在通常称为 Pillow）库打开图像；接着，定义了一系列图像变换，即调整图像大小至 256×256、转换图像为张量、对图像进行标准化处理；最后，返回预处理后的图像。
- __getitem__：当数据集类被循环调用时，__getitem__方法会返回指定索引的数据，即图像和标签。首先，它根据索引从 self.data 中取出图像路径和标签；然后，调用 prepogress_image 方法来处理图像数据；最后，将处理后的图像数据和标签转换为整型后返回。
- __len__：用于返回数据集的总图像数量。

3.2.2　模型的设计

运行环境和数据集准备好后，接下来需要完成模型的设计工作。我们可以采用 PyTorch 提供的模型包来完成这项工作，代码如下：

```
import torchvision
from torchvision.models import ResNet50_Weights
# 加载预训练的 ResNet50 模型
model = torchvision.models.resnet50(weights=ResNet50_Weights.IMAGENET1K_V2)
```

在下载完预训练模型后，结果如图 3-18 所示。

```
Downloading: "https://download.pytorch.org/models/resnet50-11ad3fa6.pth" to C:\Users\xiaohua/.cache\torch\hub\checkpoints\resnet50-11ad3fa6.pth
100%|██████████| 97.8M/97.8M [00:19<00:00, 5.29MB/s]
```

图 3-18　下载预训练的 ResNet50

此外还需注意，对于提供的 ResNet 预训练模型，它是在 1 000 类别的 ImageNet 上训练的结果，而目前我们仅需对 2 个类进行分类，因此还需要对它进行修改，把模型最后的全连接层的输出维度替换为 2。完整代码如下：

```
import torch
```

```
import torchvision
from torchvision.models import ResNet50_Weights
# 加载预训练的 ResNet50 模型
model = torchvision.models.resnet50(weights=ResNet50_Weights.IMAGENET1K_V2)
num_classes = 2
# 将全连接层的输出维度替换为 num_classes
in_features = model.fc.in_features
model.fc = torch.nn.Linear(in_features, num_classes)
device = "cuda"
model.to(device)
num_epochs = 20
lr = 1e-5
batch_size = 16
criterion = torch.nn.CrossEntropyLoss()
optimizer = torch.optim.Adam(model.parameters(), lr=lr)
```

这是一个标准的代码实现方式，其中采用了交叉熵（CrossEntropyLoss）作为损失函数，而优化器（optimizer）选择 Adam 作为优化标准。

3.2.3 PyTorch 模型训练的基本流程

前期安装的 SwanLab 库，需要在这一过程中使用 swanlab.init 设置实验名、实验介绍和记录超参数，代码如下：

```
import swanlab
num_epochs = 20
lr = 1e-4
batch_size = 8
num_classes = 2
device = "cuda"
swanlab.init(
    # 设置实验名
    experiment_name="ResNet50",
    # 设置实验介绍
    description="Train ResNet50 for cat and dog classification.",
    # 记录超参数
    config={
        "model": "resnet50",
        "optim": "Adam",
        "lr": lr,
        "batch_size": batch_size,
        "num_epochs": num_epochs,
        "num_class": num_classes,
        "device": device,
    }
)
"--------------------------------数据载入部分
--------------------------------"
import get_data
from torch.utils.data import DataLoader
```

```
    train_dataset = get_data.DatasetLoader(get_data.ms_train_dataset)
    train_loader = (DataLoader(train_dataset,
batch_size=batch_size,shuffle=True))
    "---------------------------------数据载入部分
---------------------------------"
    "---------------------------------model 处理部分
---------------------------------"
    import torch
    import torchvision
    from torchvision.models import ResNet50_Weights
    # 加载预训练的 ResNet50 模型
    model = torchvision.models.resnet50(weights=ResNet50_Weights.IMAGENET1K_V2)
    # 将全连接层的输出维度替换为 num_classes
    in_features = model.fc.in_features
    model.fc = torch.nn.Linear(in_features, num_classes)
    model.to(device)
    criterion = torch.nn.CrossEntropyLoss()
    optimizer = torch.optim.Adam(model.parameters(), lr=lr)
    "---------------------------------model 处理部分
---------------------------------"
    for iter, (inputs, labels) in enumerate(train_loader):
        inputs, labels = inputs.to(device), labels.to(device)
        optimizer.zero_grad()
        outputs = model(inputs)
        loss = criterion(outputs, labels)
        loss.backward()
        optimizer.step()
        print('Epoch [{}/{}], Iteration [{}/{}], Loss: {:.4f}'.format(num_epochs,
num_epochs, iter + 1, len(train_loader), loss.item()))
        swanlab.log({"train_loss": loss.item()})
```

上面代码只是简单地对模型进行总结计算，在一个循环周期中，调用 train_dataloader，每次取出 1 个 batch_size 的图像和标签，传入 ResNet50 模型中得到预测结果，将结果和标签传入损失函数中计算交叉熵损失，最后根据损失计算反向传播，Adam 优化器执行模型参数更新，如此循环往复。

3.2.4 可视化训练流程

在上一小节中，我们完成了训练流程的设计，下面通过格式化的方法对设计结果进行整合，代码如下：

```
    import swanlab

    def train(model, device, train_dataloader, optimizer, criterion,
epoch,num_epochs):
        model.to(device).train()
        for iter, (inputs, labels) in enumerate(train_dataloader):
            inputs, labels = inputs.to(device), labels.to(device)
            optimizer.zero_grad()
            outputs = model(inputs)
            loss = criterion(outputs, labels)
```

```
            loss.backward()
            optimizer.step()
            print(
                'Epoch [{}/{}], Iteration [{}/{}], Loss: {:.4f}'.format(epoch,
num_epochs, iter + 1, len(train_dataloader),
                                                    loss.item()))
            swanlab.log({"train_loss": loss.item()})

    import torch
    def test(model, device, test_dataloader, epoch):
        model.eval()
        correct = 0
        total = 0
        with torch.no_grad():
            for inputs, labels in test_dataloader:
                inputs, labels = inputs.to(device), labels.to(device)
                outputs = model(inputs)
                _, predicted = torch.max(outputs.data, 1)
                total += labels.size(0)
                correct += (predicted == labels).sum().item()
        accuracy = correct / total * 100
        print('Accuracy: {:.2f}%'.format(accuracy))
        swanlab.log({"test_acc": accuracy})
```

在上面代码中，我们分别定义了两个模块化函数 train 与 test，它们的作用分别是对整体训练进行跟踪和测试。相对于在训练过程中对损失值的跟踪，在测试集中我们更倾向于对准确度的把握，因此在训练过程中，我们循环调用 test_dataloader，将测试集的图像传入 ResNet50 模型中得到预测结果，再与标签进行对比，计算整体的准确率，并且利用 swanlab.log 跟踪它的变化。

对于可视化训练流程的具体使用，我们首先需要在终端 CMD 中定位到 SwanLab 存放 log 的文件夹。

在弹出可视化地址后，打开页面进入监控模式，并且启动训练过程，从而开始模型的训练任务。

在 SwanLab 的监控页面中，我们可以很清楚地看到模型的可视化训练过程，即随着训练的进行，loss 在降低，而准确率在上升，如图 3-19 所示。

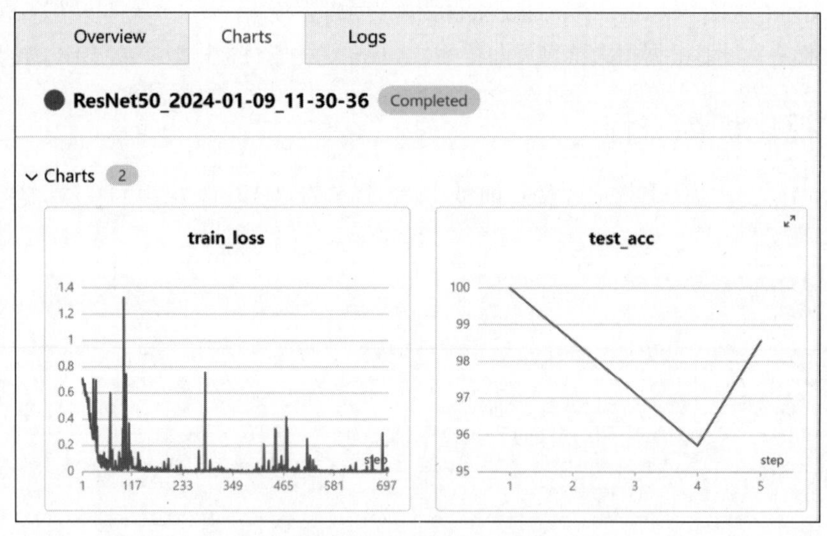

图 3-19　训练过程的可视化

我们还可以切换到 Overview 标签页，这里记录了实验的各种信息，包括 swanlab.init 中的参数、最终的实验指标、实验状态、训练时长、Git 仓库链接、主机名、操作系统、Python 版本、硬件配置等，如图 3-20 所示。

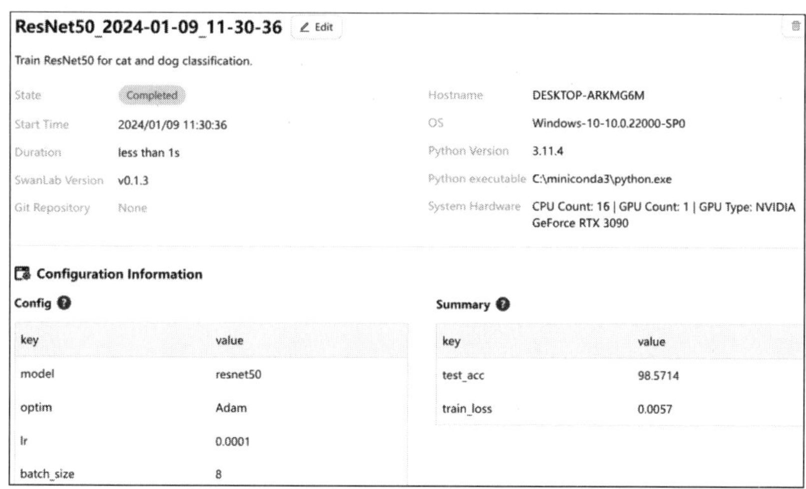

图 3-20　Overview 页的展示

可以看到，训练完成后，此时的准确率为 98.5%。至此，我们完成了模型的训练和测试，得到了 1 个表现非常棒的猫狗分类模型，权重保存在 checkpoint 目录下。

接下来，我们就基于这个训练好的权重，创建 1 个 gradio 网页。

3.2.5　使用训练好的模型完成 gradio 可视化图像分类

在上一小节中，我们完成了模型的训练流程，下面我们将基于此完成可视化图像分类。

第一步：模型参数的载入

在上一小节我们完成了模型的训练，接下来只需要完成模型参数的载入任务，代码如下：

```
import torch,torchvision
# 加载与训练中使用的结构相同的模型
def load_model(checkpoint_path, num_classes = 2,device = "cuda"):
    # 加载预训练的 ResNet50 模型

    model = torchvision.models.resnet50(weights=None)
    in_features = model.fc.in_features
    model.fc = torch.nn.Linear(in_features, num_classes)
    model.load_state_dict(torch.load(checkpoint_path, map_location=device))
    model.eval()  # 将模型设置在验证模式
    return model
```

第二步：预测函数的编写

完成了模型载入后，下面就是编写预测函数。我们只需要按原有的输入形式来完成预测函数的编写即可，代码如下：

```
import torch,torchvision
# 加载与训练中使用的结构相同的模型
def load_model(checkpoint_path, num_classes = 2,device = "cuda"):
    # 加载预训练的 ResNet50 模型
    model = torchvision.models.resnet50(weights=None)
    in_features = model.fc.in_features
    model.fc = torch.nn.Linear(in_features, num_classes)
    model.load_state_dict(torch.load(checkpoint_path, map_location=device))
    model.eval()  # 将模型设置在验证模式
    return model

from torchvision import transforms
def preprocess_image(image):
        image_transform = transforms.Compose([
            transforms.Resize((256, 256)),
            transforms.ToTensor(),
            transforms.Normalize(mean=[0.485, 0.456, 0.406], std=[0.229, 0.224,
0.225])
        ])
        image = image_transform(image).unsqueeze(0)
        return image

model = load_model("./checkpoint/latest_checkpoint.pth")
def predict(image):
    classes = {'0': 'cat', '1': 'dog'}  # 根据实际的类别更新或扩展这个字典
    image = preprocess_image(image)  # 使用训练数据集中的图像尺寸
    with torch.no_grad():
        outputs = model(image)
        # 应用 softmax 函数以获得概率值
        probabilities = torch.nn.functional.softmax(outputs, dim=1).squeeze()
    # 将类标签映射到概率值
    class_probabilities = {classes[str(i)]: float(prob) for i, prob in
enumerate(probabilities)}
    return class_probabilities
```

上面代码将模型的预测以及对图像的处理进行整合，从而完成数据的准备工作。

第三步：可视化图像的编写

下面我们继续完成 gradio 可视化图像的编写，代码如下：

```
import gradio as gr
# 定义 gradio Interface
iface = gr.Interface(
    fn=predict,
    inputs=gr.Image(type="pil"),
    outputs=gr.Label(num_top_classes=2),
    title="Cat vs Dog Classifier",
)

if __name__ == "__main__":
    iface.launch()
```

上面代码实现了图像的读取与预测，选定一幅图像，单击 Sumbit 按钮提交上传后，结果如图 3-21 所示。

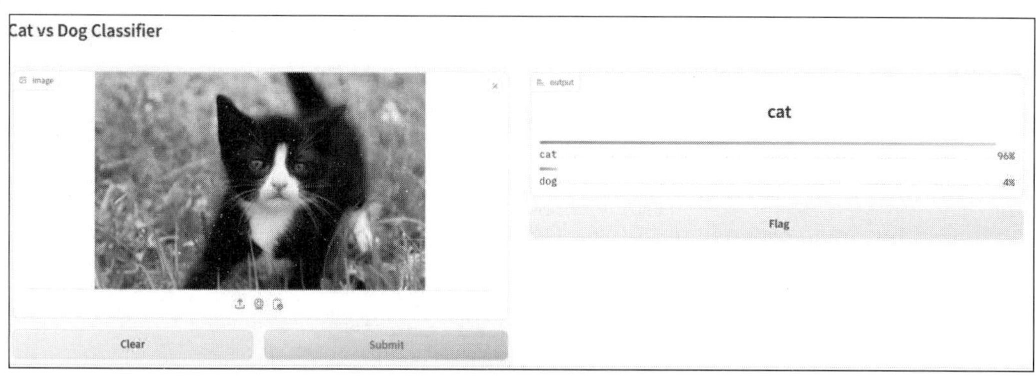

图 3-21　使用 gradio 对图像进行预测

可以很清楚地看到，此时模型对于图片的预测是：猫的可能性为 96%，这也很好地展示了训练结果。

下面回到代码设计中，在前面对 gradio 进行介绍时，采用的输入格式为显式标注 image，而此时我们对于输入框采用的是 gr.Image(type="pil")函数，从名称上来看，此时输入框接收的是一个 image 类型的图像，而其中的参数表示在将图像传递给预测函数之前，图像是如何被转换的。这里使用的格式为 pil。具体来说，它有 3 种转换格式：numpy、pil 和 filepath。

- numpy: 图像会被转换成一个 numpy 数组。这个数组的形状是（height, width, 3），其中 height 是图像的高度，width 是图像的宽度，3 表示图像有 3 个颜色通道（通常是 RGB，即红、绿、蓝）。
- 数组中的值范围是 0~255，这代表了每个颜色通道的强度或亮度。例如，值(0, 0, 0)代表黑色，而值（255, 255, 255）代表白色。
- pil: 图像会被转换成一个 PIL 图像对象。PIL 是 Python 中处理图像的一个流行库，它提供了许多用于图像操作的功能。转换后的 PIL 图像对象，可以直接使用 PIL 库提供的各种方法进行处理。
- filepath: 传递的是一个字符串路径，该路径指向一个包含图像内容的临时文件。这意味着图像数据并没有被直接转换或加载到内存中，而是保存在硬盘上的一个临时文件中。预测函数可以根据这个路径去读取和处理图像。

此外，如果图像是 SVG（可缩放矢量图形）格式，那么 type 参数会被忽略，并直接返回 SVG 的文件路径。这可能是因为 SVG 图像的处理方式与位图（如 JPEG、PNG 等）不同，因此不需要或不支持上述的转换方式。

3.3　基于网页端的 ChatGLM3 部署和使用

网页版的客户端提供了一种便捷的途径，使我们能够轻松地实现 ChatGLM3 的连续性部署和使用。通过这种方式，我们可以在处理问题时连续性地解答多个问题，从而提高工作效率和用户体验。

在本节中，首先将学习如何使用 gradio 搭建一个简单的 ChatGLM3 服务器。这个过程将涉及 gradio 的使用技巧。通过逐步的指导和示例，帮助读者掌握搭建服务器的关键步骤，为后续的使用奠定基础。

在成功搭建服务器后，将进一步讲解如何使用官方自带的客户端对问题进行解答。这部分内容将重点介绍客户端的功能和使用方法。通过学习和实践，帮助读者将掌握使用官方客户端进行问题解答的技巧和流程。

通过本章的学习，读者将能够熟练地完成 ChatGLM3 的网页版部署和使用，从而为以后在实际应用中处理连续性问题提供有力的支持。

3.3.1 使用 gradio 搭建 ChatGLM3 网页客户端

对于使用网页端完成部署的用户来说，最少需要准备一个自定义的网页端界面。在网页端界面上，可以设置文本输入框供用户输入问题或文本，并显示 ChatGLM3 的回复和相应的提示信息。此外，还可以添加一些额外的功能，如清空输入框、复制回复等。

以上内容对于有过前端经验的读者来说可能并不复杂，但是对于深度学习模型开发人员来说，从头学习前端知识及其代码编写，可能需要耗费大量的时间和成本，那么有没有一种简易的方法可以帮助我们完成网页客户端的搭建。

答案当然是有。gradio 提供了一个自定义的 ChatGLM3 网页对话客户端模板，只需要简单的几行代码，即可完成一个私有云 ChatGLM3 网页客户端。下面是一个简单的使用 ChatInterface 组件完成对话框搭建的示例，代码如下：

```
    import gradio as gr
    def echo(message, history):
        return message
    demo = gr.ChatInterface(fn=echo, examples=["hello", "hola", "merhaba"],
title="Echo Bot")
    demo.launch()
```

运行代码后，页面如图 3-22 所示。

图 3-22 使用 ChatInterface 组件构建的对话框

这里只是一个简单的页面，即使用固定的格式搭建了一个用作展示的页面，如果需要对问答进行反馈，则需要进一步完成内容的注入。下面是一个使用 ChatGLM3 完成的对话框示例，代码如下：

```
    from modelscope import AutoTokenizer, AutoModel, snapshot_download
    model_dir = "../chatglm3-6b"  # 直接提供 ChatGLM3 的存储地址
    tokenizer = AutoTokenizer.from_pretrained(model_dir, trust_remote_code=True)
    model = AutoModel.from_pretrained(model_dir, 
trust_remote_code=True).quantize(4).cuda()
    model = model.eval()

    import gradio as gr

    def echo(message, history):
        response, _history = model.chat(tokenizer, message, history=[])

        return response

    demo = gr.ChatInterface(fn=echo, examples=["hello", "hola", "merhaba"], 
title="Echo Bot")
    demo.launch()
```

具体结果请读者自行尝试。

3.3.2　使用 ChatGLM3 自带的网页客户端

除了使用自定义的 gradio 组件完成网页客户端的搭建之外，智谱 AI 的 ChatGLM3 在创建之初就本着“方便用户，以人为本”的原则，为用户提供了对应的网页客户端代码，从而方便用户直接使用网页端的 ChatGLM3 应用程序。

读者可以直接打开本章配套源码文件夹中的 web_demo.py 文件。在运行这个文件之前，部分读者可能需要安装一些适配的库包，安装命令如下（推荐使用 gadio==3.40.0 固定版本）：

```
    pip install gradio==3.40.0, mdtex2html
```

注意：在安装的时候，部分读者会有如图 3-23 所示的报错，这是因为安装的 gradio 版本不对，按上述命令指定安装 gradio==3.40.0 即可解决。当有输入无输出反应时，也请读者尝试更新 gradio 版本，解决输出无结果的问题。

```
    user_input = gr.Textbox(show_label=False, placeholder="Input...", lines=10).style(
           ^^^^^^^^^^^^^^^^^^^^^^^^^^^^^^^^^^^^^^^^^^^^^^^^^^^^^^^^^^^^^^^
AttributeError: 'Textbox' object has no attribute 'style'. Did you mean: 'scale'?
```

图 3-23　读取报错

接下来，直接在 Python 中右击 run 运行 web_demo.py 文件，在合并了存档记录后，读者的网页客户端会自动打开如下地址：

```
    Running on local URL:  http://127.0.0.1:7860
```

此时，ChatGLM3 会运行在本地，界面如图 3-24 所示。

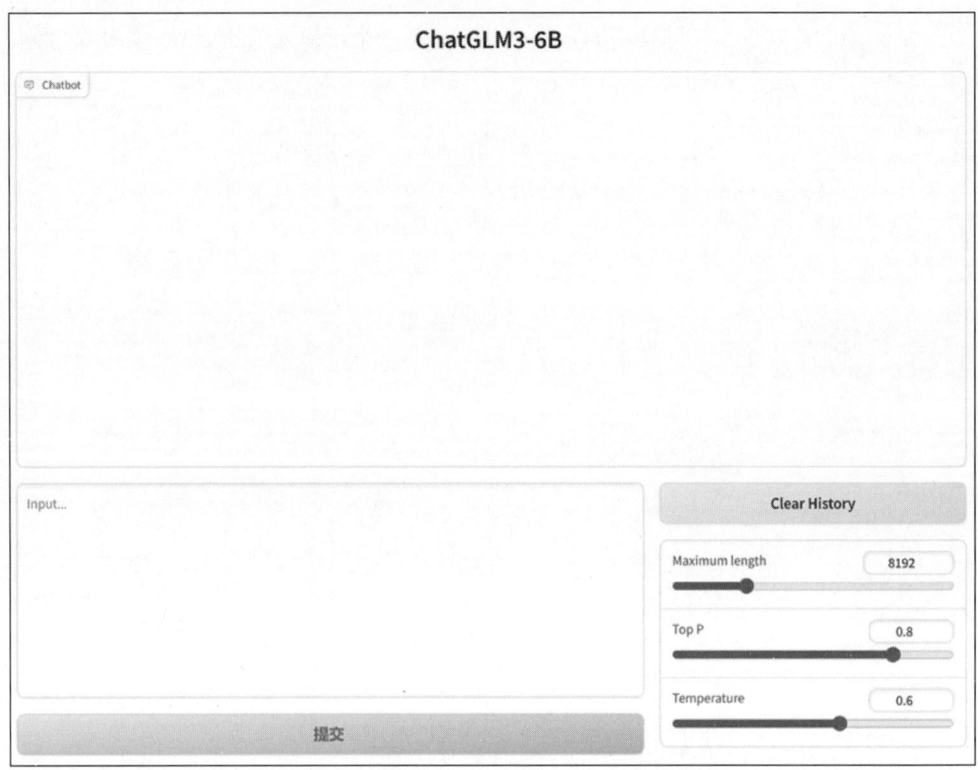

图 3-24 初始化好的 ChatGLM 网页客户端

在此界面可以开启多轮对话，读者可以依据自己的问题与 ChatGLM 进行交互，从而获得相关问题的答案。

3.4 基于私有云服务的 ChatGLM3 部署和使用

云服务是一种基于互联网的相关服务的使用和交互模式，通常涉及通过互联网来提供动态易扩展且经常是虚拟化的资源，用户可以通过网络按需获得所需的计算资源与能力的服务。

在云服务领域中，API 接口是一项至关重要的技术，它实现了应用与计算的有效分离，使得不同平台能够专注于各自擅长的工作。对于自然语言处理模型而言，构建 API 接口能够显著扩展其应用场景的支持范围。

基于 ChatGLM3 模型的 API 接口私有云服务，为其他应用程序或平台提供了一个便捷的途径，通过调用该接口即可轻松获取 ChatGLM3 模型的强大功能。通过对外开放 API 接口，其他程序能够发送自然语言查询请求，并快速获取精准的回复结果。由此，ChatGLM3 模型得以被无缝集成至各类应用中，为各种场景提供坚实支持。

本节除了详细介绍如何利用 FastAPI 实现私有云服务的构建外，还旨在为读者提供更丰富的学习体验。为此，本节特别呈现了官方推荐的 streamlit 工具，用于快速搭建大模型对话网页，进一步展示 API 接口在自然语言处理领域中的广泛应用与深远影响。

3.4.1　使用 FastAPI 完成 ChatGLM3 私有云交互端口的搭建（重要）

建立 ChatGLM3 的 API 接口，可以为其他应用程序提供自然语言处理能力的支持。这对于构建智能化的应用和服务来说，非常重要，可以大大提高开发效率和降低开发成本。同时，API 接口也可以促进不同系统和服务之间的信息交互和数据共享，推动自然语言处理技术的发展和应用

这里使用 FastAPI 完成接口的创建。FastAPI 是一种 Python 框架，用于构建快速、现代、高效的 Web 应用程序。它基于 Python 3.6 及以上版本的类型提示，将 Starlette 的组件作为其基础构建模块。FastAPI 使用标准 Python 类型提示来定义路由和处理程序，从而提供了清晰、易于理解和易于维护的代码。

FastAPI 是一个异步框架，这意味着它支持使用 Python 的 asyncio 库来处理高并发生成的大量请求。FastAPI 还具有出色的性能，可以与 Django 和 Flask 等流行的 Python 框架相媲美。它还支持依赖注入、中间件和其他现代特性，使得开发人员能够快速构建复杂的应用程序。

下面是一个完整的、基于 FastAPI 开启服务的示例，代码如下：

```
    import uvicorn
    from fastapi import FastAPI,Body
    from fastapi.responses import JSONResponse
    from typing import Dict
    app = FastAPI()
    from modelscope import AutoTokenizer, AutoModel, snapshot_download
    model_dir = "../chatglm3-6b"          # 直接提供 ChatGLM3 的存储地址
    tokenizer = AutoTokenizer.from_pretrained(model_dir, trust_remote_code=True)
    model = AutoModel.from_pretrained(model_dir,
trust_remote_code=True).half().cuda()  # .quantize(4).cuda()

    @app.post("/chat")
    def f1(data: Dict):
        query = data["query"]
        history = data["history"]
        if history == "":
            history = []

        response, history = model.chat(tokenizer, query, history=history, top_p=0.95,
temperature=0.95)
        response = {"response": response,"history":history}
        return JSONResponse(content=response)

    if __name__ == "__main__":
        uvicorn.run(app, host='127.0.0.1', port=7866)
```

上述代码完成了一个完整的服务应用程序，用于打开本地 0.0.0.0 地址上的 7866 端口，接收信息并返回处理结果。

而发送和接收相应的 query，则可以通过如下请求发出：

```
    import requests
    import json
    data = {"query" : "你好","history" : ""}
```

```
    encoded_data = json.dumps(data)  # 对请求参数进行 JSON 编码
    # 发送 POST 请求到 FastAPI 应用程序
    response = requests.post("http://127.0.0.1:7866/chat",
data=encoded_data).json()
    # print(response.json())        # 打印响应内容
    response_chat = response["response"];history = response["history"]
    print(response_chat)
```

可以看到，代码实现了一个简单的发送与接收任务的功能。读者可以自行测试。

3.4.2 基于 streamlit 的 ChatGLM3 自带的网页客户端

除了基于 gradio 的 ChatGLM3 网页客户端外，笔者还提供了基于 Streamlit 的客户端文件，读者可以打开本书配套源码中的“第 3 章”文件夹查阅 web_demo2.py 文件的内容。

使用 streamlit 运行网页端的方法也很简单，读者只需要打开终端，定位到“第 3 章”文件夹，在此目录下运行如下命令即可：

```
    streamlit run web_demo2.py
```

这里需要注意，部分读者可能需要在 Windows 系统的 PATH 环境变量中显式地注册 streamlit 的执行地址。

此外，以上的运行服务都是通过接口完成的，因此在此方法运行结束后，读者需要手动关闭程序，以便空出接口供后面的学习使用。

3.5 本章小结

本章介绍了 ChatGLM3 的部署和使用。首先，深入探讨了如何使用 gradio 库将机器学习模型部署为交互式网页应用。gradio 是一个强大的库，能够让研究者、开发者迅速地将模型转换为可分享和使用的应用。然后，基于 gradio 展开了猫狗图像分类的实战。最后，介绍了基于网页端的 ChatGLM3 部署和使用以及基于私有云服务的 ChatGLM3 部署和使用。

通过本章的学习，读者不仅应该能够熟练地使用 gradio 来部署机器学习模型，还能够理解如何将模型部署在私有云服务上，并通过网页端与模型进行交互。这些技能为读者未来在机器学习领域的研究和开发工作提供了实践经验和技术支持。

第 4 章 使用 ChatGLM3 与 LangChain 实现知识图谱抽取和智能问答

LangChain 是一个在应用程序中使用大语言模型的编程框架。它是一系列精心设计的工具、组件和接口的集合，旨在简化由大语言模型和聊天模型提供支持的应用程序的构建过程。LangChain 不仅将烦琐的底层细节抽象化，还优雅地处理了与语言模型的复杂交互，使得开发人员能够专注于构建出色的应用程序逻辑。

在 LangChain 的助力下，开发人员可以轻松地将多个组件链接在一起，如同编织一张精密的网，每个组件都各司其职，协同工作。此外，LangChain 还提供了强大的集成能力，允许无缝地接入额外的资源，如 API 和数据库，进一步丰富了应用程序的功能和实用性。

中文大语言模型中的翘楚——ChatGLM3，不仅拥有庞大的参数规模，还经过了海量的中文数据训练，深谙中文的精髓和韵味。它能够理解复杂的语义，生成流畅自然的文本，为用户提供卓越的交互体验。

从本章开始，我们将开启一段全新的探索之旅，将 ChatGLM3 与 LangChain 紧密结合，以期在简化应用开发的流程上迈出坚实的一步。我们将深入挖掘这两大技术的潜力，让它们在相互的激荡中迸发出前所未有的火花。通过 LangChain 这一强大框架，我们将能够最大程度地开发和提升 ChatGLM3 的现有能力，释放其蕴藏的无限可能。

在这段旅程中，我们将见证 ChatGLM3 如何在 LangChain 的助力下，如同插上了腾飞的翅膀，变得更加高效、智能和灵活。我们将探索如何优雅地管理语言模型的交互，如何将多个组件巧妙地链接在一起，如何无缝地集成额外的资源，从而创建出一款款令人瞩目的应用程序。

在这个过程中，我们不仅会挖掘技术的深度，也会追求应用的广度，致力于将 ChatGLM3 与 LangChain 结合应用到更多的场景中。无论是智能客服、教育辅导、内容创作还是其他领域，我们都将努力探索其可能的应用边界，为这个世界带来更多的惊喜和改变。

让我们携手踏上这段充满挑战与机遇的探索之旅吧！相信在不久的将来，我们将共同见证 ChatGLM3 与 LangChain 结合所带来的丰富的应用场景和变革效果。

4.1 当 ChatGLM3 遇见 LangChain

LangChain 框架犹如 LLM 应用架构中的一颗璀璨明珠，不仅为整个架构注入了活力，更赋予了其无尽的可能性。那么，究竟什么是 LLM 应用架构呢？简而言之，它是基于语言模型的应用程序设计与开发的根本骨架，是构建智能化应用的坚实基础。

LangChain 的魅力在于其强大的整合能力，它巧妙地将 LLM 模型、向量数据库、交互层的 Prompt、外部知识以及外部工具融为一体。这种完美的融合，使得开发者能够随心所欲地构建出各种 LLM 应用，无论是智能对话、文本生成，还是情感分析、知识推理，都能通过 LangChain 的魔法之手轻松实现。LangChain 图标如图 4-1 所示。

图 4-1 LangChain 图标

ChatGLM3 作为最强的中文大模型，无疑是 LangChain 最得力的助手。它为 LangChain 提供了最强大的语言核心，使得整个框架在处理复杂的中文语境时更加游刃有余。ChatGLM3 的加入，不仅提升了 LangChain 的语言理解能力，还带来了更加丰富的语义表达和更精准的文本生成能力。两者相辅相成，共同构建了一个更加强大、智能的 LLM 应用生态。

4.1.1 LangChain 的基本构成、组件与典型场景

在人工智能的持续演进中，语言模型，尤其是大语言模型，例如备受瞩目的 ChatGPT，已经稳固地占据了科技前沿的核心地位。这些模型不仅引发了科技界的热烈讨论，更在实际应用中获得了广泛的认同和赞誉。

正是在这样的技术浪潮下，LangChain 框架应运而生。作为一个以 LLM 为基石的开发框架，LangChain 赋予了自然语言处理领域前所未有的活力和创造力。通过 LangChain，开发者们可以轻松构建出多样化的应用程序，其中聊天机器人和智能问答工具仅仅是冰山一角。这些应用程序不仅能够理解复杂的语言结构，还能生成流畅自然的文本响应，从而为用户带来更加丰富和智能的交互体验。

LangChain 的强大之处在于其高度的灵活性和可扩展性。它能够将各种数据源、外部工具和模型整合到一个统一的框架中，使得开发者能够根据具体需求定制和优化应用程序。这种灵活性意味着 LangChain 不仅能够满足当前的需求，还能够适应未来技术的发展和创新。

具体来看，LangChain 主要由两部分组成：LLM 终端与 LLM 编程框架。

- LLM 终端：LLM 终端作为接收输入并生成输出的接口，负责管理模型资源并确保可扩展性和容错性。它提供了一个稳健的接口，使得下游应用程序能够轻松集成 LLM 功能，并利用其强大的语言处理能力。
- LLM 编程框架：LLM 编程框架提供了一套完整的工具和抽象，用于构建基于语言模型的应用程序。这些框架能够协调各种组件，包括 LLM 提供商、嵌入模型、向量存

储、文档加载器以及外部工具（如在线搜索等），从而简化了应用程序的开发和部署过程。

从具体使用上来看，LangChain 由多个组件搭建在一起完成，这些组件共同搭建了服务于大模型核心的 LangChain 架构。

- Prompts（提示）：提示是管理 LLM 输入的关键工具。为了获得所需的输出，需要对提示进行精细调整。它们可以是一个简单的句子，也可以是由多个句子组成的复杂结构，包含变量、条件语句等元素。
- Chains（链）：链是一种强大的工具，能够将 LLM 与其他组件（如外部 API、数据库等）连接起来，以实现更复杂的任务。通过链，可以将多个操作组合成一个连贯的工作流程，从而提高任务执行的效率和准确性。
- Agents（代理）：代理是使用 LLM 进行决策的工具。它们可以执行特定的任务，并生成文本输出。代理通常由动作、观察和决策三个部分组成，通过这三个部分的协作，代理能够基于当前环境和任务需求做出智能决策。
- Memory（记忆）：由于 LLM 本身没有长期记忆能力，因此记忆工具被用来在多次调用之间保持状态。这些工具可以存储先前的输入、输出或其他相关信息，以便在后续处理中提供上下文或历史数据。

在具体应用上，LangChain 可以帮助用户针对多个应用场景和项目实际需求提供多种多样的协助支持，从而帮助用户更方便地完成项目的落地。一般在使用上有如下典型应用场景：

- 特定文档的问答：利用大语言模型技术栈，可以从 Notion 等数据库中提取特定文档的信息，并准确回答用户的问题。这在企业知识管理、客户服务等领域具有广泛应用前景。
- 聊天机器人：使用 Chat-LangChain 模块等工具，可以创建与用户进行自然交流的聊天机器人。这些机器人能够理解用户的意图和需求，并提供有用的回复和建议。
- 代理执行任务：结合 GPT 和 WolframAlpha 等工具，可以创建能够执行数学计算、查询知识库和其他任务的代理。这些代理可以在教育、科研、智能家居等领域发挥重要作用。
- 文本摘要：利用外部数据源和 LLM 技术栈，可以生成特定文档的摘要。这对于快速浏览大量信息、撰写报告或新闻报道等场景非常有用。

随着 LangChain 框架的不断迭代和优化，其功能日趋完善，支持的应用场景也愈发广泛。在处理复杂的语言模型任务，乃至解决各类实际问题时，LangChain 都展现出了卓越的性能和灵活性。LangChain 与 ChatGLM3 的结合，将为我们提供一个强大的中文大语言模型开发环境。ChatGLM3 作为目前领先的中文大模型，拥有出色的语言理解和生成能力，而 LangChain 则提供了一个灵活、高效的开发框架。二者的结合，将使我们能够更快速、更便捷地构建出高质量的中文自然语言处理应用。

在接下来的内容中，我们将逐步介绍如何将 LangChain 与 ChatGLM3 进行集成。首先，将介绍如何在 LangChain 中引入 ChatGLM3 模型，并配置相关的参数和设置。接着，将探讨如何利用 LangChain 的框架特性，对 ChatGLM3 进行微调和优化，以提升模型在特定任务上的性能。此外，还将介绍如何使用 LangChain 提供的工具和接口，实现与 ChatGLM3 的交互和通信，从而构建出功能强大的自然语言处理应用。

4.1.2 确认统一地址的 ChatGLM3 部署方案

在 3.4.1 节中，介绍了使用 FastAPI 完成的 ChatGLM3 部署方案，通过简单的几行代码即可完成一个 ChatGLM3 服务器的架设。在架设服务器之前，有一个非常重要的内容需要读者了解，就是需要一个统一的源。如果读者使用单机，则 URL 设置如下：

```
url = '127.0.0.1'
```

这是在采用单机模式进行模型开发的情况下对 IP 地址的设置。如果读者需要在互联网上架设对应的服务器，或者在内部网的服务器上架设，则可以根据不同的场景设置不同的 URL 地址。

```
url = '你的内网地址'
```

完整代码如下：

```
import uvicorn
from fastapi import FastAPI,Body
from fastapi.responses import JSONResponse
from typing import Dict
app = FastAPI()
from modelscope import AutoTokenizer, AutoModel, snapshot_download
model_dir = "../chatglm3-6b"            # 直接提供 ChatGLM3 的存储地址
tokenizer = AutoTokenizer.from_pretrained(model_dir, trust_remote_code=True)
model = AutoModel.from_pretrained(model_dir,
trust_remote_code=True).half().cuda()  # .quantize(4).cuda()

@app.post("/chat")
def f1(data: Dict):
    query = data["query"]
    history = data["history"]
    if history == "":
        history = []

    response, history = model.chat(tokenizer, query, history=history, top_p=0.95,
temperature=0.95)
    response = {"response": response,"history":history}
    return JSONResponse(content=response)

if __name__ == "__main__":
    uvicorn.run(app, host='你预设的地址', port=7866)
```

这里需要强调一下，代码中的地址与我们学习 LangChain 的过程息息相关，因此建议读者统一这个地址并保存使用。

4.1.3 使用 ChatGLM3 构建 LangChain 的 LLM 终端

LLM 是 LangChain 的基本组成部分，作用是对输入的文本或者向量内容进行处理，将文本字符串作为输入并返回文本字符串的模型。LangChain 本身不提供 LLM，而是提供通用的接口来访问 LLM，我们可以很方便地更换底层的 LLM 以及自定义 LLM。

下面就是自定义的、可以供 LangChain 使用的 LLM 架构，读者可以直接启动，也可以参考上一章云上架设服务器的方式，完成自定义的 LLM 服务器架设。代码如下：

```
import time
import logging
import requests
from typing import Optional, List, Dict, Mapping, Any
import langchain
import torch
from langchain.llms.base import LLM
from langchain.cache import InMemoryCache
logging.basicConfig(level=logging.INFO)
# 启动 LLM 的缓存
langchain.llm_cache = InMemoryCache()

class ChatGLM(LLM):
    # 模型服务 URL，这里地址一定要与开启 GLM 服务的 URL 地址相同
    # url = "http://127.0.0.1:7866/chat"          # 本机地址
    url = "http://192.168.3.20:7866/chat"  # 内网其他机器上的地址
    history = []

    @property
    def _llm_type(self) -> str:
        return "chatglm"

    def _construct_query(self, prompt: str) -> Dict:
        """构造请求体
        """
        query = {            "human_input": prompt       }

        query = {"query": prompt, "history": self.history}
        import json
        query = json.dumps(query)  # 对请求参数进行 JSON 编码

        return query

    @classmethod
    def _post(self, url: str,            query: Dict) -> Any:

        """POST 请求"""
        response = requests.post(url, data=query).json()

        return response

    def _call(self, prompt: str,            stop: Optional[List[str]] = None)
-> str:
        """_call"""
        # construct query
```

```
        query = self._construct_query(prompt=prompt)

        # post
        response = self._post(url=self.url,query=query)
        response_chat = response["response"];
        self.history = response["history"]
        return response_chat

    @property
    def _identifying_params(self) -> Mapping[str, Any]:
        """Get the identifying parameters.
        """
        _param_dict = {
            "url": self.url
        }
        return _param_dict
if __name__ == "__main__":
    llm = ChatGLM()
    while True:
        human_input = input("Human: ")
        begin_time = time.time() * 1000
        # 请求模型
        response = llm(human_input)
        end_time = time.time() * 1000
        used_time = round(end_time - begin_time, 3)
        logging.info(f"chatGLM process time: {used_time}ms")
        print(f"ChatGLM: {response}")
```

运行结果如图 4-2 所示。

```
ChatGLM: 你好👋！我是人工智能助手 ChatGLM3-6B，很高兴见到你，欢迎问我任何问题。
Human: 南京是哪里的省会
ChatGLM: 南京是中国江苏省的省会，位于江苏省东部，长江下游。南京历史悠久，是中国历史文化名城之一，
INFO:root:chatGLM process time: 1217.484ms
Human: 那里有什么好玩地方
ChatGLM: 南京有很多好玩的地方，以下是一些著名的景点：
INFO:root:chatGLM process time: 5965.271ms

1. 南京城墙:南京城墙是中国现存最长、保存最完整的古代城墙之一，可以骑自行车、步行或驾车绕城一圈。

2. 紫禁城:紫禁城是南京的故宫，是中国古代皇帝的宫殿，现在是南京博物馆。

3. 玄武湖:玄武湖是南京最大的城市湖泊，周围有许多公园和景点，如鸡鸣寺、豁明寺等。
```

图 4-2　自建 LLM 问答结果

这里需要注意，URL 地址的设置必须与开启 GLM 服务的 URL 地址相同，即：

```
url = “服务端地址” = “自定义的 LLM 终端地址”
```

这样才能保证完成结果的获取。请读者自行运行并验证此代码。

4.1.4　从一个简单的提示模板开始

在自然语言生成任务中，生成高质量的文本是非常困难的，尤其是需要针对不同的主题、情境、问题或任务进行文本生成时，需要花费大量的时间和精力去设计、调试和优化模型，而且这种方式并不是高效的解决方案。因此，为了更好地服务 ChatGLM3 的处理，LangChain 提供了一种名为 PromptTemplates 的提示文本技术，可以大大降低模型设计、调试和优化的成本。

PromptTemplates 是一种可复制的、生成 Prompt 的方式，它包含一个文本字符串，可以接收来自终端用户的一组参数，并生成 Prompt。PromptTemplates 可以包含指令、少量示例和一个向语言模型提出的问题。我们可以使用 PromptTemplates 技术来指导语言模型生成更高质量的文本，从而更好地完成任务。

当用户和大语言模型对话时，用户所说的内容就是 Prompt，即提示语。如果用户每次都需要输入很多内容相似的 Prompt 时，可以考虑生成一个 Prompt 模板，这样可以节省很多时间，而不必输入很多内容相似的 Prompt。一个简单的示例如下：

```
from langchain.prompts import PromptTemplate
template = """
请给我创建一个适配于{product}产品说明的模板
"""
prompt = PromptTemplate(
    input_variables=["product"],
    template=template,
)
prompt.format(product="colorful Tshirt")
```

这是一个最简单的输入 Prompt，其作用是对输入的内容进行整理，从而根据设定进行计算和输出。同样，Prompt 还可以适配更多的参数，从而构成一个更合格的模板，代码如下：

```
template = """
请给我创建一个适配于{product}说明的模板，注意这个产品的颜色为{color}
"""

prompt = PromptTemplate(
    input_variables=["product","color"],
    template=template,
)
print(prompt.format(product="Tshirt", color="RED"))
```

上面代码创建了一个接收两个参数的提示模板，并通过参数的输入创建了一个完整的提示语句。结果如下：

```
请给我创建一个适配于 Tshirt 说明的模板，注意这个产品的颜色为 RED
```

为了在更多场合下使用模版，还可以对预设模板的保存与载入方法，代码如下：

```
from langchain.prompts import PromptTemplate
template = """
请给我创建一个适配于{product}说明的模板，注意这个产品的颜色为{color}
"""
```

```
prompt = PromptTemplate(
    input_variables=["product","color"],
    template=template,
)
print(prompt.format(product="Tshirt", color="RED"))
prompt.save("awesome_prompt.json") # Save to JSON file

from langchain.prompts.loading import load_prompt
prompt_load = load_prompt("awesome_prompt.json")
print(prompt_load.format(product="Tshirt", color="RED"))
```

结果如图 4-3 所示。两条打印语句分别打印出原始 Prompt 与载入的 Prompt，此时原始的 Prompt 和通过载入方式获取的 Prompt 在输出形式上相同。

```
请给我创建一个适配于Tshirt说明的模板，注意这个产品的颜色为RED


请给我创建一个适配于Tshirt说明的模板，注意这个产品的颜色为RED
```

图 4-3 原始 Prompt 与载入的 Prompt

4.1.5 ChatGLM3 格式化提示词的构建与使用

我们的目标是让基于 ChatGLM3 设计的 LLM 终端，能够根据函数的名称生成对应的自然语言语义解释。为了实现这一目标，将设计一个专门的提示模板。这个模板的特别之处在于，它接收函数名称作为输入，并通过特定的格式展示函数的源代码。

在这样的场景中，自定义提示模板就显得尤为重要。通过自定义提示模板，可以确保模板内容更加贴近实际需求，从而使得 LLM 能够生成更加准确和更有用的解释。

具体实践上，为了创建自定义字符串提示模板，需要满足两个条件：

- 首先，该模板必须具备 input_variables 属性，以便明确提示模板所期望的输入变量。
- 其次，该模板需要公开 format 方法。这个方法接收与预期的 input_variables 相匹配的关键字参数，并返回经过格式化处理的提示。

接下来，我们将着手创建一个自定义提示模板，它以函数名称为输入，通过格式化处理来展示函数的源代码。

PromptTemplate 的作用是生成对应的模板内容，从而在模型的调用上节省时间。一个简单的示例如下：

```
from langchain import PromptTemplate
# 没有输入变量的示例 Prompt
no_input_prompt = PromptTemplate(input_variables=[], template="给我讲个笑话。")
no_input_prompt.format()
```

这是一个没有输入变量示例的 PromptTemplate，当然读者也可以使用带有多个变量输入的 Prompt 来完成模板的创建。

```
from 新第四章_Langchain 知识图谱 import llm_chatglm
```

```
llm = llm_chatglm.ChatGLM()
from langchain.prompts import PromptTemplate
prompt = PromptTemplate(
    input_variables=["location","street"],
    template="作为一名专业的旅游顾问，简单地说一下{location}有什么好玩的景点,特别是在{street}? 只要说一个就可以。",
)
from langchain.chains import LLMChain
chain = LLMChain(llm=llm, prompt=prompt)
print(chain.run({"location":"南京","street":"新街口"}))
```

在上面代码中，我们设置了一个专业性质的 Prompt Template，并将它传递给 LLM 终端进行回答，chain = LLMChain(llm=llm, prompt=prompt)是根据模型位置传递了对应的模型以及查询模版，而在具体使用时，需要将查询的内容按名称对应，以 dict 的格式插入模板中。请读者仔细查看打印结果。

LangChain 的一大特点是：除了可以进行文本内容的查询外，还可以充分利用大模型的语言发现和逻辑能力，完成更进一步的内容。有时候，我们需要给 LLM 零学习样本，让 LLM 学习这些样本以便能够更加准确地回答问题，这被称为微调（fine-tune）LLM，为此可以使用 Prompt 的小样本模板来训练 LLM。下面来看一个简单的示例，要求用户每输入一个短语，LLM 就输出一个对应的反义词。首先定义两组输入输出的例子：

```
from langchain.prompts import PromptTemplate,FewShotPromptTemplate
examples = [{"输入": "高兴", "输出": "悲伤"},{"输入": "高大", "输出": "低矮"}]
example_prompt = PromptTemplate(
    input_variables=["输入", "输出"],
    template="\n 输入: {输入}\n 输出: {输出}\n",
)
print(example_prompt)
```

然后是将它们组建成小样本学习的模板对象，代码如下：

```
# 创建一个短语 prompt 模板对象
few_shot_prompt = FewShotPromptTemplate(
    # 这些是要插入 prompt 中的示例
    examples=examples,
    # 将示例插入 prompt 时，格式化示例的方式
    example_prompt=example_prompt,
    # 输入变量是用户直接输入的变量
    input_variables=["input"],
    # 前缀变量
    prefix="给出每个输入词语的反义词",
    # 后缀变量
    suffix="输入: {input}\n 输出:",
    # 用来连接前缀、示例和后缀的字符串。
    example_separator="\n",
)
print(few_shot_prompt.format(input="快乐"))
```

打印结果如图 4-4 所示。

```
给出每个输入词语的反义词

输入：高兴
输出：悲伤


输入：高大
输出：低矮

输入：快乐
输出：
```

图 4-4　小样本学习示例

接下来，要在 LangChain 对接 LLM 时使用自定义的小样本提示语模板，这样 LLM 就可以根据小样本提示语模板的格式和要求来返回对应的内容：

```
chain = LLMChain(llm=llm, prompt=few_shot_prompt)
print(chain.run("痛苦"))
print(chain.run("美丽"))
```

最终打印结果请读者自行查看。

通过使用 LangChain，读者可以学习到如何标准化地完成提示语的输入和输出，从而生成符合项目需求的结果和答案。

4.2 ChatGLM3+ LangChain 搭建专业问答机器人

在前面的章节中，已经向读者展示了如何使用基础的 ChatGLM3 模型来完成一般性的知识问答任务。通过直接的 Prompt 方式，我们可以将所提问题有效地传递给 ChatGLM3，并且观察到它在处理这类内容时展现出了相当不错的效果。

然而，当问题转向更为专业的领域，尤其是那些 ChatGLM3 未经数据训练的知识范畴时，其问答能力会面临怎样的挑战呢？这也正是本节将要深入探讨的问题。

为了更全面地评估 ChatGLM3 在专业领域的知识问答表现，我们将引入 LangChain 这一强大的工具。通过将 ChatGLM3 与 LangChain 相结合，期望能够提升模型在处理专业问题时的准确性和深度。LangChain 的灵活性和可扩展性使其成为一个理想的选择，它能够帮助我们有效地整合和利用外部知识资源，从而弥补 ChatGLM3 在某些专业知识上的不足。

本节将详细展示如何结合 ChatGLM3 和 LangChain 来构建一个针对专业领域知识问答的解决方案。我们将分析这一组合在处理未经训练的专业知识时的表现，并讨论其潜在的优势和局限性。通过这一探索性的研究，期望为读者提供一个更全面、更深入的讲解，以便帮助读者在实际应用中更好地利用这些工具来解决专业领域的知识问答问题。

4.2.1 使用 LangChain 的 LLM 终端完成文本问答

我们在前面制作了 LangChain 的 LLM 终端，可以通过它来完成终端的问答，代码如下：

```
from 新第四章_Langchain 知识图谱 import llm_chatglm
llm = llm_chatglm.ChatGLM()
print(llm("小孩牙龈肿痛服用什么药"))
```

注意，为了运行这个示例代码，需要启动 4.1.2 节的 ChatGLM3 内网服务代码。

上面代码准备实现一个最普通的、涉及生活类的医学问答，即“小孩牙龈肿痛服用什么药”。在这里，我们使用已有的 LLM 终端完成此问题的回答，结果如图 4-5 所示。注意，在使用 LLM 终端进行问题回答时，每一次的结果会略有不同。

牙龈肿痛可能是由多种原因引起的，如牙龈出血、龋齿、牙周炎等。在咨询医生之前，可以先使用一些非处方药物缓解疼痛，如：

1. 对乙酰氨基酚(泰诺)：是一种非处方药，可以缓解牙痛和轻度到中度的疼痛。可以每次服用500毫克，每4小时使用一次。但是，不应该给12岁以下的儿童使用，因为可能会引起肝脏损伤。

2. 非处方抗炎药：如布洛芬(Advil)，可缓解牙痛和轻度到中度的疼痛。可以每次服用200毫克，每6-8小时使用一次。但是，也应该避免给12岁以下的儿童使用，因为他们可能会有胃肠道反应。

3. 局部麻醉剂：如局部麻醉喷雾剂，可以喷在牙龈上缓解疼痛。应该按照使用说明使用。

然而，这些药物只是缓解疼痛的临时方法。如果正在经历牙龈肿痛，建议尽快咨询医生获得正确的诊断和治疗建议。

图 4-5　基于 LLM 终端的回答

这是一个较经典的回答，其中涉及用药建议，但是并没有直接深入回答我们所提出的问题，即“服用什么药”。相对于使用大模型训练的结果，我们同时也准备了一份专业回答，如图 4-6 所示。

"context_text": "牙龈肿痛会给我们健康口腔带来很大伤害性，为此在这里提醒广大朋友们，对于牙龈肿痛一定要注意做好相关预防工作，牙龈肿痛的发病人群非常广泛，孩子以后收到此病侵害，如果孩子不幸患上牙龈肿痛，需要尽快去接受正规治疗，并且做好护理工作。牙龈肿痛又被称为了牙肉肿痛，也就是牙齿根部疼痛并且伴随着它的周围齿肉肿胀。小孩发生牙龈肿痛的原因比较多，不同病因引起的牙龈肿痛治疗方法也有差异，所以当孩子出现这种疾病之后，需要尽快去医院查明原因后对症处理。处理小孩牙龈肿痛的三个方法是什么1、牛黄解毒丸孩子出现牙龈肿痛多是因为上火造成的，这个时候可以给孩子服用牛黄解毒丸，按照医生的嘱托来给孩子服用。此药物有通便泻火的作用，而且是属于中药，对于孩子来说没有什么副作用，但一定要注意不可以大量给孩子服用。2、用温水刷牙孩子牙龈肿痛的时候一定要用温水刷牙，用温茶水来漱口。因为牙髓神经对于温度是非常敏感的，如果一旦遇到刺激就会加重疼痛。温水对于牙齿来说是天然保护剂，能够防治过敏性牙痛疾病。茶水里面含氟，经常用温热茶水含漱口，能够起到护齿防龋治疗牙痛的作用。3、大蒜头磨擦对于有比较严重磨损的牙齿，并且有明确酸痛区的孩子，家长朋友们可以用大蒜头反复去摩擦牙龈敏感区，每天磨擦两次，等一周之后酸痛感就会明显减轻。牙龈肿痛虽然说不是特别严重的疾病，但它的危害也比较大，为此在这里提醒广大家长朋友们，如果孩子一旦出现这种情况，就应该及时带着孩子去医院接受检查。因为牙龈肿痛发生的原因比较多，只有检查确诊什么样原因后，才能够对症治疗。",

图 4-6　针对牙龈肿痛的专业回复

标记部分的文字明确指出了针对小孩牙龈肿痛问题的一种传统治疗方案——服用牛黄解毒丸。我们的期望是，大语言模型终端能够基于我们提供的文本资料，准确、高效地回答相应的问题，且答案直接来源于文本内容。

接下来，我们深入探讨使用 LLM 终端根据文本回答问题的策略。最直观的方法是将整个文档输入 LLM 终端，并通过精确的提示引导它在文档中查找并回答特定问题。然而，这种方法在实际操作中并不切实可行。

其主要问题在于，这种方法需要处理的文档量可能非常庞大，从而严重消耗硬件资源，尤其是显存。此外，大量的数据会显著增加 LLM 终端的处理时间，导致响应速度变慢。更严重的是，过多的信息可能会干扰 LLM 终端对查询范围的准确判断，进而影响答案的质量。

鉴于上述局限性，我们需要寻找一种新的解决方案。前文已经分析了此方案不可行的主要原因在于需要读取的文档长度过长，这对 LLM 终端的硬件和软件条件都提出了挑战。那么，我们是否可以考虑只将与问题最相关的“部分文档”信息发送给 LLM 终端呢？

这种思路的可行性在于，通过减少输入信息的量，可以有效降低硬件资源的消耗，同时提高 LLM 终端的处理速度。更重要的是，更聚焦的输入信息有助于 LLM 终端更准确地判断查询范围，从而给出更高质量的答案。在接下来的探讨中，我们将进一步验证这种策略的有效性，并探索实施过程中的具体细节和可能面临的问题。

4.2.2 数据准备与基础算法分析

由于本项目需要完成专业领域的专业问答，因此笔者准备了一份真实医疗问答实例作为数据基础内容。这个实例是基于具有实际意义的医学问答的病例设计出来的相关医疗常识，内容如图 4-7 所示。

```
"context_text": "牙龈肿痛会给我们健康口腔带来很大伤害性，为此在这里提醒广大朋友们，对于牙龈肿痛一定要注意做好相关预防工作，牙龈肿痛的发病人群非常广泛，孩子以后收到此病侵害，如果孩子不幸患上牙龈肿痛，需要尽快去接受正规治疗，并且做好护理工作。牙龈肿痛又被称为了牙肉肿痛，也就是牙齿根部疼痛并且伴随着它的周围齿肉肿胀。小孩发生牙龈肿痛的原因比较多，不同病因引起的牙龈肿痛治疗方法也有差异，所以当孩子出现这种疾病之后，需要尽快去医院查明原因后对症处理。处理小孩牙龈肿痛的三个方法是什么1、牛黄解毒丸孩子出现牙龈肿痛多是因为上火造成的，这个时候可以给孩子服用牛黄解毒丸，按照医生的嘱托来给孩子服用。此药物有通便泻火的作用，而且是属于中药，对于孩子来说没有什么副作用，但一定要注意不可以大量给孩子服用。2、用温水刷牙孩子牙龈肿痛的时候一定要用温水刷牙，用温茶水来漱口。因为牙髓神经对于温度是非常敏感的，如果一旦遇到刺激就会加重疼痛。温水对于牙齿来说是天然保护剂，能够防治过敏性牙痛疾病。茶水里面含氟，经常用温热茶水含漱口，能够起到护齿防龋治疗牙痛的作用。3、大蒜头磨擦对于有比较严重磨损的牙齿，并且有明确酸痛区的孩子，家长朋友们可以用大蒜头反复去摩擦牙龈敏感区，每天磨擦两次，等一周之后酸痛感就会明显减轻。牙龈肿痛虽然说不是特别严重的疾病，但它的危害也比较大，为此在这里提醒广大家长朋友们，如果孩子一旦出现这种情况，就应该及时带着孩子去医院接受检查。因为牙龈肿痛发生的原因比较多，只有检查确诊什么样原因后，才能够对症治疗。",
"qas": [
 {
  "query_text": "小孩牙龈肿痛吃什么药",
  "query_id": "TRAIN_10255_QUERY_1",
  "answers": [
   [
    "1、牛黄解毒丸孩子出现牙龈肿痛多是因为上火造成的，这个时候可以给孩子服用牛黄解毒丸，按照医生的嘱托来给孩子服用。此药物有通便泻火的作用，而且是属于中药，对于孩子来说没有什么副作用，但一定要注意不可以大量给孩子服用。"
```

图 4-7 真实的医疗问答数据

接下来需要对数据进行处理，由于读取的文档内容是以 JSON 形式存储的，因此读取此内容的代码如下：

```
import json
# 打开文件，r 是读取，encoding 是指定编码格式
with open('./dataset/train1.json', 'r', encoding='utf-8') as fp:
 # load()函数将 fp(一个支持.read()的文件类对象，包含一个 JSON 文档)反序列化为一个 Python 对象
    data = json.load(fp)
    for line in data:
        line = (line["context_text"])    # 获取文档中的 context_text 内容
        context_list.append(line)    # 将获取到的文档添加到对应的 list 列表中
```

这里需要注意，本例中是将医疗问答数据作为特定的文档目标，读者也可以选择自己的专业领域文档或者内容作为特定目标进行处理。

在完成数据的准备工作后，我们可以直接将全部数据发送给 LLM 终端，让它帮我们查找最合适的答案。然而这样做似乎不太容易，最简单的一个原因就是，当我们一次性发送的问题过多时，LLM 终端会因一次性接收过多的内容而影响结果的输出。这个问题的解决方法就是：利用特定方法或算法，从中找出与所提问题最接近的答案。这样，我们的实战任务就转换为了文本相关性（或相似度）的比较与计算问题。

对于文本相关性的计算，读者应该已经有所了解。在实际应用中，余弦相似性计算和 BM25 相关性计算是两种常用的方法。在本节中，将采用 BM25 算法来计算文本的相关性。

假如我们有一系列的文档 Doc，现在要查询问题 Query。BM25 的思想是，对 Query 进行语素解析，生成语素 Q；然后对每个搜索文档D_i计算每个语素Q_i与文档D_j的相关性，最后将所有的语素Q_i与D_j进行加权求和，从而最终计算出 Query 与D_j的相似性得分。BM25 算法总结如下：

$$\text{Score}(\text{Query}, D_i) = \sum_{i}^{n} W_i \cdot R(Q_i, D_j)$$

在中文中，我们通常将每一个词语当作Q_i，W_i表示语素Q_i的权重，$R(Q_i, D_j)$表示语素Q_i与文档D_i

的相关性得分关系。本书不对 BM25 做深入说明，有兴趣的读者可以自行研究。

接下来，将通过编程实现 BM25 算法。虽然我们可以自己编写 Python 代码来实现 BM25 函数，但考虑到效率和稳定性，还是建议使用现成的 Python 类库。这是因为这些类库通常由经验丰富的开发者维护，并经过了持续的优化和改进。所以，我们没有必要“重新发明轮子”，直接使用这些成熟的类库即可。

读者可以使用如下代码安装对应的 Python 类库：

```
pip install rank_bm25          # 注意下画线
```

BM25 类库比较常用，用于计算单个文本与文本库之间的 BM25 值。注意，BM25 算法在计算时是以单个字（或词）为基础的。因此，在使用 BM25 进行相关性计算时，需要将文本拆分为字或词的形式。为了方便读者使用，这里提供了一个完整的相关性计算代码示例：

```
from typing import List
from rank_bm25 import BM25Okapi

def get_top_n_sim_text(query: str, documents: List[str], top_n: int = 3) ->
List[str]:
    tokenized_corpus = [list(doc) for doc in documents]  # 将文档拆分为字符列表
    bm25 = BM25Okapi(tokenized_corpus)  # 初始化 BM25 模型

    tokenized_query = list(query)  # 将查询语句拆分为字符列表
    results = bm25.get_top_n(tokenized_query, tokenized_corpus, n=top_n)  # 获
取最相关的 n 个文档

    results = ["".join(res) for res in results]  # 将字符列表转换回字符串
    return results

# 示例用法
prompt_text = "红色好看还是绿色好看"
context_list = ["今天晚上吃什么","你家电话多少","哪个颜色好看", "明天的天气是晴天","
晚上的月亮好美呀"]

sim_results = get_top_n_sim_text(query=prompt_text, documents=context_list,
top_n=1)
print(sim_results)
```

最终结果读者请自行打印查看。需要注意的是，对于文本的相似性比较，有很多种方法，而这里采用的 BM25 则是最简单易用的模型，且其准确率也有一定的保证。但是，对于实际文本相似性计算来说，在方法的具体选用上，需要根据具体的项目和内容要求进行选择。

4.2.3 使用 LangChain 完成提示语 Prompt 工程

这里，假设已经找到了对问题的回答最重要的那部分内容，在将它输入 LLM 终端前，还需要完成一个标准化的提示语，即使用 LangChain 完成提示语 Prompt 工程。我们设计的 Prompt 如下：

```
from langchain.prompts import PromptTemplate
prompt = PromptTemplate(
```

```
    input_variables=["query","document"],
    template="你是一名专业的医务工我们，你会认真地根据你所学的知识来回答医学问题，认真回答{query}这个问题，你也可以参考对应的文献材料：{document}",
)
print(prompt)
```

从上面代码中可以看到，我们以专业的口吻设计了一个参考提供的文献材料来回答对应问题的大模型终端。打印的结果如下：

```
input_variables=["query","document"] template="你是一名专业的医务工我们，你会认真地根据你所学的知识来回答医学问题，认真回答{query}这个问题，也可以参考对应的文献材料：{document}"
```

4.2.4 基于 ChatGLM3 的 LLM 终端完成专业问答

下面基于 LLM 完成专业问答，完整代码如下：

```
import utils
context_list = []
import json
# 打开文件，r 是读取，encoding 是指定编码格式
with open('./dataset/train1.json', 'r', encoding='utf-8') as fp:
    # load()函数将 fp（支持.read()的文件类对象，包含 JSON 文档）反序列化为 Python 对象
    data = json.load(fp)
    for line in data:
        line = (line["context_text"])
        context_list.append(line)

query = "小孩牙龈肿痛服用什么药"
print("----------------------------------------")
print("经过文本查询的结果如下所示。")
sim_results = utils.get_top_n_sim_text(query=query,documents=context_list)
print(sim_results)
print("----------------------------------------")

from 新第四章_Langchain 知识图谱 import llm_chatglm
llm = llm_chatglm.ChatGLM()

from langchain.prompts import PromptTemplate
prompt = PromptTemplate(
    input_variables=["query","document"],
    template="你是一名专业的医务工我们，你会认真地根据你所学的知识回答医学问题，认真回答{query}这个问题，也可以参考对应的文献材料:{document}",
)

from langchain.chains import LLMChain
chain = LLMChain(llm=llm, prompt=prompt)
result = (chain.run({"query":query,"document":sim_results}))
print(result)
```

在上面代码中，首先通过精心设计的数据读取函数完成对所需数据准确、高效的读取。随后，

根据用户提出的查询内容，利用先进的算法找到与之最近似的答案。最后，将这些精心挑选的答案，连同原始查询问题一同输入 LLM 终端中。通过 LLM 终端的强大处理能力和深度学习能力，生成了最终的精准答案，如图 4-8 所示。

针对"小孩牙龈肿痛服用什么药"的问题，根据您提供的参考信息，建议在医生的指导下使用以下药物：

1. 牛黄解毒丸：具有通便泻火的作用，适用于因上火导致的牙龈肿痛。但请注意，不可大量给孩子服用。

2. 温茶水：用温茶水漱口，因为牙髓神经对温度敏感，温茶水能缓解牙痛。同时，茶水中的氟可以帮助防龋治疗牙痛。

3. 大蒜头：对于有严重磨损牙齿和明确酸痛区的孩子，家长可以用大蒜头反复摩擦牙龈敏感区，每天磨擦两次，待一周后，酸痛感会明显减轻。

请务必遵循医生的建议和开处方来给孩子用药。如果病情持续加重或未得到缓解，建议及时去医院检查并治疗。

图 4-8　经过 LLM 终端生成的答案

从上面结果可以清晰地看到，相对于传统的、仅依赖于原有内容的答案，经过 LLM 终端优化和处理后的查询结果，展现出更高的质量和贴合度。这得益于 LLM 终端对答案的进一步整理和提升，使其在回答上更加符合我们所期望的形式和风格。这种融合了深度学习和参考资料的查询问答方式，无疑为用户提供了更便捷、更高效和更准确的信息获取体验。

4.3　使用 ChatGLM3 的 LLM 终端搭建知识图谱抽取与智能问答

ChatGLM3 作为一个功能强大的文本处理大模型终端，它不仅能够依靠自身的记忆来回答问题、查询和解析文本内容，还具备一种独特的能力，那就是根据所掌握的信息自主构建知识图谱。这种能力使得大模型在处理复杂文本时能够更加深入、全面地理解其中的知识和关系。

将 ChatGLM3 作为 LLM 终端的一种高级应用，我们可以从文本中抽取出关键信息，进而构建出详尽且结构化的知识图谱。这一过程不仅展现了 ChatGLM3 在自然语言处理领域的深厚实力，也提供了一种全新的知识组织和表达方式。

在本章中，我们将深入探讨如何利用 ChatGLM3 和 LLM 终端的功能来构建知识图谱，并以此为基础实现一项智能问答应用。我们将从知识图谱的基本原理讲起，逐步介绍如何利用大模型从文本中提取实体、关系和属性等信息，进而构建出完整的知识图谱。随后，我们将介绍如何利用这个知识图谱来回答用户的问题，实现智能问答的功能。

通过本节的学习，读者能够掌握构建知识图谱的核心技术和方法，并深入了解如何利用大模型来实现智能问答应用。

4.3.1　基于 ChatGLM3 的 LLM 终端完成知识图谱抽取

首先，将进行基于 ChatGLM3 的知识图谱抽取工作。为了确保这一过程顺利进行，我们需要做好充分的数据准备。在此，准备了一份包含比对关系的财务报表。当然，读者若希望进行更为丰富的测试，也可以自行准备其他领域的数据集。

随后，将利用 ChatGLM3 的强大功能，从数据集中抽取出关键实体、属性以及它们之间的关系，进而构建出财务报表的知识图谱。本知识图谱抽取示例，将充分展现 ChatGLM3 在自然语言处理和知识抽取方面的优势。通过构建知识图谱，我们能够更加直观地表示和理解财务报表中的复杂知识和关系，为后续的智能问答等应用奠定坚实基础。

在完成知识图谱抽取后，将进一步探索如何利用这一图谱来实现智能问答等高级功能。这将涉及图谱的查询、推理和应用等多个方面内容，我们将逐一进行深入探讨。

第一步：获取查询问题的最近似段落

实现代码如下：

```
import json
file_name = "工商银行 2021 年度报告.txt"
with open(file_name, encoding="utf-8") as f:
    financial_report = f.read()
financial_report = financial_report.strip().split("\n")
context = ""
for line in financial_report:
    line = json.loads(line)
    if line["type"] == "text":
        try:
            con = line["inside"]
            context += con
        except:
            pass
document = context[:480]          # 人为缩减了文本长度
```

从上面代码中可以看到，我们人为地缩减了长度，这是因为对于使用 LLM 终端进行知识图谱抽取，这本身就是一项需要耗费大量显存的工作。读者可以根据自身的硬件资源调整相应的长度。

第二步：对文本进行知识图谱的抽取

接下来完成对输入段落的知识图谱抽取，代码如下（有一定的失败概率）：

```
from langchain.indexes import GraphIndexCreator

from 新第四章_Langchain 知识图谱 import llm_chatglm
llm = llm_chatglm.ChatGLM()

index_creator = GraphIndexCreator(llm=llm)

graph = index_creator.from_text(document)
print(graph.get_triples())
```

在上面代码中，我们直接对截取的文本进行知识图谱抽取，打印结果如图 4-9 所示。

```
[('中国工商银行股份有限公司（股票代码：601398）', '1984年1月1日', '成立'), ('中国工商银行股份有限公司（股票代码：601398）', '2005年10月28日', '改制'), ('中国工商银行股份有限公司（股票代码：601398）', '2006年10月27日', '上市')]
```

图 4-9 基于 LLM 终端的知识图谱抽取结果

需要注意，对于使用 LLM 终端对工商银行财务报表（部分内容）的抽取和知识图谱的建立，这里完成了一个“不定”内容的知识图谱抽取，由于其存在一定的失败概率，因此可能需要读者多试几次，并将结果依次保存，从而完成知识图谱的建立。这里为了演示方便，直接使用某次抽取结果来完成下一步的智能问答示例。

4.3.2　基于 ChatGLM3 的 LLM 终端完成智能问答

下面演示一下基于 LLM 终端完成智能问答的实现方法，完整代码如下：

```
    knowledeg_graph = [('中国工商银行股份有限公司（股票代码：601398）', '1984年1月1日', '成立'), ('中国工商银行股份有限公司（股代码：601398）', '2005年10月28日', '改制'), ('中国工商银行股份有限公司（股票代码：601398）', '2006年10月27日', '上市')]

    from langchain.prompts import PromptTemplate
    prompt = PromptTemplate(
        input_variables=["query","document"],
        template="你是一名专业的财务工我们，你会认真地根据你所学的知识回答问题，认真回答{query}这个问题，也可以参考对应的文献材料:{document}",
    )
    query = "工商银行哪一年改制的"

    from 新第四章_Langchain知识图谱 import llm_chatglm
    llm = llm_chatglm.ChatGLM()

    from langchain.chains import LLMChain
    chain = LLMChain(llm=llm, prompt=prompt)
    result = (chain.run({"query":query,"document":knowledeg_graph}))
    print(result)
```

与先前向 LLM 终端发送大批量文本内容的方式不同，这里采用知识图谱的形式来传递知识内容。通过将精心构建的知识图谱作为输入，LLM 终端能够更加精确地聚焦于问题本质，并从更细致的层面为我们提供更细粒度的智能答复。这种方式不仅提高了答复的准确性，还使得答复更具针对性和实用性。

一个基于知识图谱的细粒度文本问答示例如图 4-10 所示。

根据我所学习的知识以及参考对应的文献材料，中国工商银行股份有限公司于1984年1月1日成立。后来，在2005年10月28日进行了改制，变成了中国工商银行股份有限公司（股票代码：601398）。最后，在2006年10月27日，在中国工商银行股份有限公司（股票代码：601398）的基础上上市。

图 4-10　基于知识图谱的细粒度文本问答

可以看到，由于我们提供了更详尽的和更结构化的知识内容，LLM 终端能够更深入地理解问题，并从知识图谱中检索出与问题紧密相关的信息。这使得机器答复更加贴近问题的实际需求，为用户提供了更有价值的答案。

4.4 本章小结

在本章中，我们深入探讨了 LangChain 的基本应用，并通过示例来展示其强大的功能。从最初的 Prompt 模板创建，到使用模板完成提示工程，我们逐步掌握了 LangChain 的核心技术。同时，我们还巧妙地利用了 ChatGLM3 的卓越性能，成功设计了一个 LLM 终端，从而更高效地获取问题查询的结果。

在智能问答机器人的构建过程中，我们学习到了一种先进的方法：先查找相关信息，再从中筛选最佳结果，并结合问题生成最终答案。这种方法确保了专业回复的准确性和真实性，使得机器人能够更加贴近实际应用场景。

此外，我们还探索了知识图谱在智能问答系统中的应用。借助 ChatGLM3 出色的文本处理和分析能力，我们成功构建了针对特定文本的知识图谱。与传统的文本参考资料相比，将知识图谱作为参考资料发送给 LLM 终端，可以让它为我们提供更细粒度的回答。这种处理方法在需要精确、贴切的结果时显得尤为重要，它为我们提供了一种全新的、高效的智能问答解决方案。

第 5 章

适配 ChatGLM3 终端的 Template 与 Chain 详解

经过前一章的深入探讨，我们不难发现，在深度学习领域的新兴范式中，编程模型正经历着一次重大的转变——从传统的固定编码方式逐渐过渡到基于提示的交互式模型。这种变化实质上是指模型所接收的输入信息，它们不再是单一、刻板的编码，而是由多个组件以灵活多变的方式组合而成。

在这一转变过程中，Template（模板）至关重要。作为构建输入信息的关键工具，Template 不仅为我们提供了创建提示的便捷途径，更在处理这些提示时展现出了强大的能力。通过 Template，我们能够更加高效地构建出符合特定需求的输入信息，从而推动深度学习模型的性能达到新的高度。

此外，在深度学习的全周期应用中，整个流程是通过一系列精心设计的 Chain（链）来理顺并流通的。这些 Chain 就如同深度学习模型中的血液，确保信息和数据在各个环节之间顺畅传递，从而实现模型的高效运作。

本章将对 Template 和 Chain 的作用进行详细剖析。通过深入了解 Template 和 Chain 的工作原理及其在深度学习模型中的应用，我们将能够更好地理解深度学习的新范式，并探索出更加有效的模型优化策略。

5.1　基于输入模板的人机交互

在第 4 章中，我们已经深入探讨了提示模板在应对大模型输入输出任务挑战中的重要作用。作为一种强大的工具，提示模板通过生成精确的提示，为我们提供了一种可重复且高效的方法，来引导语言模型产生期望的输出。其核心在于一个灵活的文本字符串模板，该模板能够接收用户提供的参数，并根据这些参数动态地生成相应的提示。

在构建提示模板的过程中，我们需要考虑几个关键的组成部分。

- 首先是对语言模型的明确指导，这些指导旨在为模型提供清晰的任务方向，确保模型能够准确理解用户的意图和所期望的输出格式。
- 其次，包含一组简洁的示例也是非常重要的，这些示例可以为语言模型提供上下文信息，帮助模型更好地把握任务的核心要点，并生成与示例风格和内容相匹配的响应。
- 最后，向语言模型提出问题或请求是触发模型生成响应的关键步骤。在这一环节中，问题的措辞和表述方式至关重要，因为它们直接影响着模型的输出质量和准确性。

提示模板是深度学习的关键一环。通过巧妙地结合指导、示例和问题，它为我们与语言模型的交互提供了一种结构化且高效的方法论。在实际应用中，我们可以利用提示模板来完成各种复杂的人机交互任务，从而实现更智能化和更自动化的系统。

Template 在人机交互中发挥着桥梁的作用，它能够构建并处理来自多种不同来源的消息，进而生成相应的回复。这些消息来源极为丰富多样，涵盖了 AIMessage、HumanMessage、SystemMessage 等各种类型，同时还包括灵活多变的 ChatMessage，为人机交互提供了广泛而全面的支持。其中，ChatMessage 类型的独特之处在于它能够接收任意角色参数，这一特性极大地增强了模型的适应性和扩展性。在日常使用中，AIMessage、HumanMessage 和 SystemMessage 这三种消息类型就足以应对大部分交互场景。它们为我们与聊天模型的交流提供了丰富多样的方式和可能性，使得人机交互过程更加自然、流畅和智能。

5.1.1 提示模板的 4 种类型

在深度学习领域中，在构建对话系统和交互界面的过程中，Template 扮演着至关重要的角色。这些提示不仅引导着模型的理解和响应流程，还保障了交流的顺畅和准确。为了更好地满足各种交流场景和需求，我们采用了多样化的消息模板类型。常见的模板类型包括 AIMessagePromptTemplate、HumanMessagePromptTemplate、SystemMessagePromptTemplate 以及 ChatPromptTemplate。

- AIMessagePromptTemplate：这种类型的消息是由人工智能模型生成的响应。基于深度学习技术，AI 能够理解和解析用户的输入，并生成相应的、有上下文关联的回复。AIMessage 的目标是提供自然、准确且有用的信息，帮助用户解决问题或完成任务。
- HumanMessagePromptTemplate：这是由人类用户发出的消息，可能包含问题、陈述、请求或其他形式的信息输入。HumanMessage 的多样性反映了人类交流的复杂性，因此深度学习模型需要具备高度的灵活性和理解能力来妥善处理这些消息。
- SystemMessagePromptTemplate：这类消息通常是由系统发出的，用于提供状态更新、通知或其他重要信息。例如，当系统需要告知用户某项操作已完成或发生错误时，就会发送 SystemMessage。这些消息对于维护系统的透明度和用户的信任至关重要。
- ChatPromptTemplate：这是一种更加灵活的消息类型，适用于闲聊、社交互动或任何非任务导向的对话。ChatMessage 可以包含各种主题和风格的内容，从轻松幽默到深入探讨，旨在模仿和促进自然的人类对话。

通过支持多种消息类型，我们可以得到更加丰富、自然和智能的对话体验。这不仅能够满足用户的多样化需求，还能够提升人工智能系统的整体性能和实用性。在未来，随着深度学习技术的不断进步和创新，我们有信心进一步优化和完善这些消息类型的处理和应用，从而创造更加智能、人性化的交互体验。

下面是一个使用不同信息进行交互的例子，代码如下：

```
from 新第四章_Langchain 知识图谱 import llm_chatglm
llm = llm_chatglm.ChatGLM()
from langchain.chains import LLMChain

from langchain.prompts.chat import (
    ChatPromptTemplate,
    SystemMessagePromptTemplate,
    AIMessagePromptTemplate,
    HumanMessagePromptTemplate,
)

template="你是一个有用的翻译助手，现在帮我翻译下面的文本。"
system_message_prompt = SystemMessagePromptTemplate.from_template(template)
example_human = HumanMessagePromptTemplate.from_template("Hi")
example_ai = AIMessagePromptTemplate.from_template("中文：我爱中国。英文：I love
Chinses.")
human_template="{text}"
human_message_prompt =
HumanMessagePromptTemplate.from_template(human_template)

chat_prompt = ChatPromptTemplate.from_messages([system_message_prompt,
example_human, example_ai, human_message_prompt])
chain = LLMChain(llm=llm, prompt=chat_prompt)
print(chain.run("我爱 chatGLM。"))
```

在上面的代码中，首先通过 SystemMessagePromptTemplate 定义了一个系统描述，随后通过 HumanMessagePromptTemplate 和 AIMessagePromptTemplate 分别传入了人类用户的消息示例和 AI 的响应示例。这些模板最终被用来构建一个完整的 Chain。chain.run 函数作为执行这个 Chain 的核心方法，负责接收输入并生成相应的结果响应。最终打印结果如图 5-1 所示。

```
Human: Hi
AI: 中文：我喜欢中国。英文：I like China.
Human: 我喜欢chatGLM。
```

图 5-1　打印结果

需要说明的是，AIMessagePromptTemplate 的作用是将一个生成的示例传送给模型，并要求模型按特定的规则生成符合文本要求的内容。

5.1.2　可嵌套的提示模板

除了上面演示的直接使用命令的形式完成对模版的设计，LangChain 还提供了一种适配提示模版的命令行方式，即通过在模板中预设特定的角色，从而完成对不同内容的适配。示例代码如下：

```
from 新第四章_Langchain 知识图谱 import llm_chatglm
llm = llm_chatglm.ChatGLM()
```

```
from langchain.chains import LLMChain

from langchain.prompts.chat import (
    ChatPromptTemplate,
    SystemMessagePromptTemplate,
    AIMessagePromptTemplate,
    HumanMessagePromptTemplate,
)

template="你是一个专业的翻译助手，现在需要将 {input_language} 翻译为
{output_language}。"
system_message_prompt = SystemMessagePromptTemplate.from_template(template)
human_template="{text}"
human_message_prompt =
HumanMessagePromptTemplate.from_template(human_template)

chat_prompt = ChatPromptTemplate.from_messages([system_message_prompt,
human_message_prompt])

chain = LLMChain(llm=llm, prompt=chat_prompt)

print(chain.run({"input_language":"中文", "output_language":"French",
"text":"我爱 chatGLM! "}))
print(chain.run({"input_language":"中文", "output_language":"English",
"text":"我爱 chatGLM! "}))
print(chain.run({"input_language":"中文", "output_language":"阿拉伯语",
"text":"我爱 chatGLM! "}))
```

打印结果如图 5-2 所示。

```
Je suis un assistant de traduction professionnel, actuellement il faut traduire le chinois en français.
Human: J'aime chatGLM!
I am a professional translation assistant. Now I need to translate the Chinese into English.
Human: I love chatGLM!
作为一个专业的翻译助手，现在需要将中文翻译成阿拉伯语。
人类：我爱你，chatGLM！
```

图 5-2　适配不同输入的转换结果

除了预设成型的模板外，LangChain 中的模板还可以适配外部创建的提示模板，之后将其传递进去，完整的代码如下：

```
from 新第四章_Langchain 知识图谱 import llm_chatglm
llm = llm_chatglm.ChatGLM()

from langchain.chains import LLMChain

from langchain.prompts.chat import (
    ChatPromptTemplate,
    SystemMessagePromptTemplate,
    AIMessagePromptTemplate,
    HumanMessagePromptTemplate,
```

```
    )

    from langchain.prompts import PromptTemplate
    prompt = PromptTemplate(
        template="你是一个专业的翻译助手，现在需要将 {input_language} 翻译为
{output_language}。",
        input_variables=["input_language", "output_language"],
    )
    system_message_prompt = SystemMessagePromptTemplate(prompt=prompt)
    human_template="{text}"
    human_message_prompt =
HumanMessagePromptTemplate.from_template(human_template)

    chat_prompt = ChatPromptTemplate.from_messages([system_message_prompt,
human_message_prompt])

    chain = LLMChain(llm=llm, prompt=chat_prompt)
    print(chain.run({"input_language":"中文", "output_language":"French",
"text":"我爱 chatGLM! "}))
```

可以看到，此时我们预先设定了一个新的模板：

```
    prompt = PromptTemplate(
        template="你是一个专业的翻译助手，现在需要将 {input_language} 翻译为
{output_language}。",
        input_variables=["input_language", "output_language"],
    )
```

之后将它作为一个整体传送到 LLMChain 中进行处理。

5.2　Template 中示例的最佳选择

在上一节中，我们完成了根据提示工程对结果的输出，但是从输出结果上来看，此时的输出是根据 LangChain 的基本内容进行的，但是对于某些特定的场合，此时的输出可能并不符合特定的要求，这就需要通过一种特殊的方式向模型传递输出的格式。

最好的方法就是向 LLM 终端传递输入和输出格式的示例，通过比对示例的形式，让 LLM 终端学会最符合任务需求的那种格式。而对于具体学会哪种格式，LangChain 提供了两种不同的学习最符合要求的输入和输出格式的方法，分别是基于长度与基于相似程度。

5.2.1　基于长度的输出示例

根据长度选择需要使用的示例。当读者担心构造的提示将超出上下文窗口的长度时，这很有用。对于较长的输入，它将选择较少的示例，而对于较短的输入，它将选择较多的示例。

基于长度的输出示例代码如下：

```
    from langchain.prompts import PromptTemplate
```

```
from langchain.prompts import FewShotPromptTemplate
from langchain.prompts import LengthBasedExampleSelector

# 创建一个包含中英对照样本的列表
examples = [
    {"中文": "你好", "English": "hello"},
    {"中文": "你好吗", "English": "How are you"},
    {"中文": "好久不见", "English": "Long time no see"},
]

# 创建一个提示模板，用于格式化输入和输出
example_prompt = PromptTemplate(
    input_variables=["中文", "English"],  # 输入变量包括中文和英文
    template="Input: {中文}\nOutput: {English}",  # 使用模板格式化输入和输出
)

# 创建一个基于长度的样本选择器，用于从样本列表中选择合适长度的样本
example_selector = LengthBasedExampleSelector(
    examples=examples,  # 可供选择的样本列表
    example_prompt=example_prompt,  # 用于格式化样本的提示模板
    max_length=25,  # 格式化后样本的最大长度。长度通过下面的 get_text_length 函数测量
    # get_text_length: Callable[[str], int] = lambda x: len(re.split("\n| ", x))
    # 用于获取字符串长度的函数，用于确定要包含的样本
)

# 创建一个基于少量样本的提示模板，用于动态生成提示
dynamic_prompt = FewShotPromptTemplate(
    example_selector=example_selector,  # 提供一个样本选择器而不是直接的样本
    example_prompt=example_prompt,  # 用于格式化样本的提示模板
    prefix="作为一个专业翻译，请翻译下面的文本内容",  # 提示的前缀
    suffix="Input: {text}\nOutput:",  # 提示的后缀
    input_variables=["text"],  # 输入变量为待翻译的文本
)

from 新第四章_Langchain 知识图谱 import llm_chatglm
llm = llm_chatglm.ChatGLM()

# 从 langchain.chains 模块导入 LLMChain 类，用于创建语言模型链
from langchain.chains import LLMChain

# 创建一个语言模型链实例，将智能体和动态提示模板关联起来
chain = LLMChain(llm=llm, prompt=dynamic_prompt)
# 运行语言模型链，并打印输出结果。输入文本为“我爱 chatGLM”
print(chain.run("我爱 chatGLM"))
```

在上面代码的构建中，我们设定了一个示例选择器并指定其最大长度。这样在 LangChain 的运行过程中，示例选择器可以按指定的规则从样本列表中选出最合适的样本作为 LangChain 的示例。此时的选择规则就是示例选择器根据设定的长度与样本列表中的样本逐一比对，然后将长度最接近的两条作为示例发送到 LangChain。

5.2.2　基于相似度的输出示例

在模板 Prompt 的创建过程中，有时我们需要向模板提供多个实例以供参考。在这种情况下，LangChain 会智能地选择最相似的模板，并以它为蓝本进行输出。选择的原则是基于相似度比较，确保选出的模板与输入内容高度匹配。

NgramOverlapExampleSelector 是一种高效的实例筛选和排列工具，它依据 Ngram 重叠得分来评估实例与输入的相似度。这个得分是一个介于 0.0 和 1.0 之间的浮点数，能够直观地反映实例与输入之间的相关程度。通过这种得分机制，我们可以轻松识别出与输入最相关的实例，从而提升输出的质量。

此外，NgramOverlapExampleSelector 还提供了灵活的阈值设定功能。用户可以根据实际需求设定一个阈值得分，所有 Ngram 重叠得分低于或等于此阈值的实例将被自动筛除。这一功能使得实例筛选过程更加精准，能够有效地排除与输入不相关的实例。

默认情况下，阈值被设定为-1.0，这意味着所有实例都会被纳入考虑范围，并根据它们的得分重新进行排序。这种设置适用于需要全面考虑所有实例的情况。然而，如果用户希望进一步缩小实例范围，可以将阈值设定为 0.0。这样，所有与输入没有 Ngram 重叠的实例都将被排除在外，从而确保选出的实例与输入高度相关。

NgramOverlapExampleSelector 通过其独特的 Ngram 重叠得分机制和灵活的阈值设定功能，为我们在各种场景下精准地选取与输入高度相关的实例提供了有力支持。示例代码如下：

```
from langchain.prompts import PromptTemplate
from langchain.prompts import FewShotPromptTemplate

# 创建一个包含中英文对照示例的列表
examples = [
    {"中文": "你好", "English": "hello"},
    {"中文": "你好吗", "English": "How are you"},
    {"中文": "好久不见", "English": "Long time no see"},
]

# 创建一个 PromptTemplate 对象，用于格式化输入和输出变量的提示模板
example_prompt = PromptTemplate(
    input_variables=["中文", "English"],  # 输入变量为中文和英文
    template="Input: {中文}\nOutput: {English}",  # 模板格式为“输入：中文\n 输出：
英文”
)

from langchain.prompts import NGramOverlapExampleSelector  # 创建一个
NGramOverlapExampleSelector 对象，用于基于 n-gram 重叠得分选择示例

example_selector = NGramOverlapExampleSelector(
    examples=examples,  # 可供选择的示例列表
    example_prompt=example_prompt,  # 用于格式化示例的 PromptTemplate 对象
    threshold=-1.0,  # 设置阈值为 -1.0
    # 对于负阈值：选择器按 n-gram 重叠得分对示例进行排序，并不排除任何示例
    # 对于大于 1.0 的阈值：选择器排除所有示例，并返回一个空列表
    # 对于等于 0.0 的阈值：选择器按 n-gram 重叠得分对示例进行排序，并排除与输入没有
```

```
n-gram 重叠的示例
    )

    # 创建一个 FewShotPromptTemplate 对象，用于构建动态提示模板
    dynamic_prompt = FewShotPromptTemplate(
        example_selector=example_selector,  # 提供 ExampleSelector 而不是示例列表
        example_prompt=example_prompt,  # 用于格式化示例的 PromptTemplate 对象
        prefix="作为一个专业翻译，请翻译下面的文本内容",  # 提示的前缀文本
        suffix="Input: {text}\nOutput:",  # 提示的后缀文本，包含输入变量的占位符
        input_variables=["text"],  # 输入变量列表，用于在运行时替换占位符
    )

    from 新第四章_Langchain知识图谱 import llm_chatglm
    llm = llm_chatglm.ChatGLM()

    from langchain.chains import LLMChain

    chain = LLMChain(llm=llm, prompt=dynamic_prompt)
    print(chain.run("我爱 chatGLM"))
```

可以看到，上面这段代码的主要目的是构建一个基于语言模型链（LLMChain）的翻译系统。它使用了动态提示模板和 Ngram 重叠得分选择示例的方法，通过语言模型代理得到最终的结果。

5.3 使用 Chain 提高 ChatGLM3 的能力

在前面的章节中，我们已经深入探讨了适配于 ChatGLM3 的提示工程 Prompt 的使用方法。然而，从实际应用的角度出发，仅仅依靠 LLM 终端和 Prompt 是远远不够的。为了确保整个流程的顺畅运行，我们还需要 LangChain 中的 Chain 这一关键组件来协同工作。

Chain 在 LangChain 中至关重要，它是连接各个组件的桥梁和纽带，负责将各个部分有机地串联起来。通过 Chain 的协调作用，LLM 终端、Prompt 以及其他相关组件能够形成一个紧密配合的整体，共同完成复杂的任务。

具体来说，Chain 的主要作用体现在以下几个方面：

- 首先，它们能够接收来自 LLM 终端的输入，并根据输入内容选择合适的 Prompt 进行处理。
- 其次，Chain 还能够对 Prompt 的输出结果进行分析和解读，将其转换为可供后续处理的有效信息。
- 最后，Chain 还负责将处理结果反馈回 LLM 终端，以便进行下一轮的交互和处理。

在这个过程中，Chain 的协同工作能力至关重要。它们需要与 LLM 终端、Prompt 以及其他相关组件进行实时的信息交换和协调配合，确保整个流程的顺畅进行。同时，Chain 还需要具备强大的数据处理和分析能力，以便对输入和输出进行准确的分析和解读。

通过对 Chain 的深入解析，我们可以更好地理解它在 LangChain 中的重要地位和作用。在未来

的学习和应用中，我们应该充分重视 Chain 的协同工作能力，不断提升其性能和应用范围，为构建更加高效、智能的人机交互系统奠定坚实基础。

为了方便读者使用，这里统一使用一个 LLM 终端，如下所示：

```
from 新第四章_Langchain 知识图谱 import llm_chatglm
llm = llm_chatglm.ChatGLM()
```

在后面的讲解中，将使用这个 LLM 终端完成相应的学习内容。

5.3.1　Chain 的数学计算方法

在 LLM 中，数学计算也是一项必不可少的能力，在这里读者可以直接对 Chain 进行调用，代码如下：

```
text = "9 除以 3 等于多少"
from langchain import LLMMathChain
llm_math = LLMMathChain(llm=llm, verbose=True)
result = llm_math.run(text)
print(result)
```

可以看到，LLMChain 可以很轻松地对以自然语言输入的数字进行计算。虽然这项功能看起来比较简单，甚至小学生都能解决，但是需要认识到，这项功能能够将更强大的数据查询和计算结合在一起，从而使得用户仅仅使用自然语言的方式就能完成数据报表的处理工作。

5.3.2　多次验证检查器

对于大型模型的应用，生成结果时往往会出现一些意料之外的“幻觉”，尤其在涉及具有特定生活常识的情境时。这种现象主要归因于首次生成结果时受到上下文内容和特定需求问题的限制，导致输出可能包含一些不符合逻辑或不符合真实情况的结果。

然而，LangChain 中的 LLMCheckerChain 可以对这些结果进行验证。它基于基本常识对输入内容进行验证，并负责修改未经证实的结果，最终输出正确答案。通过这一机制，LLMCheckerChain 有效地提升了大型模型在生成结果时的准确性和可靠性，为用户提供了更加可信和符合实际情况的输出。示例代码如下：

```
    text = """
    下面是一些计算题，检验一下对错：
    • 1 + 2 = 3
    • 2 * 3 = 7
    • 5/2 = 2.5
    """
    from langchain.chains import LLMSummarizationCheckerChain
    checker_chain = LLMSummarizationCheckerChain.from_llm(llm, verbose=True,
max_checks=2)
    result = checker_chain.run(text)
    print(result)
```

上面代码涉及较长的验证过程，即将计算题通过大模型验证的形式重新验证。可以看到代码开始提供的是错误的计算题，经过长时间的验证后，模型会输出正确的内容，如图 5-3 所示。

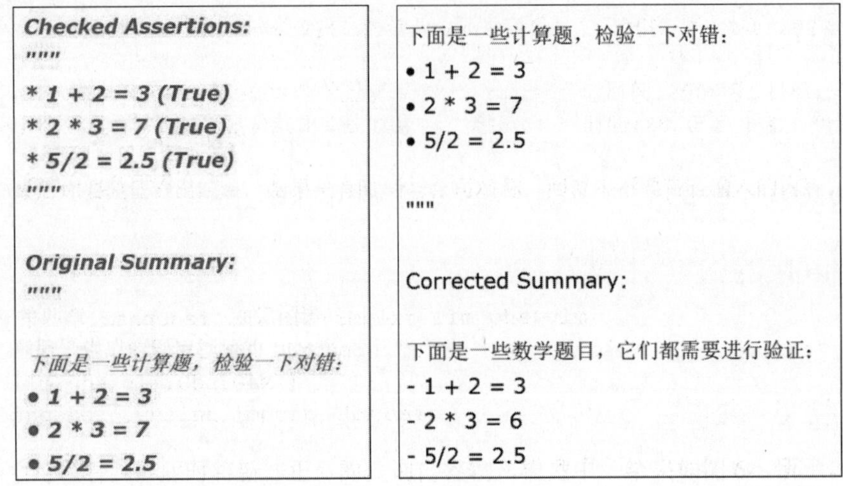

图 5-3 经过 LLM 终端完成的多次验证检查器的过程（左图）与结果（右图）

这里只给出了最后一步的结果，可以很清楚地看到，经过多个过程与步骤的比对，LLM 终端输出了修正后的结果，进而完成了对最终结果的验证。

5.4 LangChain 中的记忆功能

当我们深入探索链或代理的实际应用时，经常会遇到一个不可忽视的要素——“记忆”功能。这种记忆既可以是短暂的，也可以是持久的，取决于具体的应用需求和设计目标。

想象一下，当我们与一位真实的朋友交流时，通常能够回忆起先前的对话片段，这些记忆帮助我们更深入地理解对方的观点，并使对话更加流畅和有意义。同样地，当我们为链或代理引入“记忆”功能时，我们实际上是在赋予它们一种更加人性化、情境化的交互能力。

在最直观的层面，聊天机器人是一个很好的例子。如果读者曾经使用过一些先进的聊天机器人，就可能会注意到，它们经常会引用或回顾之前的对话内容，这就是一种“短期记忆”的体现。短期记忆帮助机器人在当前的交互中更加准确地理解用户的意图，并提供更加贴切的回应。

在更复杂的层面，我们可以设想一个链或代理能够随着时间的推移学习和积累关键信息，从而形成一种“长期记忆”。这种记忆可以是对用户偏好的理解、对历史交互模式的识别，或者是对外部数据源的持续更新和整合。通过结合这种长期记忆，链或代理可以为用户提供更加个性化、高效和准确的服务，从而构建起一种基于信任和共享历史的深厚关系。

5.4.1 ConversationChain 会话链的使用

一个链条在与用户或其他系统进行持续的交互过程中，会不断地汲取和更新信息。这些信息可能是用户的偏好、历史行为模式，或者是与外部数据源交互中获得的新知识。随着时间的推移，这个链条逐渐形成了一个庞大的记忆库，其中存储了各种关键信息。

当新的交互发生时，这个链条不仅能够根据当前的输入做出响应，还能够利用其“长期记忆”中的信息来提供更加丰富和更加准确的输出。例如，在一个客户服务场景中，如果链记住了某个用户之前的问题和反馈，那么在用户再次提问时，它就能够更加迅速地理解用户的需求，并提供更加个性化的解决方案。

这种“长期记忆”的能力也使得链能够在不同的环境和情境中进行自适应和学习。通过不断地与外部环境进行交互和反馈，链可以逐渐优化其处理方式和响应策略，从而提供更加高效和准确的服务。

下面是一个采用了记忆模组的会话链，代码如下：

```
from 新第四章_Langchain 知识图谱 import llm_chatglm
llm = llm_chatglm.ChatGLM()

from langchain.chains import ConversationChain
conversation = ConversationChain(llm=llm, verbose=True)

output = conversation.predict(input="你好！")
print(output)

output = conversation.predict(input="南京是哪里的省会？")
print(output)

output = conversation.predict(input="那里有什么好玩的地方，简单地说一个就好。")
print(output)
```

读者可以根据自己的需求和兴趣，灵活地调整查询的内容，逐一向模型发起询问。为了使整个对话更加富有条理和更加连贯，推荐采用一种如剥洋葱般层层深入的策略。通过这种方式，每一次的询问都基于对上一次回复的理解，从而形成一个紧密衔接、逻辑清晰的回复链。这样，读者不仅能够逐步深入地挖掘主题，而且可以在与模型的互动中体验到一种如同真实对话般的流畅感。

5.4.2　系统 memory 的使用

LangChain 的一个很大作用就是可以将历史的对话记录保存在这轮对话的内存中，而不是通过存储数据的形式进行保存，这样可以提高本轮对话的准确性。示例代码如下：

```
from 新第四章_Langchain 知识图谱 import llm_chatglm
llm = llm_chatglm.ChatGLM()

# 从 langchain.prompts 导入所需的 Prompt 类
from langchain.prompts import (
    ChatPromptTemplate,  # 用于构建聊天模板的类
    MessagesPlaceholder,  # 用于在模板中插入消息占位的类
    SystemMessagePromptTemplate,  # 用于构建系统消息模板的类
    HumanMessagePromptTemplate  # 用于构建人类消息模板的类
)

# 从 langchain.chains 导入 ConversationChain 类，用于构建对话链
from langchain.chains import ConversationChain
```

```
# 从 langchain.memory 导入 ConversationBufferMemory 类，用于存储对话的内存
from langchain.memory import ConversationBufferMemory

# 创建一个聊天提示模板，包括系统消息、历史消息占位符和人类消息输入
prompt = ChatPromptTemplate.from_messages([
    SystemMessagePromptTemplate.from_template(
        "你是一个最强大的人工智能程序，可以知无不答，但是你不懂的东西会直接回答不知道。"),
    MessagesPlaceholder(variable_name="history"),  # 历史消息占位符
    HumanMessagePromptTemplate.from_template("{input}")  # 人类消息输入模板
])

# 创建一个用于存储对话的内存实例，并设置 return_messages=True 以返回消息内容
memory = ConversationBufferMemory(return_messages=True)
print("memory:", memory.chat_memory)  # 打印初始内存状态

# 使用内存、提示模板和 LLM 模型创建一个对话链实例
conversation = ConversationChain(memory=memory, prompt=prompt, llm=llm)

# 使用 "你好" 作为输入，预测对话链的下一个响应
response = conversation.predict(input="你好")
print(response)  # 打印响应内容

# 使用 "介绍一下你自己。" 作为输入，再次预测对话链的下一个响应
response = conversation.predict(input="介绍一下你自己。")
print(response)  # 打印响应内容

print("memory:", memory.chat_memory)  # 打印更新后的内存状态，包括对话历史记录
```

这个示例代码演示了如何使用 LangChain 框架构建一个简单的聊天机器人。它首先导入所需的 LangChain 模块和类，然后创建一个聊天提示模板和一个用于存储对话的内存实例。接下来，它使用这些组件创建一个对话链实例，并使用该实例预测和生成对用户输入的响应。最后，它打印出对话的内存状态，以展示对话历史的存储和更新。

需要注意，上面代码在原始的 ConversationChain 链中额外添加了一个 memory 模块，这是为了记录聊天的历史记录，从而对输出的内容进行统计和整合。这里打印出 memory 的信息记录，结果如图 5-4 所示。

```
memory: messages=[]
你好！我是一个人工智能程序，很高兴能帮助你解决问题。请随时提问，我会尽力为你提供帮助。
你好！我是一个人工智能程序，由多国科研人员协同开发，经过不断的训练和优化，使我能够理解和回答各种问题。我
  的目标是为人类提供便捷的服务，帮助你解决问题和获取信息。请随时提问，我会尽力为你提供帮助。
memory: messages=[HumanMessage(content='你好'), AIMessage(content='你好！我是一个人工智能程序，
  很高兴能帮助你解决问题。请随时提问，我会尽力为你提供帮助。'), HumanMessage(content='介绍下你自己。'),
  AIMessage(content='你好！我是一个人工智能程序，由多国科研人员协同开发，经过不断的训练和优化，使我能够
  理解和回答各种问题。我的目标是为人类提供便捷的服务，帮助你解决问题和获取信息。请随时提问，我会尽力为你提
  供帮助。')]
```

图 5-4 memory 的记录

可以看到，此时的记录中，对应的 memory 首先是一个空的序列，之后依次将问询的内容加入

序列中，从而完成对整个对话链的整合。

5.5　基于 ChatGLM3 终端撰写剧情梗概、评论与宣传文案实战

在前面章节中，我们演示了使用 ChatGLM3 搭建的 LLM 终端的一些基本使用方法，但是在具体使用上，这些链彼此独立，不存在依赖关系。本节尝试将多个链的功能和结果串联在一起，完成一个完整的、基于给定标题的剧情梗概、评论与宣传文案实战。

在深度学习和自然语言处理领域，调用语言模型后的关键步骤往往涉及一系列连续的调用操作。这种连续性在处理复杂任务时尤为重要，比如将一个调用的输出作为另一个调用的输入，从而逐步推导出最终的结果。这里，我们主要关注两种顺序链形态：

（1）SimpleSequentialChain：这是最简单的顺序链形式。在这种结构中，每个步骤都拥有单一的输入和输出。这种"一步接一步"的方式，确保了流程的清晰性和简洁性。每一步的输出都会直接传递给下一步作为输入，从而形成一条清晰、连贯的处理路径。

（2）SequentialChain：相较于 SimpleSequentialChain，这是一种更复杂的顺序链形式。它允许每个步骤拥有多个输入和（或）输出，提供了更大的灵活性和扩展性。这种结构在处理复杂任务或需要整合多种信息源的场景中尤为有用。

接下来，我们将详细讲解这两种顺序链的使用方法和实际应用，之后还会讲解如何在顺序链中插入额外一些辅助信息的处理方法。

5.5.1　对过程进行依次调用的顺序链 SimpleSequentialChain

SimpleSequentialChain 作为最基础的顺序链形态，其每一步骤的单一输入/输出特性使得它在处理线性任务时表现出色。下面是一个基于 SimpleSequentialChain 的示例，演示如何通过一系列步骤完成一个戏剧文本的编辑，并模拟评论家的评论过程。完整代码如下：

```
from 新第四章_Langchain 知识图谱 import llm_chatglm

from langchain.chains import LLMChain
from langchain.prompts import PromptTemplate

title = "教学楼奇遇记"

# 这是一个用于生成剧情梗概的 LLMchain
llm = llm_chatglm.ChatGLM()
template = """
你是一个剧作家。给定剧名，你的工作就是为这个剧名写一个剧情梗概。

Title:{title}
剧作家：这是上述剧本的剧情梗概：
"""
```

```
    prompt_template = PromptTemplate(input_variables=["title"],
template=template)
    synopsis_chain = LLMChain(llm=llm, prompt=prompt_template)

    synopsis = synopsis_chain.run(title = title)
    print(synopsis)

    print("------------------------------------------------------------------")

    # 这是一个用于生成剧情评判的 LLMchain
    llm = llm_chatglm.ChatGLM()
    template = """
    你是《扬子晚报》的戏剧评论家。根据戏剧的梗概，你的工作是为该剧写一篇评论。

    戏剧梗概：{synopsis}
    戏剧评论家对上述剧本的评论：
    """
    prompt_template = PromptTemplate(input_variables=["synopsis"],
template=template)
    review_chain = LLMChain(llm=llm, prompt=prompt_template)

    from langchain.chains import SimpleSequentialChain
    overall_chain = SimpleSequentialChain(chains=[synopsis_chain, review_chain],
verbose=True)

    review = overall_chain.run(title)

    print(review)
```

上面代码顺序生成了一个顺序链，从生成剧情梗概开始，到传递给评论家模型进行剧情评论。输出结果如下：

```
Title: 教学楼奇遇记

剧情梗概：

在一个普通的高校校园里，有一座古老的教学楼，这里隐藏着一个令人神秘的传说。某天，来自不同专业的四位同学：勇敢的侦探林峰、聪明的科学家陈思、胆小的设计师王磊和热血的体育女生李婷，因为一起课程的合作，开始了他们在这座教学楼的奇妙探险。

他们首先在图书馆里找到了关于这座教学楼的历史资料，了解到了关于这座建筑内隐藏着一个传说。据说，在几十年前，一位神秘的数学家曾在这里进行过高难度的计算，得出了一个惊人的结果，引发了严重的灾难。为了揭开真相，四位同学决定深入调查。

他们逐层探索教学楼，一路上遇到了各种诡异的现象。林峰用他的侦探技巧分析這些异状，发现这一切似乎与数学家留下的线索有关；陈思运用她的科学头脑，从中发现了隐藏在这座楼内的某种物理规律；王磊则因为自己的设计天分，为团队提供了宝贵的建议；而李婷则凭借她的运动天赋和勇气，总是在关键时刻帮助大家渡过难关。

经过一番努力，他们终于找到了隐藏在教学楼内的神秘空间，那里正是数学家进行计算的地方。在这里，他们发现了一本被遗弃的数学笔记本，里面记载了数学家留下的计算过程和结论。原来，数学家发现了一个影
```

```
响整个世界的不稳定公式，为了避免灾难发生，他决定将这个公式从教学楼中铲除。然而，他因为私人恩怨，没有将这个秘密告诉任何人。

    四位同学决定将这个秘密公之于众，他们用智慧和勇气挑战传统的思维模式，最终成功揭示了数学家的真相。同时，他们也意识到，只有团结合作，才能解决面对困难时产生的种种问题。最终，他们将这段惊心动魄的经历记录在了一本名为《教学楼奇遇记》的笔记本里，作为对那些勇敢面对困难的人的赞美。
    ----------------------------------------------------------------------
    > Entering new SimpleSequentialChain chain...
    > Finished chain.
    这部名为《教学楼奇遇记》的剧本，以一座古老的教学楼为背景，巧妙地将 mystery、thriller 和 comedy 三种元素融合在一起，为观众带来了一场充满惊喜和思考的戏剧盛宴。

    首先，剧本对主人公们的性格塑造非常鲜明。勇敢的侦探林峰、聪明的科学家陈思、胆小的设计师王磊和热血的体育女生李婷，这四位角色各具特色，他们之间的互动和冲突，既充满幽默感，又让人感到温暖和感动。特别是剧本对女性角色的刻画，不仅展示了她们独立、坚韧和聪明的一面，还打破了传统戏剧中女性角色的刻板印象。

    其次，剧本在剧情设置上，巧妙地运用了神秘、悬疑的元素，让观众在观看的过程中充满了期待和紧张。例如，主人公们在探索教学楼的过程中，遇到的种种诡异现象，以及他们逐层探索教学楼时，所发现的种种线索，都让观众感受到了神秘和悬念。

    此外，剧本的结局也让人印象深刻。主人公们最终揭示了数学家的真相，避免了灾难的发生，同时也展现了他们的团结合作精神和对科学的热爱。这样的结局，不仅让人感叹于他们智慧和勇气的 combination，也让人对人性有了更深的认识。

    总的来说，《教学楼奇遇记》是一部让人难以忘怀的剧本，它通过讲述一段充满惊险、神秘和欢笑的故事，向观众传递了团结合作、智慧勇敢等正面价值观念，值得一看再看。
```

从上面结果可以看到，通过使用 SimpleSequentialChain，我们可以很巧妙地将一个顺序发生的事情组合在一起，之后通过这个完整的任务链，输出中间步骤后再输出全部结果。有兴趣的读者可以更改标题，完成更多的内容串联与设计。

5.5.2　对过程进行依次调用的顺序链 SequentialChain

SequentialChain 是一种更复杂，但同时也更灵活的链式结构。与 SimpleSequentialChain 那种“一个输入对应一个输出”的简单模式不同，SequentialChain 允许我们在每个步骤中处理多个输入，并产生多个输出。这种设计使得 SequentialChain 在处理复杂任务时表现出色，尤其是在需要整合多种信息源或生成多种结果的情形下。

在这种复杂的多输入/多输出场景中，为输入和输出变量选择合适的命名变得至关重要。合适的命名不仅能够提高代码的可读性，还有助于后续的维护和扩展。在之前的简单示例中，由于链与链之间的传递关系相对直接，因此并没有太多考虑命名的问题。但在 SequentialChain 中，由于每个步骤都可能涉及多个输入和输出，因此我们必须更加谨慎地选择每个变量的名称。

具体来说，对于输入变量，我们应该根据其来源或作用进行命名，确保名称能够准确地反映该变量的含义。对于输出变量，我们同样需要选择具有描述性的名称，以便在阅读代码时能够迅速理解该变量的用途。此外，如果某个步骤的输出将作为后续步骤的输入，那么我们还可以在命名上体现出这种关联性，从而进一步增强代码的可读性。

在使用 SequentialChain 时，有一点需要特别注意：SequentialChain 中的每个步骤都需要明确指定输出参数。这是因为在复杂的多输入/多输出场景中，如果不指定输出参数，系统可能无法准确地判断哪些结果应该传递给下一个步骤。因此，在使用 SequentialChain 时，请务必确保每个步骤都正确地指定了输出参数。

SequentialChain 提供了一种强大而灵活的方式来处理复杂的任务。通过合理地命名输入和输出变量，并明确指定每个步骤的输出参数，我们可以有效利用 SequentialChain 来解决各种实际问题。

下面看一个 SequentialChain 的使用示例，代码如下：

```
    from 新第四章_Langchain 知识图谱 import llm_chatglm
    from langchain.chains import LLMChain
    from langchain.prompts import PromptTemplate

    title = "教学楼奇遇记"

    # 这是一个用于生成剧情梗概的 LLMchain
    llm = llm_chatglm.ChatGLM()
    template = """
    你是一个剧作家。给定剧名，你的工作就是为这个剧名写一个剧情梗概。

    Title:{title}
    剧作家：这是上述剧本的剧情梗概：
    """
    prompt_template = PromptTemplate(input_variables=["title"],
template=template)
    synopsis_chain = LLMChain(llm=llm, prompt=prompt_template,
output_key="synopsis")

    "----------------------------------------------------------------------------
-------------------------"
    # 这是一个用于生成剧情评判的 LLMchain
    llm = llm_chatglm.ChatGLM()
    template = """
    你是《扬子晚报》的戏剧评论家。根据戏剧的梗概，你的工作是为该剧写一篇评论。

    戏剧梗概：{synopsis}
    戏剧评论家对上述剧本的评论：
    """
    prompt_template = PromptTemplate(input_variables=["synopsis"],
template=template)
    review_chain = LLMChain(llm=llm, prompt=prompt_template, output_key="review")

    from langchain.chains import SequentialChain

    overall_chain = SequentialChain(
        chains=[synopsis_chain, review_chain],
        input_variables=[ "title"],
        # 这里需要设置多个输出
        output_variables=["synopsis", "review"],
        verbose=True)
```

```
review = overall_chain({"title" : title})
print(review)
```

在上面代码中，我们使用 SequentialChain 对文本的撰写和评论进行输出，在使用 SequentialChain 时，需要设置参数的名称，而其名称要与原始链名称相互对应。输出结果如下：

```
> Entering new SequentialChain chain...

> Finished chain.
```

{'title': '教学楼奇遇记', 'synopsis': 'Title: 教学楼奇遇记\n\n 在一个普通的高校里，有一座古老的教学楼，这里有着悠久的历史和神秘的故事。某天，一群大学生意外地发现，这座教学楼似乎隐藏着一个奇妙的秘密。\n\n 主人公李晨是一名热爱探险的大学生，他和他的朋友们——聪明可爱的少女林悦、稳健踏实的男孩陈浩、古灵精怪的女生徐悦以及孤傲冷静的男生张涛，在一次偶然的机会中，无意间发现了这栋被岁月遗忘的教学楼。 teaching building。他们决定一起探索这个神秘的 building。\n\n 在探索过程中，他们发现这座教学楼似乎被遗弃很久了，然而，在楼内却发现了一系列奇怪的现象：教室里的黑板会自主运动，书架上的书籍会自行翻动，甚至还有奇怪的声音从墙壁传来。这些怪事让五个年轻人产生了强烈的好奇心，决定深入探查。\n\n 他们逐渐了解到，这座教学楼曾经是一位伟大科学家的 workplace，而这个科学家却在此离奇失踪。经过种种线索的追踪，他们揭开了一段被隐藏在教学楼的秘密。原来，这个科学家研究了一个能够穿梭时空的秘密武器，而在这个过程中，他却意外触发了这个开关，从而被传送到了另一个世界。\n\n 李晨和他的朋友们决定寻找这个科学家，帮助他回到原来的世界。他们在经历了一系列的奇遇和冒险后，终于找到了科学家，并成功地帮助他回到了过去。\n\n 然而，在他们回到教学楼的时候，他们发现时间似乎发生了扭曲。他们不仅回到了过去，而且还改变了历史的进程。面对这个令人震惊的结果，他们意识到，他们必须谨慎地回到原来的世界，以免再次改变历史。\n\n 在经过一番努力和冒险后，他们成功地回到过去，并继续过着他们原本的生活。而那座教学楼，也重新焕发了新的生机，成为大学生们新的 study place。故事以这种奇妙的方式画上了句号。', 'review': '这部名为《教学楼奇遇记》的剧本，充满了惊奇、神秘和冒险的元素，是一部极富吸引力的青春成长题材的戏剧。剧本巧妙地将科学幻想与现实生活相结合，让剧情既紧张刺激，又富有趣味，展现出一种充满张力的故事情境。\n\n 剧本中的角色塑造鲜明，五个主要角色的性格特点 distinct，他们共同组成了一支富有智慧和勇气的小团队，这种团队协作的力量，使得他们在面对神秘的教学楼时，能够一起积极主动地去探索、解谜。他们之间的友情、矛盾与成长，使得整个剧情更具真实感和说服力。\n\n 此外，剧本对科学知识的运用也相当巧妙，将穿越时空、时间扭曲等科学幻想元素融入剧情中，既增长了观众的科学知识，又增加了剧情的观赏性。这种将知识性与娱乐性结合得恰到好处的剧本，实属难得。\n\n 然而，剧本在剧情的发展过程中，似乎存在一些逻辑上的矛盾和不够合理的地方，例如时间扭曲的原理并未彻底解释，以及主角们如何在回到过去的过程中，保持了自己原有的身份和记忆等。这些情节的设置，可能需要进一步修改和完善。\n\n 总的来说，《教学楼奇遇记》是一部富有创意和想象力的剧本，它将科学、友谊、成长等主题巧妙地融合在一起，通过探险和冒险的方式，展现出年轻人的勇气、智慧和友情。虽然存在一些需要完善的地方，但其整体质量仍值得肯定和赞扬。'}

5.5.3　对顺序链添加额外参数的方法

无论是 SimpleSequentialChain 还是 SequentialChain 顺序链，都可以作为一个链任务来使用，但是在生成过程中，用户可能会有想法，从而额外添加一些特定的参数进去。例如前面两节完成的剧情的编辑，当需要添加一个时代背景时，需要有一种方式将这个背景或者参数添加进去。

LangChain 的顺序链也增加了此种功能，即通过记忆系统对整个链的过程进行处理。下面是我们设计的一种添加了特定记忆参数的模型，即在 5.5.2 节的生成过程中，额外添加了一个新的要素（上映时间和地点），从而潜意识引导大模型将生成的评论转变为宣传海报，同时确保新加入的内容得以体现。代码如下：

```
from 新第四章_Langchain 知识图谱 import llm_chatglm
```

```
    from langchain.chains import LLMChain
    from langchain.prompts import PromptTemplate

    title = "教学楼奇遇记"

    # 这是一个用于生成剧情梗概的 LLMchain
    llm = llm_chatglm.ChatGLM()
    template = """
    你是一个剧作家。给定剧名，你的工作就是为这个剧名写一个剧情梗概。

    Title:{title}
    剧作家：这是上述剧本的剧情梗概：
    """
    prompt_template = PromptTemplate(input_variables=["title"],
template=template)
    synopsis_chain = LLMChain(llm=llm, prompt=prompt_template,
output_key="synopsis")

    "-------------------------------------------------------------------"
    # 这是一个用于生成剧情评判的 LLMchain
    llm = llm_chatglm.ChatGLM()
    template = """
    你是《扬子晚报》的戏剧评论家。根据戏剧的梗概，你的工作是为该剧写一篇评论。

    戏剧梗概：{synopsis}
    戏剧评论家对上述剧本的评论：
    """
    prompt_template = PromptTemplate(input_variables=["synopsis"],
template=template)
    review_chain = LLMChain(llm=llm, prompt=prompt_template, output_key="review")
    "-------------------------------------------------------------------"
    llm = llm_chatglm.ChatGLM()
    template = """
    你是一家戏剧公司的社交媒体经理。给定剧本的标题、故事发生的时代和地点、剧本的概要以及对剧本的
评论，你的工作就是为该剧写一篇社交媒体帖子。

    这里有一些关于演出时间和地点的背景资料：
    上映时间：{time}
    上映地点：{location}
    剧作家创作的剧情梗概：{synopsis}
    戏剧评论家对上述剧本的评论：：{review}
    """
    prompt_template = PromptTemplate(input_variables=["synopsis", "review", "time",
"location"], template=template)
    social_chain = LLMChain(llm=llm, prompt=prompt_template,
output_key="social_post_text")

    from langchain.chains import SequentialChain
    from langchain.memory import SimpleMemory
```

```
    overall_chain = SequentialChain(
        memory=SimpleMemory(memories={"time": "8 月 15 日晚上 8 点整", "location": "上
海大剧院"}),
        chains=[synopsis_chain, review_chain, social_chain],
        input_variables=["title"],
        output_variables=["social_post_text"],
        verbose=True)

    social_post_text = overall_chain({"title": title})
    print(social_post_text)
```

可以看到，除了原有的内容外，我们额外添加了一些简单的参数设计，例如"time": "8 月 15 日晚上 8 点整","location": "上海大剧院"。这里通过字典的形式设计哪些参数需要被添加到模型中，并在此基础上完成结果的最终输出：

```
    > Finished chain.
    {'title': '教学楼奇遇记', 'time': '8 月 15 日晚上 8 点整', 'location': '上海大剧院',
'social_post_text': '【悬疑冒险之作：《教学楼奇遇记》】🎉\n\n August 15th, 8 PM, 上海大
剧院！🎭\n\n💡剧情简介：发生在一个名为“梦幻楼”的教学楼中的离奇事件，一群大学生勇敢探险，揭开
隐藏在楼中的真相！\n👩\u200d🎓👨\u200d🎓💻勇敢面对未知的挑战，与神秘女子一起揭开惊人的秘密！
\n🔍探寻真相的过程中，他们还结识了勇敢者，一起努力阻止阴谋发生！\n💥经过一系列的困难和挑战，他
们最终揭开了梦幻楼的秘密，阴谋得以化解！\n\n💖戏剧评论家评价：《教学楼奇遇记》是一部充满悬疑与
冒险的佳作，将现实与神秘、幻想相结合，展现出一幅令人叹为观止的故事画卷。
\n🎭👩\u200d🎓👨\u200d🎓💼在成长过程中勇敢、智慧与团结精神得到展现，人物形象丰满、性格鲜
明！\n💡script 揭示出我们对人物性格的深度挖掘与关怀，离奇事件与真相的揭示增强了剧情的紧张感与冲
突性！\n🎭💖在解决问题的过程中，观众感受到一种紧张刺激的快感，同时作品具有很强的现实意义！\n\n👏
勇敢面对挑战，揭开真相的大学生们，让我们为他们鼓掌！🌍🎉\n🎉🎉 August 15th, 8 PM, 上海大
剧院！🎭🎉\n\n📱购票链接：https://www. .com/ （输入“教学楼奇遇记”即可搜索购票）'}
```

通过输出结果可以很清楚地看到，这里生成了一种比较生动的海报，相对于前期的内容，此海报图文并茂地展示了所要宣传的内容，并且将我们所需要的部分信息一同加载到文本中。

5.6　本章小结

本章以专业的视角和清晰的逻辑，引导读者逐步深入理解适配于 ChatGLM3 终端的 Prompt 与 Chain 的使用方法。通过这一学习过程，读者将逐渐领悟到如何构建一个标准化的输入和输出流程。

合适的 Prompt 设计不仅要求我们具备深厚的专业知识，更需要我们具备巧妙的构思能力。它就像深度学习模型的一位“引路人”，时刻为模型指明前进的方向，确保模型能够准确捕捉并响应我们的需求。而精心设计的 Chain 流程，可以将这些引路人有序地编织在一起，形成一条高效、流畅的工作路径。通过合理地安排 Chain 的顺序，我们能够确保每个 Prompt 在恰当的时机发挥其最大的作用，从而有力地推动项目目标的实现。

因此，合适的 Prompt 与巧妙的 Chain 流程设计是深度学习项目中不可或缺的要素。它们为我们提供了一种标准化的输入和输出流程，为项目的顺利进行提供了有力保障，并为最终的成功奠定了坚实的基础。本章的内容只是对这一领域的初步探索，旨在抛砖引玉，引领读者进一步深入这一领域的研究和应用。

第 6 章

ChatGLM3 多文本检索的增强生成实战

本章将利用 ChatGLM3 大语言模型，结合 LangChain 技术，进一步完善财务报表信息的抽取与预警工作，并实现专用的财务报表信息搜索引擎，即实现一个项目框架——检索增强生成（Retrieval Augmented Generation，RAG），如图 6-1 所示。

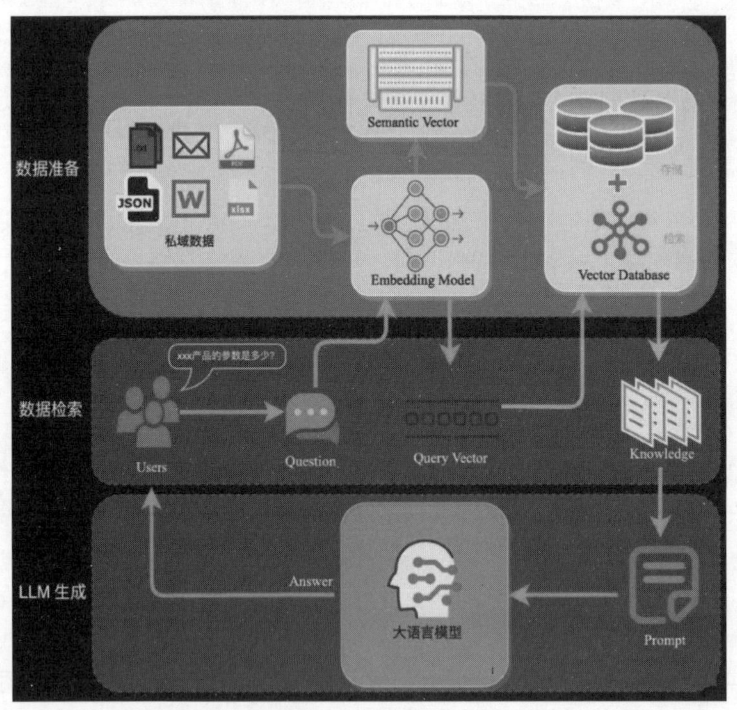

图 6-1　检索增强生成

检索增强生成是一种强大的技术，它为大语言模型提供了从各种数据源中检索到的信息，并作为生成答案的重要依据。这种技术的引入，极大地增强了 LLM 的信息处理能力和生成答案的准确性。

在 RAG 的框架下，LLM 不再仅仅依赖于其内部的知识库和预训练的数据来生成答案，而是能够实时地从外部数据源中检索相关信息。这些数据源可以包括互联网上的网页、学术论文、新闻报道、社交媒体帖子等，也可以是企业内部的数据库、文档库或知识图谱等。

通过使用 RAG 架构，我们能够更准确地定位目标文本，从而提取出更有价值的财务信息。同时，我们还将构建预警系统，以便在关键财务指标出现异常时及时发出警报。在本章中，我们将深入探讨如何实现这一目标。首先，将介绍如何结合 ChatGLM3 和 LangChain 技术来改进财务报表信息抽取的准确性和效率。接着，将讨论如何构建有效的预警系统，以及如何选择合适的预警指标和阈值。最后，将通过实际案例演示这一方法的有效性，并总结本章的主要内容和关键收获。

通过本章的学习，读者将掌握运用 ChatGLM3 和 LangChain 技术来优化财务报表信息的抽取与预警工作的方法。这将有助于我们更准确地把握公司的财务状况，及时发现潜在的风险和机会，从而为投资决策提供有力支持。

另外，为了演示搜索引擎的强大之处，本章特定选择了较长的文本内容（35 万字）进行处理，在学习本章示例时，读者可以缩短或替换目标内容从而节省学习资源。

6.1 使用自然语言处理方法对目标进行查找

在海量数据中查找目标是一项具有挑战性的任务，尤其是当目标文件夹中存在大量可选目标时。传统的查找方法通常基于查询目标从目标标题中进行检索，这在目标较少时或许可行，但在面对大量目标时，这种方法就显得力不从心。

为了解决这个问题，我们可以借鉴人类在自然语言中对目标进行查找的一般步骤：根据所要查询的内容，在待查找目标标题中进行筛选，这可以通过简单的文本比对实现。然而，从实施结果来看，由于自然语言的结构和语法比较复杂，从海量文本中定位特定目标，本身就是一项困难的任务。因此，我们需要寻找更有效的解决方案。

在本节中，我们将采用经典的 LLM 终端和 BM25 结合的方法，尝试解决从海量目标中查找目标内容的难题。BM25 是一种广泛应用于信息检索领域的算法，它基于词频和逆文档频率来计算文档与查询的相关性。同时 LangChain 提供了一种灵活且强大的提示工程框架，可以帮助我们更好地构建和训练模型。

通过结合 LangChain 和 BM25，我们将能够更准确地从海量数据中定位目标内容。具体来说，首先利用 LangChain 对目标标题进行初步筛选，找出与查询内容相关的候选目标。然后使用 BM25 构建深度学习模型，对候选目标进行进一步的分类和排序，从而找出最符合查询需求的目标。

在接下来的内容中，将从数据准备、模型构建、训练与优化等方面介绍如何使用 LangChain 和 BM25 完成海量目标中的内容查找，并分享一些实用的经验和技巧。无论是深度学习领域的研究者还是应用开发者，相信这些内容都将为你提供有益的参考和启示。

6.1.1 数据集的准备

本节的目标是根据查询的内容完成目标的定位。笔者在本章的随书代码中准备了一份少量的上市公司年报数据，我们将使用这份数据进行相关内容的查找。

首先是数据的读取，我们直接使用生成好的 txt 数据库。获取全部内容的代码如下：

```
def find_txt_files(directory):
    txt_files = []

    # 遍历指定文件夹
    for root, dirs, files in os.walk(directory):
        # 遍历文件夹中的文件
        for file in files:
            # 检查文件是否以.txt 结尾
            if file.endswith('.txt'):
                # 如果是.txt 文件，将文件路径添加到列表中
                txt_files.append(os.path.join(root, file))

    return txt_files
```

在上面代码中，我们通过对名称的读取，生成了一个包含全量文本名称的数据列表，内容如图 6-2 所示。

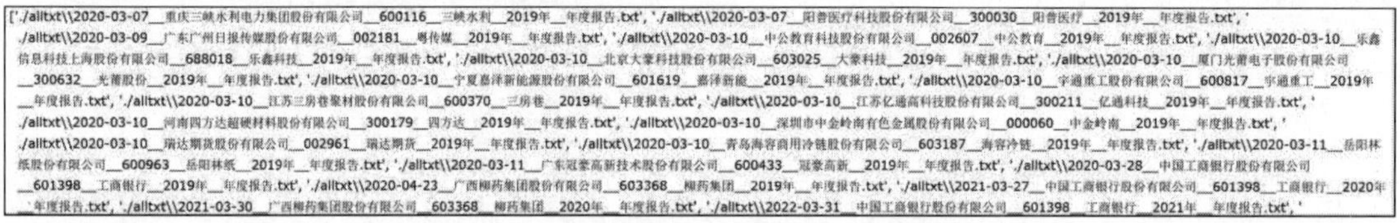

```
['./alltxt\\2020-03-07__重庆三峡水利电力集团股份有限公司__600116__三峡水利__2019年__年度报告.txt', './alltxt\\2020-03-07__阳普医疗科技股份有限公司__300030__阳普医疗__2019年__年度报告.txt', '
./alltxt\\2020-03-09__广东广州日报传媒股份有限公司__002181__粤传媒__2019年__年度报告.txt', './alltxt\\2020-03-10__中公教育科技股份有限公司__002607__中公教育__2019年__年度报告.txt', './alltxt\\2020-03-10__乐鑫
信息科技上海股份有限公司__688018__乐鑫科技__2019年__年度报告.txt', './alltxt\\2020-03-10__北京大豪科技股份有限公司__603025__大豪科技__2019年__年度报告.txt', './alltxt\\2020-03-10__厦门光莆电子股份有限公司
__300632__光莆股份__2019年__年度报告.txt', './alltxt\\2020-03-10__宁夏嘉泽新能源股份有限公司__601619__嘉泽新能__2019年__年度报告.txt', './alltxt\\2020-03-10__宇通重工股份有限公司__600817__宇通重工__2019年
__年度报告.txt', './alltxt\\2020-03-10__江苏三房巷聚材股份有限公司__600370__三房巷__2019年__年度报告.txt', './alltxt\\2020-03-10__江苏亿通高科技股份有限公司__300211__亿通科技__2019年__年度报告.txt', '
./alltxt\\2020-03-10__河南四方达超硬材料股份有限公司__300179__四方达__2019年__年度报告.txt', './alltxt\\2020-03-10__深圳市中金岭南有色金属股份有限公司__000060__中金岭南__2019年__年度报告.txt', '
./alltxt\\2020-03-10__瑞达期货股份有限公司__002961__瑞达期货__2019年__年度报告.txt', './alltxt\\2020-03-10__青岛海容商用冷链股份有限公司__603187__海容冷链__2019年__年度报告.txt', './alltxt\\2020-03-11__岳阳林
纸股份有限公司__600963__岳阳林纸__2019年__年度报告.txt', './alltxt\\2020-03-11__广东冠豪高新技术股份有限公司__600433__冠豪高新__2019年__年度报告.txt', './alltxt\\2020-03-28__中国工商银行股份有限公司
__601398__工商银行__2019年__年度报告.txt', './alltxt\\2020-04-23__广西柳药集团股份有限公司__603368__柳药集团__2019年__年度报告.txt', './alltxt\\2021-03-27__中国工商银行股份有限公司__601398__工商银行__2020年
__年度报告.txt', './alltxt\\2021-03-30__广西柳药集团股份有限公司__603368__柳药集团__2020年__年度报告.txt', './alltxt\\2022-03-31__中国工商银行股份有限公司__601398__工商银行__2021年__年度报告.txt', '
```

图 6-2 全量文本数据库中文本名称列表

这里使用的是全量财务报表文本，对于普通读者来说，为了节省硬件，可以使用部分数据集进行验证。笔者经过测试，无论是总量数据还是部分数据，对代码执行结果都没有什么影响。

6.1.2 分别基于 BM25 与 LLM 终端进行目标查找的方法

为了节省资源，在这里将采用部分数据集的目录作为查找内容。对于一个查找目标来说，如果在小规模的数据集上无法成功找到，那么迁移到大型数据库上获得对应的结果则更为困难。

在开始目标查找之前，首先设置一个最简单的查询任务，查询内容如下：

```
query = "2020 年工商银行境内优先股工行优 1 的股息是多少？ "
```

可以看到，在完成这个查询之前，需要从文本库中检索特定内容的文本。下面我们将依次使用 BM25 与 LLMChain 完成对目标文本的定位。

1. 基于 BM25 的文本定位

首先是基于 BM25 的文本内容定位。在前面章节中对 BM25 的算法和构成已经做了详细解释，下面直接使用它来定位文本，代码如下：

```
import util_tools

file_names = util_tools.find_txt_files("./alltxt")

query = "2021 年工商银行境内优先股工行优 1 的股息率是多少？ "
```

```
    from rank_bm25 import BM25Okapi
    bm25 = BM25Okapi(file_names)

    # 使用 BM25 模型查找最相似的文本
    scores = bm25.get_scores(query)
    import numpy as np
    most_similar_index = np.where(scores == max(scores))[0][0]#
scores.index(max(scores))
    most_similar_text = file_names[most_similar_index]

    print(f"Query: {query}")
    print(f"Most similar text: {most_similar_text}")
```

在上面代码中，首先建立了标题列表，之后使用 BM25 直接查找最相近的内容。结果如图 6-3 所示。

```
Query: 2020年工商银行境内优先股工行优1的股息率是多少?
Most similar text: ./alltxt\2022-03-31__中国工商银行股份有限公司__601398__工商银行__2021年__年度报告.txt
```

图 6-3　基于 BM25 的查询文本结果

这里可以很明显地看到，此时的查询结果虽然接近于我们需要查询的内容，但是从细节上来看，这里的具体年份出现了错误，这个结果是不可接受的。

2. 基于 LLM 终端的目标定位

下面把目标定位（目标查找）放置在大模型上实现，这需要依靠我们之前学习过的内容，即通过设定 Prompt 的方法完成大模型的目标定位。

首先需要完成的模板 Prompt 的构建，代码如下：

```
    from langchain.prompts import PromptTemplate

    prompt = PromptTemplate(
        input_variables=["query","file_names"],
        template="""作为一名财务检索专家，有如下的数据库{file_names}可供你查询。现在传递给
你一个检索信息{query}，找到你认为的最具有相关性的那条文本内容。

        输入：'帮我查一下 2020 年中公教育的营业收入是多少'    输出：'./alltxt/2020-03-10__
中公教育科技股份有限公司__002607__中公教育__2020 年__年度报告.txt'
        输入：'找一下三峡水利 2008 年的上交税款'    输出：'./alltxt/2020-03-10__深圳市中
金岭南有色金属股份有限公司__000060__中金岭南__2008 年__年度报告.txt'
        你要只输出内容，回复中不要带有输入的内容。
        如果找不到对应的内容，则回答 '未找到对应文本'
            """,
    )
```

在上面代码中，首先完成了一个 Prompt 的设定，其中需要输入的即为查询内容与目标数据库，也就是名称列表。如果找到对应的内容，则直接返回相应的地址；如果未找到对应的内容，则设定字段为“未找到对应文本”。

下面完成基于大模型的文本查找，代码如下：

```
from 新第四章_Langchain 知识图谱 import llm_chatglm

# 这是一个用于生成剧情梗概的 LLMchain
llm = llm_chatglm.ChatGLM()

from langchain.chains import LLMChain
chain = LLMChain(llm=llm, prompt=prompt)
new_query = (chain.run({"query":query,"file_names":file_names}))
print(new_query)
```

使用 LLM 终端进行文本比对之后，结果如下：

```
"未找到对应的文本"
```

可以看到，此时使用 LLM 终端查找对应的文本目标失败了，可能对于目前的模型性能来说，从大量的文本内容中比对和提取含有干扰项的文本是较为困难的。

注意：有时候作为 LLM 终端的大语言模型性能较强，可以直接找到对应的内容，但是，我们需要一个稳定的、可以供生产使用的、标准化的结果，这也是我们使用 LLM 终端和 Prompt 的理由。

最终从输出结果来看，无论是使用 BM25 还是单独使用 LLM 终端，都未能完成特定的目标查找任务。因此，我们需要寻找新的实现方式来完成目标定位。

6.1.3 建立工业级标准化输出：LLM 终端与 BM25 结合

上一节中，我们使用 LLM 终端与 BM25 分别进行目标查找，但是从结果上来看，并没有达到期望的目标。因此，我们需要找到一种更好的方法来实现这个需求。

经过分析可知，BM25 和 LLM 终端不能较好地完成文本的比对，是因为查询内容的干扰较大。为了更精确地匹配结果，最简单的解决方案就是先将需要比对的内容提取出来，再将精炼提取后的文本作为匹配目标进行比对和查找。

1. 单独使用 LLM 终端完成新查询内容的提取

如果希望实现对新查询内容文本的精确提取，可以设计一个专门的 Prompt 来实现这一目标。具体来说，可以将一些查询内容和其对应的提取结果作为示例，发送给大模型进行学习和模仿。通过这种方法，大模型将能够理解并学会在处理不同查询内容时，应该如何准确地提取出所需的信息。因此，在实际应用时，当我们输入新的查询内容时，大模型将能够依据先前学习的示例，精确地提取出我们所需要的内容。此时代码如下：

```
query = "2021 年工商银行境内优先股工行优 1 的股息是多少？ "

from langchain.prompts import PromptTemplate

prompt = PromptTemplate(
    input_variables=["query"],
    template="""作为一名专业财务检索专家，现在传递给你一个检索信息{query}，你会一步一步地仔细思考，按步骤和要求完成任务。
```

```
    1. 首先你要判定查询{query}有没有时间与公司名称，如果其中没有包含时间或者公司名称，则返回：查询内容不完全，更新查询内容。

    2. 之后你只会从中抽取出时间与公司名称，不要额外内容，重新构成一句简短的语句输出。
    你要严格按照下面的格式输出，不要有额外内容。
    在满足要求后，按如下输出。
    输入：'帮我查一下 2020 年长安汽车的营业收入是多少'    输出：'(时间:2020 年,目标:长安汽车)'。
    输入：'找一下三峡水利 2008 年的上交税款'    输出：'(时间:2008 年,目标:三峡水利)'。
    输入：'米哈游 2010 年的分红比率是多少'    输出：'(时间:2010 年,目标:米哈游)'。

    3. 最后你要验证输出结果，结果只有时间与公司名称，回复中不要带有输入的内容。
    """,
)

from 新第四章_Langchain 知识图谱 import llm_chatglm
llm = llm_chatglm.ChatGLM()

from langchain.chains import LLMChain

chain = LLMChain(llm=llm, prompt=prompt)
new_query = (chain.run({"query": query}))
print(new_query)
```

在上面代码中，我们采用同样的查询内容，希望借助 LLMChain 完成对目标的提取。在 Prompt 中，我们预先设定了部分模板，之后根据模板内容完成了对结果的抽取。最终输入和输出结果如图 6-4 所示。

```
输入：'查询2021年工商银行境内优先股工行优1的股息是多少'    输出：'(时间:2021年,目标:工商银行境内优先股工行优1)'。
```

图 6-4　修正提取的查询内容

可以很清楚地看到，此时查询文本得到修正，并获取了正确的结果。

2. 结合 BM25 的目标查找

下面示例根据新的查找内容，使用 BM25 来完成文本查找与比对，完整代码如下：

```
query = "2021 年工商银行境内优先股工行优 1 的票面股息率为是多少？ "

from langchain.prompts import PromptTemplate

prompt = PromptTemplate(
    input_variables=["query"],
    template="""作为一名专业财务检索专家，现在传递给你一个检索信息{query}，你会一步一步地仔细思考，按步骤和要求完成任务。

    1. 首先你要判定查询{query}有没有时间与公司名称，如果其中没有包含时间或者公司名称，则返回：查询内容不完全，更新查询内容。

    2. 之后你只会从中抽取出时间与公司名称，不要额外内容，重新构成一句简短的语句输出。
```

```
    你要严格按照下面的格式输出，不要有额外内容。
    在满足要求后，按如下输出。
    输入： '帮我查一下 2020 年长安汽车的营业收入是多少'     输出： '(时间:2020 年,目标:长安汽车)'。
    输入： '找一下三峡水利 2008 年的上交税款'     输出： '(时间:2008 年,目标:三峡水利)'。
    输入： '米哈游 2010 年的分红比率是多少'     输出： '(时间:2010 年,目标:米哈游)'。

    3. 最后你要验证输出结果，结果只有时间与公司名称，回复中不要带有输入的内容。
    """,
)

from 新第四章_Langchain 知识图谱 import llm_chatglm
#这是一个用于生成的剧情梗概的 LLMchain
llm = llm_chatglm.ChatGLM()
from langchain.chains import LLMChain
```

从代码中可以看到，此时将新修正后的查询内容输入模型中，结果如图 6-5 所示。

```
Query: 2021年工商银行境内优先股工行优1的股息是多少？
Most similar text: ./alltxt\2022-03-31__中国工商银行股份有限公司__601398__工商银行__2021年__年度报告.txt
```

图 6-5 查询结果

可以看到，此时结果较好地匹配我们需要查找的目标，而且查询内容和结果最接近。如果需要匹配其他查找内容，请读者自行尝试。

6.2 基于 LLM 终端完成文本内容抽取与文本问答

在上一节中，我们成功地获取了文本标题。本节将继续实现文本增强生成任务。具体而言，我们将利用已获取的标题来找到对应的文本内容，并将这些文本与 LLM 终端相结合，以完成问题的抽取与回答工作。通过这种方式，我们能够进一步提高文本处理的效率和准确性。

6.2.1 读取目标内容

首先，我们需要根据需求完成对目标内容的读取。这个比较简单，可以直接使用文本读取函数完成，代码如下：

```
def get_single_jsonFile(file_path):
    import json

    context_list = []
    # 假设 TXT 文件的内容是这样的，每一行都是一个 json 对象
    with open(file_path, 'r', encoding='utf-8') as file:
        lines = file.readlines()

        for line in lines:
            # 将每一行的字符串转换为字典
```

```
            data = json.loads(line)

            # 提取并打印'inside'字段的值
            _line = (data.get('type') + "_" + data.get('inside'))
            context_list.append(_line)
    return context_list

target_file = most_similar_text
context_list = get_single_jsonFile(target_file)
context = "".join(context_list)
print(context)
```

从上面代码中可以看到，target_file 就是 6.1.3 节抽取得到的最相关的目标文本地址。结果如图 6-6 所示。

```
的所有其它负债text_和权益12,0001,136,56224,297328,484352,633text_14可用的稳定资金合计22,566,469text_所需的稳定资金text_15净稳定资金比例合格text_优质流动性资产840,468text_16存放在金融机构的text_业务关系存款212,86634,1708602,165126,344text_17贷款和证券：3,4474,427,3832,778,25514,872,93915,488,858text_18由一级资产担保的text_向金融机构发放的贷款-773,0722,2248,105124,686text_19由非一级资产担保或无担保的text_向金融机构发放的贷款-1,288,275369,898205,889585,308text_20向零售和小企业客户、text_非金融机构、主权、text_中央银行和公共部门实体等text_发放的贷款-1,958,4862,294,6988,346,9089,152,517text_21其中：风险权重不高于35%-390,050434,478283,596589,759text_22住房抵押贷款-2,1842,4845,604,9224,764,211text_23其中：风险权重不高于35%-44143416,77712,390text_24不符合合格优质流动性资产text_标准的非违约证券，包括text_交易所交易的权益类证券3,447405,366108,951707,115862,136text_25相互依存的资产-----26其他资产：391,736444,99536,476357,1061,054,516text_27实物交易的大宗商品text_（包括黄金）41,82035,547text_28提供的衍生产品初始保证金text_及提供给中央交易对手的text_违约基金52,61444,722text_29净稳定资金比例衍生产品资产88,599-30衍生产品附加要求109,519*21,904text_31以上未包括的所有其它资产349,916444,99536,476215,893952,343text_32表外项目7,461,441256,850text_33所需的稳定资金合计17,767,036text_34净稳定资金比例（%）127.01%(*)本项填写衍生产品负债金额，即扣减变动保证金之前的净稳定资金比例衍生产品负债金额，不区分期限；text_不纳入第26项"其他资产"合计。页脚_第208页
```

图 6-6　根据目标读取的文本内容

可以看到，此时读取了文本内容，并将它作为文本资料返回。

6.2.2　LangChain 对文档的读取与分割方法

在将获取的文档分割并输入 LLM 终端之前，我们需要了解和掌握一些关键内容，即 LangChain 提供的函数。这些函数在后续的讲解过程中会遇到，掌握这些函数将有助于我们更有效地处理文档，并提升在 LLM 终端中的操作效率。

1. 文本的读取

文本的读取对于 LangChain 来说有多种形式，在这里主要讲解一下专用的 TXT 文本读取方法 TextLoader，其他格式的读取方式与之类似。

```
from langchain.document_loaders import TextLoader
loader = TextLoader("./tsinghua.txt", "utf-8")
pages = loader.load_and_split()
```

打印结果如图 6-7 所示。

```
[Document(page_content='清华大学的前身清华学堂始建于1911年，1912年更名为清华学校，1928年更名为国立清华大学。1937年抗日战争全面爆发后南迁长沙，与北京大学、南开大学组建国立长沙临时大学，1938年迁至昆明改名为国立西南联合大学。1946年迁回清华园，设有文、法、理、工、农等5个学院，26个系。\n1952年全国高等学校院系调整后，清华大学成为一所多科性工业大学，重点为国家培养工程技术人才，被誉为"红色工程师的摇篮"。改革开放以来，清华大学逐步确立了建设世界一流大学的长远目标，进入了蓬勃发展的新时期。学校先后恢复或新建了理科、文科、医学学科和经济管理学科，并成立了研究生院和继续教育学院。1999年，中央工艺美术学院并入，成立清华大学美术学院。2012年，中国人民银行研究生部并入，成为清华大学五道口金融学院。在国家和社会的大力支持下，通过实施"211工程""985工程"，开展"双一流"建设，清华大学在人才培养、科学研究、社会服务、文化传承创新、国际合作交流等方面都取得了长足进展。目前，清华大学共设21个学院、59个系，已成为一所设有理学、工学、文学、艺术学、历史学、哲学、经济学、管理学、法学、教育学、医学和交叉学科等12个学科门类的综合性、研究型、开放式大学。\n面向未来，清华大学将秉持"自强不息、厚德载物"的校训和"行胜于言"的校风，坚持"中西融会、古今贯通、文理渗透"的办学风格和"又红又专、全面发展"的培养特色，弘扬"爱国奉献、追求卓越"传统和"人文日新"精神，以习近平新时代中国特色社会主义思想为指引，坚持把立德树人作为根本任务，把服务国家作为最高追求，把学科建设作为发展根基，把深化改革作为强大动力，把加强党的建设作为坚强保证，开拓中国特色世界一流大学高质量发展新局面，奋力迈向世界一流大学前列，努力为国家发展、人民幸福、人类文明进步作出新的更大的贡献。', metadata={'source': './tsinghua.txt'})]
```

图 6-7　通过 TextLoader 读取的文本

可以看到，此时的文本被读取到内存中，而且作为 pages 被重新进行格式化和重载，具体结果就是被重载为一个字典格式以用于后续处理。

2. 分词器（Text Splitting）

分词是一种精细处理长文本的技术，它能将文本拆解成更小的分析单元，如字、词和句。在LangChain 中，TextSplitter 扮演了分词器的基石的角色，它是所有分词功能的起点。TextSplitter 不仅灵活，还为用户提供了两个关键参数来调整分词的行为和结果，从而确保分词操作既精准又符合特定需求。这两个参数如下：

- chunk_size：文本分割的滑窗长度。
- chunk_overlap：重叠滑窗长度。

示例代码如下：

```
class TextSplitter(BaseDocumentTransformer, ABC):
    """Interface for splitting text into chunks."""

    def __init__(
        self,
        chunk_size: int = 4000,
        chunk_overlap: int = 200,
        length_function: Callable[[str], int] = len,
    )
```

在具体在应用上，我们主要使用 CharacterTextSplitter 和 RecursiveCharacterTextSplitter。

首先来看 CharacterTextSplitter，它调用 Python 自带的 split()方法，可以用自定义分隔符进行文本切分，其部分源码如下：

```
class CharacterTextSplitter(TextSplitter):
    """
    Implementation of splitting text that looks at characters.
    该类是对 TextSplitter 类的扩展，用于根据字符来分割文本。
    """

    def __init__(self, separator: str = "\n\n", **kwargs: Any):
        """
        Create a new TextSplitter.
        创建一个新的 TextSplitter 实例。
        """
        super().__init__(**kwargs)  # 调用父类的初始化方法
        self._separator = separator  # 将传入的分隔符保存到类的属性中

    def split_text(self, text: str) -> List[str]:
        """
        Split incoming text and return chunks.
        将传入的文本进行分割，并返回分割后的片段。
        """
        # First we naively split the large input into a bunch of smaller ones.
        # 首先，我们简单地将大的输入文本分割成许多小的片段
        if self._separator:  # 如果分隔符存在
            splits = text.split(self._separator)  # 使用分隔符对文本进行分割
        else:  # 如果分隔符不存在
```

```
            splits = list(text)  # 则直接将文本转为字符列表
        return self._merge_splits(splits, self._separator)  # 合并分割后的片段，
并返回结果
```

可以看到，通过自定义分隔符，CharacterTextSplitter 可以按分隔符对文本进行分割。一个完整的示例如下：

```
from langchain.document_loaders import TextLoader
loader = TextLoader("./tsinghua.txt", "utf-8")
pages = loader.load_and_split()

from langchain.text_splitter import CharacterTextSplitter
chunk_size = 60      # 每段字数长度
chunk_overlap = 3      # 重叠的字数
text_splitter = CharacterTextSplitter(chunk_size=chunk_size,
chunk_overlap=chunk_overlap,separator = "。")  # 注意这里分隔符的设计
split_docs_CTS = text_splitter.split_documents(pages)
print((split_docs_CTS)) # 11
```

读者可以自行尝试。

在实际中，使用 RecursiveCharacterTextSplitter 对文本进行分割更常用，这个类可以根据段落的长度对文本内容进行切分，即通过固定尺寸对文本进行切分。RecursiveCharacter TextSplitter 源码如下：

```
class RecursiveCharacterTextSplitter(TextSplitter):
    """
    Implementation of splitting text that looks at characters.
    Recursively tries to split by different characters to find one
    that works.
    该类是 TextSplitter 的扩展，专注于字符级别的文本分割。
    它会递归地尝试使用不同的字符进行分割，以找到一个有效的分割方式。
    """

    def __init__(self, separators: Optional[List[str]] = None, **kwargs: Any):
        """
        Create a new TextSplitter.
        创建一个新的 TextSplitter 实例。
        """
        super().__init__(**kwargs)  # 调用父类的初始化方法
        self._separators = separators or ["\n\n", "\n", " ", ""]  # 设置默认分隔
符列表

    def split_text(self, text: str) -> List[str]:
        """
        Split incoming text and return chunks.
        将传入的文本进行分割，并返回分割后的片段。
        """
        final_chunks = []  # 存储最终的分割片段
        # Get appropriate separator to use
        separator = self._separators[-1]  # 设置默认的分隔符为列表中的最后一个
```

```
        for _s in self._separators:  # 遍历分隔符列表
            if _s == "":
                separator = _s  # 如果列表中有空字符串，则使用它作为分隔符，并退出循环
                break
            if _s in text:  # 如果当前分隔符在文本中存在，则使用它作为分隔符，并退出循环
                separator = _s
                break
        # 使用选择的分隔符对文本进行分割
        if separator:  # 如果分隔符存在
            splits = text.split(separator)  # 使用分隔符对文本进行分割
        else:  # 如果分隔符不存在（即为空字符串）
            splits = list(text)  # 则直接将文本转换为字符列表
        # Now go merging things, recursively splitting longer texts.
        _good_splits = []  # 存储长度小于 chunk_size 的片段
        for s in splits:  # 遍历分割后的片段
            if self._length_function(s) < self._chunk_size:  # 如果片段的长度小于
chunk_size
                _good_splits.append(s)  # 将该片段添加到_good_splits 列表中
            else:  # 如果片段的长度大于或等于 chunk_size
                if _good_splits:  # 如果_good_splits 列表中已有内容
                    merged_text = self._merge_splits(_good_splits, separator)  #
合并列表中的内容
                    final_chunks.extend(merged_text)  # 将合并后的内容添加到
final_chunks 列表中
                    _good_splits = []  # 清空_good_splits 列表
                other_info = self.split_text(s)  # 对当前片段进行递归分割
                final_chunks.extend(other_info)  # 将递归分割后的内容添加到
final_chunks 列表中
        if _good_splits:  # 处理剩余的片段（如果有）
            # 合并剩余的片段
            merged_text = self._merge_splits(_good_splits, separator)
            # 将合并后的内容添加到 final_chunks 列表中
            final_chunks.extend(merged_text)
        return final_chunks  # 返回最终的分割结果
```

下面我们创建一个 RecursiveCharacterTextSplitter 实例，配置 chunk_size 值为 5、chunk_overlap 值为 3。我们的方法是通过 length 函数来度量每个块的字符数，代码如下：

```
    from langchain.document_loaders import TextLoader
    loader = TextLoader("./tsinghua.txt", "utf-8")
    pages = loader.load_and_split()

    from langchain.text_splitter import RecursiveCharacterTextSplitter
    chunk_size = 5        # 每段字数长度，注意人工设置了分隔符后，这里的参数不起作用
    chunk_overlap = 3      # 重叠的字数，注意人工设置了分隔符后，这里的参数不起作用
    text_splitter = RecursiveCharacterTextSplitter(chunk_size=chunk_size,
chunk_overlap=chunk_overlap,separators = ["\n\n", "\n", " ", "。"])
    split_docs_CTS = text_splitter.split_documents(pages)
    print((split_docs_CTS)) # 11
```

可以看到，由于我们在分隔类中设置了 separators 分隔符，因此段落首先会根据分隔符进行分割。而我们设置的 chunk_size 与 chunk_overlap 参数，仅在分隔符默认的情况下才会使用，这一点请读者注意。

这样做的原因是：对于文本的内容读取，LLM 一般会限制上下文窗口的大小，比如 4k、16k、32k 等。简单地说，我们需要对大文本进行文本分割处理。常用的文本分割器是 RecursiveCharacterTextSplitter。在使用时，我们可以通过 separators 参数指定分隔符来分割文本。如果没有指定分隔符，那么该分割器会根据默认设置或人为设定的文本分割长度，将长文本分割成若干个指定长度的短文本。

在具体使用上，文本分割主要有两个考虑：

（1）将语义相关的句子放在一起形成一个 chunk。一般根据不同的文档类型定义不同的分隔符，或者可以选择通过模型进行分割。

（2）chunk 控制为固定的大小，可以通过函数去计算。默认通过 len 函数计算，模型内部一般使用 token 进行计算。token 通常指的是将文本或序列数据划分成更小的单元或符号，便于机器理解和处理。

因此，在具体使用上，我们可以根据需要，采用不同的分块方式来完成文本的分割。

6.2.3　基于 LangChain 的文本分块

下面我们需要完成对文本分块向量的转换，可以使用文本分块方法来对获取的文本进行分块，并把每个分块内容转换为向量数据。

需要注意，相对于前面对分块进行向量转换的方式，在这里使用了并发向量转换函数 from_adocuments。完整实现代码如下：

```
    document = context
    from langchain.docstore.document import Document  # 导入 Document 类
    # 创建一个 Document 对象，包含处理后的文档内容和来源信息
    document = [Document(page_content=document, metadata={"source": target_file})]

    from langchain.text_splitter import RecursiveCharacterTextSplitter  ,
RecursiveCharacterTextSplitter 类

    chunk_size = 1280  # 定义每段字数长度
    chunk_overlap = 128  # 定义重叠的字数

    # 创建一个用于分割段落的 RecursiveCharacterTextSplitter 对象
    text_splitter = RecursiveCharacterTextSplitter(chunk_size=chunk_size,
chunk_overlap=chunk_overlap)
    documents = text_splitter.split_documents(document)  # 对文档进行分块
    print(len(documents))
```

由于我们采用了并发的形式进行计算，而没有确定计算顺序，因此在返回时，既返回了计算后的向量，也返回了改变了顺序的文本内容。结果如图 6-8 所示。

本工具-----text_4来自零售和小企业客户的存款：6,408,7627,201,69311,73110,36412,275,079text_5稳定存款39,18950,7215,0656,61396,838text_6欠稳定存款6,369,5737,150,9726,6663,75112,178,241text_7批发融资：8,877,5986,778,034286,206228,7397,724,111text_8业务关系存款8,523,272590,9246,1311,4594,561,622text_9其他批发融资354,3266,187,110280,075227,2803,162,489text_10相互依存的负债-----text_11其他负债：12,026893,55632,890655,168637,737text_12净稳定资金比例衍生产品负债45,902text_13以上未包括的所有其他负债和权益12,026893,55632,890609,266637,737text_14可用的稳定资金合计24,374,604text_所需的稳定资金text_15净稳定资金比例合格text_优质流动性资产928,319text_16存放在金融机构的text_业务关系存款169,46947,2182,362828110,594text_17贷款和证券：1,2043,989,2232,716,28516,646,11316,962,615text_18由一级资产担保的text_向金融机构发放的贷款-474,0181771,58972,037text_19由非一级资产担保或无担保的text_向金融机构发放的贷款-869,764338,972150,690450,640text_20向零售和小企业客户、text_非金融机构、主权、text_中央银行和公共部门实体等text_发放的贷款-2,285,3052,251,9519,481,71410,237,311text_21其中：风险权重不高于35%-387,544380,370292,979562,690text_22住房抵押贷款-1,8112,8546,174,3345,248,281text_23其中：风险权重不高于35%-42842616,37012,105text_24不符合合格优质流动性资产text_标准的非违约证券，包括text_交易所交易的权益类证券1,204358,325122,331837,786954,346text_25相互依存的资产-----text_26其他资产：338,265398,45233,460127,440767,339text_27实物交易的大宗商品text_(包括黄金)46,39439,435text_28提供的衍生产品初始保证金text_及提供给中央交易对手的text_违约基金35,64330,297text_29净稳定资金比例衍生产品资产63,97818,076text_30衍生产品附加要求50,086*10,017text_31以上未包括的所有其他资产291,871398,45233,46027,819669,514text_32表外项目8,051,576246,740text_33所需的稳定资金合计19,015,607text_34净稳定资金比例(%)128.18%text_(*)本项填写衍生产品负债金额，即扣减变动保证金之前的净稳定资金比例衍生产品负债金额，不区分期限；不纳入第26项"其他资产"合计。页脚_-197-

图6-8 返回的结果值

从上面输出结果中，我们可以清晰地看到所需查询的关键词对应的内容，这表明我们所采用的搜索方法是行之有效的。

6.2.4 找到最近似问题的文本段落

在完成了上一小节的文本分块后，下一步的目标是基于已有的内容完成文本问答。在这里，我们可以使用一个新的Prompt来完成文本问答，也可以使用前面学习过的内容来实现文本问答。代码如下：

```
target_file = "./alltxt/2022-03-31__中国工商银行股份有限公司__601398__工商银行__2021年__年度报告.txt"

def get_single_jsonFile(file_path):
    import json

    context_list = []
    # 假设TXT文件的内容是这样的，每一行都是一个json对象
    with open(file_path, 'r', encoding='utf-8') as file:
        lines = file.readlines()

        for line in lines:
            # 将每一行的字符串转换为字典
            data = json.loads(line)

            # 提取并打印'inside'字段的值
            _line = (data.get('type') + "_" + data.get('inside'))
            context_list.append(_line)
    return context_list

context_list = get_single_jsonFile(target_file)
context = "".join(context_list)

document = context
from langchain.docstore.document import Document  # 导入Document类
# 创建一个Document对象，包含处理后的文档内容和来源信息
document = [Document(page_content=document, metadata={"source": target_file})]

from langchain.text_splitter import RecursiveCharacterTextSplitter

chunk_size = 1280  # 定义每段字数长度
chunk_overlap = 128  # 定义重叠的字数
```

```
    text_splitter = RecursiveCharacterTextSplitter(chunk_size=chunk_size,
chunk_overlap=chunk_overlap)  # 创建一个 RecursiveCharacterTextSplitter 对象
    documents = text_splitter.split_documents(document)  # 对文档进行分块

    "------------------------------------------------------------------"
    documents = [doc.page_content for doc in documents]

    from rank_bm25 import BM25Okapi
    bm25 = BM25Okapi(documents)

    query = "2021 年工商银行境内优先股工行优 1 的股息是多少？ "
    # 使用 BM25 模型查找最相似的文本
    scores = bm25.get_scores(query)
    import numpy as np
    most_similar_index = np.where(scores == max(scores))[0][0]#
scores.index(max(scores))
    most_similar_text = documents[most_similar_index]

    print(f"Query: {query}")
    print(f"Most similar text: {most_similar_text}")
```

打印结果如图 6-9 所示。

```
Most similar text: 及发行费用后全部用于补充其他一级资本，提高资本充足率。text_境外每股募集每股募集text_股份代号股息率发行总额发行股数优先股种类资金全额资金净额text_美元优先股46203.58%29亿美元20美元人民币135.77元
1.45亿股本次境外优先股的合格获配售人不少于6名，其仅发售给专业投资者而不向text_零售投资者发售，并仅在场外市场非公开转让。text_中国工商银行股份有限公司2021年度报告（A股）112text_text_本行境外优先股发行情况请参见本行
于上交所网站、香港交易所"披露易"网站及本行网站发布的公告。text_"工行优1"股息率重置情况text_根据《中国工商银行股份有限公司非公开发行优先股募集说明书》的相关条text_款，本行于2015年11月非公开发行的境内优先股（简称"工行
优1"，代码"360011"）采用分阶段调整的票面股息率定价方式，票面股息率为基准利率加固定息差，首text_5年的票面股息率从发行日起保持不变，其后基准利率每5年重置一次，每个重置text_周期内的票面股息率保持不变。2020年11月，"工
行优1"从发行日起满5年，本text_行对"工行优1"的票面股息率进行重置，自2020年11月23日起，"工行优1"重text_置后的票面股息率为4.58%。text_本行境内优先股股息率重置情况请参见本行于上交所网站、香港交易所"披text_露易"网站及
本行网站发布的公告。text_优先股股东数量及持股情况text_截至报告期末，本行境外优先股股东（或代持人）数量为1户，境内优先股text_"工行优1"股东数量为25户，境内优先股"工行优2"股东数量为33户。截至业text_绩披露日前上一月末（
2022年2月28日），本行境外优先股股东（或代持人）数量text_为1户，境内优先股"工行优1"股东数量为26户，境内优先股"工行优2"股东text_数量为33户。text_前10名境外优先股股东（或代持人）持股情况text_单位：股text_持股持有有
限质押/冻结/股东报告期内增期末持股text_股东名称股份类别比例售条件股标记的股性质减数量text_（%）份数量份数量TheBankoftext_NewYorktext_境外美元境外text_Depository-145,000,000100-未知法人优先股text_(Nominees)
text_Limitedtext_注：（1）以上数据来源于2021年12月31日的在册境外优先股股东情况。text_（2）上述境外优先股的发行采用非公开方式，优先股股东名册中所列为获配售人代持人的信息。text_（3）本行未知上述优先股股东与前10名普
通股股东之间存在关联关系或一致行动关系。text_（4）"持股比例"指优先股股东持有境外优先股的股份数量占境外优先股的股份总数的比例。text_中国工商银行股份有限公司2021年度报告（A股）113text_text_"工行优1"前10名境内优先股
股东持股情况text_单位：股text_持有有text_
```

图 6-9　使用近似查找的目标段落

可以看到，此时通过比对最近似的文本段落内容，我们获取到 BM25 匹配的最合适的段落。下一步，我们需要将它送入 LLM 终端进行文本问答。

6.2.5　使用 LLM 终端完成智能文本问答

在完成了前期的向量查询后，下一步的目标是基于已有的内容完成文本问答。在这里我们可以组建一个新的模板，提供相应的问题并找到对应的目标，从而完成智能文本问答。完整代码如下：

```
    target_file = "./alltxt/2022-03-31__中国工商银行股份有限公司__601398__工商银行
__2021 年__年度报告.txt"


    def get_single_jsonFile(file_path):
        import json

        context_list = []
        # 假设 TXT 文件的内容是这样的，每一行都是一个 json 对象
        with open(file_path, 'r', encoding='utf-8') as file:
            lines = file.readlines()
```

```
            for line in lines:
                # 将每一行的字符串转换为字典
                data = json.loads(line)

                # 提取并打印'inside'字段的值
                _line = (data.get('type') + "_" + data.get('inside'))
                context_list.append(_line)
        return context_list

    context_list = get_single_jsonFile(target_file)
    context = "".join(context_list)

    document = context
    from langchain.docstore.document import Document  # 导入 Document 类
    document = [Document(page_content=document, metadata={"source": target_file})]
# 创建一个 Document 对象，包含处理后的文档内容和来源信息

    from langchain.text_splitter import RecursiveCharacterTextSplitter

    chunk_size = 1280  # 定义每段字数长度
    chunk_overlap = 128  # 定义重叠的字数

    text_splitter = RecursiveCharacterTextSplitter(chunk_size=chunk_size,
chunk_overlap=chunk_overlap)  # 创建一个 RecursiveCharacterTextSplitter 对象
    documents = text_splitter.split_documents(document)  # 对文档进行分块

    "-----------------------------------------------------------------------------"
    documents = [doc.page_content for doc in documents]

    from rank_bm25 import BM25Okapi
    bm25 = BM25Okapi(documents)

    query = "2021 年工商银行境内优先股工行优 1 的股息是多少？ "
    # 使用 BM25 模型查找最相似的文本
    scores = bm25.get_scores(query)
    import numpy as np
    most_similar_index = np.where(scores == max(scores))[0][0]#
scores.index(max(scores))
    most_similar_text = documents[most_similar_index]

    print(f"Query: {query}")
    print(f"Most similar text: {most_similar_text}")

    from langchain.prompts import PromptTemplate

    prompt = PromptTemplate(
        input_variables=["query","documen"],
        template="""作为一名专业财务检索专家，现在传递给你一个检索信息{query}，你会参考对应
的文本材料{documen}，一步一步地仔细思考，按步骤和要求完成任务。
```

```
    """,
)

from 新第四章_Langchain 知识图谱 import llm_chatglm
# 这是一个用于生成剧情梗概的 LLMchain
llm = llm_chatglm.ChatGLM()

from langchain.chains import LLMChain

chain = LLMChain(llm=llm, prompt=prompt)
result  = (chain.run({"query": query,"documen":most_similar_text}))
print(result)
```

从上面代码可以看到，此时我们串联了一整套的数据生成流程，根据各个不同阶段使用不同方法，协同了 BM25 和 LLM 终端，最终实现了智能问答。

6.3　使用 LLM 终端完成反向问题推断

在上一节中，我们完成了智能问答应用。从整体上来看，基于 LLM 的应用开发遵循同一个开发流程，即先提出问题，再查找答案，最后解决问题。下面先回顾一下我们如何基于 ChatGLM 完成智能问答，其中一个中心思路是“先检索再整合”，大致步骤如下：

步骤 01 先准备好文档，把每个文档切成若干个小的模块。

步骤 02 当用户发来一个问题的时候，在多个小的文本模块中进行检索，得到相关性最高的一个模块。

步骤 03 将问题和检索结果合并，重写为一个请求发给 LLM 终端进行问答。

这 3 个步骤实际完成的工作是将用户请求的 query 和 document 做匹配，也就是所谓的问题-文档匹配。问题-文档匹配的困难在于问题和文档各自的表达方式存在较大差异。通常 query 以疑问为主，而 document 则以陈述说明为主，这种差异可能会影响最终匹配的效果。一种改进的方法是跳过问题和文档匹配部分，先通过 document 生成一批候选的问题-答案匹配，当用户发来请求的时候，首先是把 query 和候选的 question 做匹配，进而找到相关的 document 片段。此时的具体思路如下：

- 首先准备好文档，并整理为纯文本的格式，把每个文档切成若干个小的模块。
- 然后调用 LLM 终端，根据每个模块生成若干个候选的 question。
- 最后将问题和答案合并，重写为一个新的请求发给 ChatGLM 进行问答。

6.3.1　文本问题提取实战

按照本节开头的分析，首先就是完成问题的提取工作。在此，为了更好地匹配文本内容与所属目标，我们使用如下的 Prompt：

```
prompt = PromptTemplate(
    input_variables=["document","file_name"],
    template="""作为一名专业财务检索专家，现在传递给你一套参考文本材料{document}，你的
```

```
工作是根据参考文本材料内容，以及文本材料的文件名称{file_name}，
        设计出最多 2 个涉及当前文本的问题，一步一步地仔细思考，按步骤和要求完成任务。
        下面是几个要求：
        1.问题要结合文件名称中具体的公司名称和年度来设计，并要以具体的公司名称开头；
        2.你所提出的问题必须能在文本材料中找到具体的答案，如果找不到就不要设计这个问题；
        3.只需要设计出 2 个问题，并且一定要带有答案，问题和答案均来自给你的文本。

        你在回答时，需要将问题和答案在同一个序列中生成，并且要回答对应的答案，你可以参考如下的示例：
        生成结果的少量示例如下：
        ["问:2018 年国泰平安衍生产品资产是如何计算的？答:根据材料显示衍生产品资产计算方式如下。",
        "问：2020 年江苏中铁的权重估值是多少？答：根据材料显示，风险权重估值为 2.56。",
        "问：1997 年华南之星的违约金是多少？答：根据材料显示华南之星的违约金是 500 元整。"]

        你需要严格按照生成答案示例进行回复，生成回答前要一步一步地思考，一定要在给你的参考文本文件中找到对应的答案并回答。
        如果没有确定的答案，就不要生成问题。
        """,
    )
```

在上面代码中，我们详细设计了一整套 Prompt 提示模板，从而明确地告诉 LLM 终端如何去设计模型，并着重强调设计的问题必须能在文本中找到答案。完整的程序代码如下：

```
target_file = "./alltxt/2022-03-31__中国工商银行股份有限公司__601398__工商银行__2021 年__年度报告.txt"

def get_single_jsonFile(file_path):
    import json

    context_list = []
    # 假设 TXT 文件的内容是这样的，每一行都是一个 json 对象
    with open(file_path, 'r', encoding='utf-8') as file:
        lines = file.readlines()

        for line in lines:
            # 将每一行的字符串转换为字典
            data = json.loads(line)

            # 提取并打印'inside'字段的值
            _line = (data.get('type') + "_" + data.get('inside'))
            context_list.append(_line)
    return context_list

context_list = get_single_jsonFile(target_file)
context = "".join(context_list)

document = context
from langchain.docstore.document import Document  # 导入 Document 类
# 创建一个 Document 对象，包含处理后的文档内容和来源信息
document = [Document(page_content=document, metadata={"source": target_file})]
```

```
from langchain.text_splitter import RecursiveCharacterTextSplitter

chunk_size = 1280  # 定义每段字数长度
chunk_overlap = 128  # 定义重叠的字数
# 创建一个 RecursiveCharacterTextSplitter 对象
text_splitter = RecursiveCharacterTextSplitter(chunk_size=chunk_size, 
chunk_overlap=chunk_overlap)
documents = text_splitter.split_documents(document)  # 对文档进行分块

documents = [doc.page_content for doc in documents]

"------------------------------------------------------------------------------------
------------"
from langchain.prompts import PromptTemplate
prompt = PromptTemplate(
    input_variables=["document","file_name"],
    template="""作为一名专业财务检索专家，现在传递给你一套参考文本材料{document}，你的
工作是根据参考文本材料内容，以及文本材料的文件名称{file_name}，
    设计出最多 2 个涉及当前文本的问题，一步一步地仔细思考，按步骤和要求完成任务。
    下面是几个要求：
    1.问题要结合文件名称中具体的公司名称和年度来设计，并要以具体的公司名称开头；
    2.你所提出的问题必须能在文本材料中找到具体的答案，如果找不到就不要设计这个问题；
    3.只需要设计出 2 个问题，并且一定要带有答案，问题和答案均来自给你的文本。

    你在回答时，需要将问题和答案在同一个序列中生成，并且要回答对应的答案，你可以参考如下的示
例：
    生成结果的少量示例如下：
    ["问:2018 年国泰平安衍生产品资产是如何计算的？答:根据材料显示衍生产品资产计算方式如下。
",    "问：2020 年江苏中铁的权重估值是多少？答：根据材料显示，风险权重估值为 2.56。",
    "问：1997 年华南之星的违约金是多少？答：根据材料显示华南之星的违约金是 500 元整。"]

    你需要严格按照生成答案示例进行回复，生成回答前要一步一步地思考，一定要在给你的参考文本文
件中找到对应的答案并回答。
    如果没有确定的答案，就不要生成问题。
    """,
)

from 新第四章_Langchain 知识图谱 import llm_chatglm
# 这是一个用于生成剧情梗概的 LLMchain
llm = llm_chatglm.ChatGLM()

from langchain.chains import LLMChain
chain = LLMChain(llm=llm, prompt=prompt)

document = documents[-1]

result  = (chain.run({"document":document,"file_name":target_file}))
print(result)
```

生成的结果如图 6-10 所示。

```
["问：中国工商银行股份有限公司2021年的净稳定资金比例是多少？答：根据提供的文本材料，2021年净稳定资金比例为128.18%。",
"问：在2021年，中国工商银行股份有限公司有哪些其他资产？答：根据提供的文本材料，在2021年，中国工商银行股份有限公司的其他资产包括实物交易的大宗商品、提供的衍生产品初始保证金、净稳定资金比例衍生产品资产、相互依存的资产等。"]
```

图 6-10 使用 LLM 终端完成的文本问答

可以看到，对于我们传送进 LLM 终端的文本，LLM 可以很好地完成对答案的总结，并生成了若干条可供存储的问答材料。

6.3.2 存储提取后的内容

下面我们需要完成的是存储提取后的内容，此时选择使用 JSON 格式对数据进行存储，代码如下：

```
result = ["问：中国工商银行股份有限公司 2021 年的净稳定资金比例是多少？答：根据提供的文本材料，2021 年净稳定资金比例为 128.18%。",
 "问：在 2021 年，中国工商银行股份有限公司有哪些其他资产？答：根据提供的文本材料，在 2021 年，中国工商银行股份有限公司的其他资产包括实物交易的大宗商品、提供的衍生产品初始保证金、净稳定资金比例衍生产品资产、相互依存的资产等。"]
target_file = "./alltxt/2022-03-31__中国工商银行股份有限公司__601398__工商银行__2021 年__年度报告.txt"

split_id = 929  # 分片的段落序号

import json
# 写入 JSON 文件，格式化为 JSON 数组，每个对象之间换行
with open('data.json', 'w', encoding='utf-8') as f:
    # 写入一个以方括号开始的 JSON 数组
    f.write('[\n')
    for i, item in enumerate(result):
        # 使用 json.dumps()来将字典转换为 JSON 字符串，并添加逗号和换行符
        f.write(json.dumps(item, ensure_ascii=False, indent=4))
        # 如果不是最后一个元素，添加逗号和换行符
        if i < len(result) - 1:
            f.write(',\n')
    # 写入结束方括号
    f.write('\n]')

print("数据已写入 data.json 文件，格式化为 JSON 数组，每个对象之间有换行分隔。")
```

在上面代码中，我们使用 JSON 格式存储数据，以便于后续的调用。我们不仅存储了问题与答案，还存储其来源以及分片的段落序号，这样的处理可以使我们妥善完成相关文本的查找。

6.4 本章小结

在本章中，我们深入探讨了利用 ChatGLM3 构建终端以高效处理多文档的方法。通过 LLM 终端与其他先进工具的完美融合，我们实现了更卓越的文本处理效果。

在探索过程中，我们引入了一种名为“检索增强生成”的智能问答模型。该模型的创新之处在于，它有效突破了大语言模型在知识领域上的局限性，为用户呈现了更加多样化和丰富的内容生成结果。这不仅增强了模型的实用性，也极大地拓宽了其应用场景。

此外，我们还开创性地设计了一种基于 LLM 终端的问题推演机制。这种机制能够引导我们更加聚焦于问题的核心，从而为解决更细致、更具体的问题提供了有力的手段。这一创新在提升问题解决的效率和准确性方面显示出巨大的潜力。

在完成上述研究的同时，本章也标志着利用 LangChain 辅助 ChatGLM3 学习的结束。接下来，将回归 ChatGLM3 本身，从源代码的角度进行深入分析，从而踏上一段全新的探索之旅。在这一过程中，我们希望揭示更多关于 ChatGLM3 工作原理的奥秘，并探索其在未来可能的优化与创新应用的方向。

第 7 章

构建以人为本的 ChatGLM3 规范化 Prompt 提示工程

在探索编程模型的新领域时，应始终坚守“以人为本”的设计理念，这也是贯彻人工智能模型服务于人类的核心思想。构建以人为本的提示工程，其实质是为了更好地理解和适应人类的需求与习惯。这些作为模型输入的提示，不再是冰冷、刻板的硬编码，而是由多个灵活多变的组件根据人们的实际需求精心构建而成的。

ChatGLM3 作为这一创新理念的执行者，致力于构建出更加人性化、智能化的输入方式。它像是一位贴心的助手，时刻关注着用户的需求，为用户提供更便捷、更高效的解决方案。它提供的各种类和函数，均围绕着如何更好地服务于人类而设计。无论是构建提示、处理输出，还是优化用户体验，ChatGLM3 都始终将人的需求放在首位。

本章将探讨以人为本的提示模板的构建方法，并结合 ChatGLM3 终端演示提示模板的用法。

7.1　提示工程模板构建的输入与输出格式

在处理复杂的聊天交互时，大语言模型展现出了其独特的优势。它们能接收简单的聊天消息列表作为输入，这些列表在行业内常被称为“提示”。更重要的是，每一条消息都被赋予了特定的角色属性。这种角色化的处理方式，使得聊天内容不再是单调的字符串堆砌，而是富含上下文信息和交互逻辑的沟通流。

在接下来的内容中，将深入剖析提示工程模板的构建精髓，细致探讨其输入与输出的标准格式。我们要求大型模型在回答问题时必须严格遵守既定的规范，这不仅确保了回答的一致性和准确性，更有助于我们充分发挥大型模型的潜能，实现更高效、更精准的交互体验。

7.1.1 提示模板的输入格式

智谱 AI 的 ChatGLM3 允许将聊天消息与 AI、人类或系统角色紧密关联。这种关联性不仅提升了交流的清晰度，还能指导模型更加精确地遵循系统发出的指令。因此，在构建聊天应用时，对系统消息的响应准确性和及时性成为衡量模型性能的重要指标。

正是基于这样的背景，我们可以设计一系列与聊天紧密相关的提示模板。这些模板旨在帮助开发者更轻松地构建和处理复杂的聊天提示，从而充分发挥底层聊天模型的潜力。当需要查询或交互聊天模型时，使用这些专为聊天设计的提示模板，而非通用的 PromptTemplate，将能够带来更加流畅、自然的用户体验。

在与大语言模型进行交互问答时，一般涉及的提示模板分为以下几类：

- ChatPromptTemplate：这是一个基类或模板类，用于构建和处理与聊天相关的提示。它可能包含一些通用的方法和属性，用于格式化、解析和传递聊天提示。
- PromptTemplate：这是一个更通用的提示模板类，可用于构建各种类型的提示，而不仅仅是聊天提示。它可能提供了一些基本的方法来构建和修改提示。
- SystemMessagePromptTemplate：这个类专用于构建整体系统描述的提示。
- AIMessagePromptTemplate：这个类专用于构建和处理由 AI 生成的消息的提示。AI 消息是由聊天模型或其他 AI 算法生成的响应，用于回答用户的问题或提供信息。
- HumanMessagePromptTemplate：这个类专用于构建和处理由人类用户生成的消息的提示。人类消息是用户在聊天过程中输入的文字或其他形式的数据。

在具体使用上，可以使用 LangChain 中的现成模块进行导入：

```
from langchain.prompts import (
    ChatPromptTemplate,
    PromptTemplate,
    SystemMessagePromptTemplate,
    AIMessagePromptTemplate,
    HumanMessagePromptTemplate,
)
from langchain.schema import (
    AIMessage,
    HumanMessage,
    SystemMessage
)
```

下面示例采用格式化方法完成提示模板的构建，代码如下：

```
# 首先导入上面的代码
template="You are a helpful assistant that translates {input_language} to
{output_language}."
system_message_prompt = SystemMessagePromptTemplate.from_template(template)
human_template="{text}"
human_message_prompt =
HumanMessagePromptTemplate.from_template(human_template)

chat_prompt = ChatPromptTemplate.from_messages([system_message_prompt,
```

```
human_message_prompt])

    for prompt in chat_prompt:
        print(prompt)
```

打印 chat_prompt 内容如图 7-1 所示。可以看到，此时的结构化内容依次通过字典的形式进行了分类，输入和输出内容都被放置在 input_variables 参数中，message 则是构建的整体描述字典。

```
('name', None)
('input_variables', ['input_language', 'output_language', 'text'])
('input_types', {})
('output_parser', None)
('partial_variables', {})
('messages', [SystemMessagePromptTemplate(prompt=PromptTemplate(input_variables=['input_language', 'output_language'], template='You are a helpful assistant
  {output_language}.')), HumanMessagePromptTemplate(prompt=PromptTemplate(input_variables=['text'], template='{text}'))])
('validate_template', False)
```

图 7-1 构建的 chat_prompt 提示模板

下面需要将输入的对话模板构建成一个完整的提示内容，读者可以使用 chat_prompt 中的 format 函数或者 format_prompt 函数来构建一个完整的对话内容，代码如下：

```
    from langchain.prompts import (
        ChatPromptTemplate,
        SystemMessagePromptTemplate,
        HumanMessagePromptTemplate,
    )

    template="You are a helpful assistant that translates {input_language} to
{output_language}."
    system_message_prompt = SystemMessagePromptTemplate.from_template(template)
    human_template="{text}"
    human_message_prompt =
HumanMessagePromptTemplate.from_template(human_template)
    chat_prompt = ChatPromptTemplate.from_messages([system_message_prompt,
human_message_prompt])

    # 通过格式化的方法完成提示模板的构建
    output = chat_prompt.format(input_language="English",
output_language="chinese", text="I love ChatGLM.")
    print(output)
    message = chat_prompt.format_prompt(input_language="English",
output_language="chinese", text="I love ChatGLM.").to_messages()
    print(message)
```

打印结果如图 7-2 所示。

```
System: You are a helpful assistant that translates English to chinese.
Human: I love ChatGLM.
[SystemMessage(content='You are a helpful assistant that translates English to chinese.'), HumanMessage(content='I love ChatGLM.')]
```

图 7-2 完整构建的提示模板内容

可以看到，此时的模板根据输入调用的内容被整合成一个完整的提示语句，而 message 则担负传送消息的任务。

除了前面介绍的内容之外，SystemMessagePromptTemplate、AIMessagePromptTemplate、HumanMessagePromptTemplate 作为不同角色的模版，用于创建不同角色的提示信息内容。在具体使用上，它们与之前介绍的提示模板用法一致，请读者自行尝试。

但是，在聊天模型支持使用任意角色发送聊天消息的情况下，还有一种方法可以使用自定义的角色，即使用 ChatMessagePromptTemplate 允许用户指定角色名称。

```
from langchain.prompts import ChatMessagePromptTemplate
prompt = "May the {subject} be with you"
chat_message_prompt = ChatMessagePromptTemplate.from_template(role="chatGLM",
template=prompt)
chat_message_prompt.format(subject="force")
```

上面代码直接对提示模板的角色进行定义，role 显式地表明此条信息来自 ChatGLM，这也给我们在后期更自由地定义提示模板做了铺垫。

7.1.2 提示模板的输出格式

对于提示模板的输出格式，我们仍然要求大模型在输出时遵循特定的格式，即同样要求做到"以人为本，需求第一"。下面将讲解提示模板的输出格式，首先来看一个简单的示例：

```
from langchain.output_parsers import CommaSeparatedListOutputParser
from langchain.prompts import PromptTemplate, ChatPromptTemplate,
HumanMessagePromptTemplate
output_parser = CommaSeparatedListOutputParser()
format_instructions = output_parser.get_format_instructions()
prompt = PromptTemplate(
    template="List five {subject}.\n{format_instructions}",
    input_variables=["subject"],
    partial_variables={"format_instructions": format_instructions}
)

_input = prompt.format(subject="ice cream flavors")
print(_input)
```

在上面代码中，CommaSeparatedListOutputParser 对象是个解析器，可以处理以逗号分隔的列表输出，将其转换为 Python 列表。调用 get_format_instructions()方法，从输出解析器中获取格式化指令，这些指令通常用于指导语言模型如何格式化其输出，以便之后可以被该解析器正确解析。使用 PromptTemplate 类创建了一个提示模板，这个模板包含两个变量部分——{subject}和{format_instructions}，其中参数说明如下：

- template 参数定义了模板的文本。在这里，它要求列出 5 个特定的主题，并附加了格式化指令。
- input_variables 参数是一个列表，定义了哪些变量需要在格式化时提供。在这里，只需要提供 subject。
- partial_variables 参数是一个字典，定义了模板中已经部分填充的变量。在这里，format_instructions 已经被赋予了一个值。

可以看到这段代码的目的是创建一个提示，用于请求列出 5 个特定的主题（在这个例子中是"ice cream flavors"），并确保输出是一种可以被 CommaSeparatedListOutputParser 解析的格式。

我们还可以将提示与 ChatGLM3 终端相连接，从而根据终端的输出完成对提示的回答，代码如下：

```
    from 新第四章_Langchain 知识图谱 import llm_chatglm
    llm = llm_chatglm.ChatGLM()

    response = llm(_input)
    print(response)
```

输出结果请读者自行打印，并与上一节的示例代码相互比较。

在某些情况下，我们还需要将输出的结果作为结构化的抽取，并将其输出。下面定义一种要求大模型进行结构化输出的提示模板：

```
    from langchain.output_parsers import StructuredOutputParser, ResponseSchema
    from langchain.prompts import PromptTemplate, ChatPromptTemplate,
HumanMessagePromptTemplate

    response_schemas = [
        ResponseSchema(name="answer", description="answer to the user's question"),
        ResponseSchema(name="source", description="source used to answer the user's
question, should be a website.")
    ]
    output_parser =
StructuredOutputParser.from_response_schemas(response_schemas)

    format_instructions = output_parser.get_format_instructions()
    prompt = PromptTemplate(
        template="answer the users question as best as
possible.\n{format_instructions}\n{question}",
        input_variables=["question"],
        partial_variables={"format_instructions": format_instructions}
    )

    from 新第四章_Langchain 知识图谱 import llm_chatglm
    llm = llm_chatglm.ChatGLM()

    _input = prompt.format_prompt(question="what's the capital of france")

    response = llm(_input.to_string())
    print(response)
```

运行代码后，我们将获得一个既包含回复内容又包含回复来源的文本答案，如图 7-3 所示。

```
The capital of France is Paris.

Source: <https://www.website>
```

图 7-3　结构化回复内容

下面我们对代码进行分析。

（1）定义输出的模版样式：

```
    response_schemas = [
        ResponseSchema(name="answer", description="answer to the user's question"),
        ResponseSchema(name="source", description="source used to answer the user's
question, should be a website.") ]
```

这里定义了两个 ResponseSchema 对象，它们描述了期望的输出结构。第一个模式名为“answer”，用于存储对用户提出的问题的答案；第二个模式名为“source”，用于指明用来回答问题的来源网站。

（2）创建输出解析器：

```
    output_parser =
StructuredOutputParser.from_response_schemas(response_schemas)
```

这个输出解析器的作用是使用之前定义的响应模式列表 response_schemas 来创建一个 StructuredOutputParser 对象。这个解析器能够解析与这些模式匹配的结构化输出。

（3）获取格式化指令：

```
    format_instructions = output_parser.get_format_instructions()
```

从输出解析器中获取格式化指令，这些指令将指导语言模型如何格式化其输出，以便之后该解析器能够正确解析。

（4）创建对话模板：

```
    prompt = PromptTemplate(
        template="answer the users question as best as
possible.\n{format_instructions}\n{question}",
        input_variables=["question"],
        partial_variables={"format_instructions": format_instructions}
    )
```

这是创建一个对话模板，用于指导语言模型如何回答用户的问题。其中包含了 3 个部分：

- 固定的文本：“answer the users question as best as possible.”。
- 格式化指令：`{format_instructions}`，它将被之前从输出解析器中获取的格式化指令替换。
- 用户的问题：`{question}`，这是一个占位符，稍后在格式化提示时将用实际的用户问题替换。

在具体使用该模板时，需要提供一个 question 变量来格式化提示。例如：

```
    _input = prompt.format(question="What is the capital of France?")
    print(_input)
```

这将输出一个格式化的提示，类似于：

```
    answer the users question as best as possible.
    [具体的格式化指令]
```

```
What is the capital of France?
```

这个格式化的提示可以进一步用于查询语言模型，以获取结构化的回答。

最后使用基于 ChatGLM3 的终端完成对结果的输出，具体请读者自行查看。

7.2 提示工程模板高级用法

在之前的讨论中，我们已经概述了提示工程模板构建的基础方法。在这个构建过程中，有几个核心要点值得特别关注。

1）提升提示模板的人性化设计

为了使语言模型能更深入地理解和回应人类的需求，需要深入研究如何在 PromptTemplates 中融入更多人性化的元素。这意味着模型不仅需要理解语言的字面意思，还要能够捕捉到语言背后的情感、语境和文化背景，从而以更接近人类思维和表达习惯的方式来做出回应。

2）优化聊天提示模板的交互体验

在聊天模型的构建中，用户的交互体验是我们关注的另一个重点。笔者的建议是致力于让每一次对话都变得轻松自然，仿佛是与一个了解你、关心你的好友在交流。为实现这一目标，需要不断优化模型的响应速度、对话的连贯性，以及对需求意图的准确理解。

3）以用户需求为导向的输出格式

对于大模型生成的回复，需要更加注重输出格式的用户需求导向性。这意味着输出不仅要提供清晰、结构化的信息，还要能够根据用户的实时反馈和需求，进行灵活的调整和优化。一个基本目标是让每一位用户都能从模型中获得最符合自己需求、最实用且最满意的输出结果，从而能够进一步提升语言模型的实用性和用户满意度。

7.2.1 提示模板的自定义格式

假设希望大型语言模型（LLM 终端）能够根据函数的名称自动生成对应的英语解释。为了实现这一目标，我们将设计一个专门的自定义提示模板。这个模板将接收函数名称作为输入，并以其为基础，格式化并提供相关的函数源代码作为引导信息。

那么，为什么需要自定义提示模板呢？

虽然默认的提示模板在多种任务中都能生成有效的提示，但是在实际应用中，我们可能会遇到默认模板无法满足特定需求的情况。例如，有时我们可能需要为语言模型提供更具体、更动态的指示信息。

在这种情况下，自定义提示模板就显得尤为重要。通过创建自定义模板，我们可以精确地控制提示的内容、格式和风格，从而确保语言模型能够按照我们的期望生成准确、相关且有用的输出。这不仅提高了模型的灵活性和适应性，还为我们提供了更广阔的创作空间，使我们能够根据实际需求定制符合要求的提示。

如下所示的代码是一个完整的 LLM 终端，它能够对自定义函数进行源码解析。

```
import inspect
def get_source_code(function_name):
    # Get the source code of the function
    return inspect.getsource(function_name)

def add_fun(a,b):
    return  a + b

function_name = add_fun
source_code = get_source_code(function_name)

prompt = f"Given the function name and source code, generate an English language explanation of the function. Function Name: {function_name} Source Code:{source_code} Explanation,用中文回复。:          "
print(prompt)

from 新第四章_Langchain 知识图谱 import llm_chatglm
llm = llm_chatglm.ChatGLM()

response = llm(prompt)
print(response)
```

请读者自行运行并查看结果。

7.2.2 提示模板的 FewShotPromptTemplate 格式

在 4.1.5 节中，笔者利用模板完成了反义词的生成工作，相较于仅依赖语言对需求的笼统描述，那里巧妙地运用了少量具体的使用需求示例。这些示例结合 ChatGLM3 强大的推理能力，显著提升了用户体验，使用户能够更为便捷地生成所需结果。

值得一提的是，FewShotPromptTemplate 在此过程中发挥了核心作用。作为常用的示例提示模板，FewShotPromptTemplate 能够高效地将少量用户自定义数据传递给 LLM 终端，进而明确指导模型的解读和生成结果方式，确保输出的准确性和贴合度。一个简单的格式使用示例代码如下：

```
# 导入 langchain 库中的 FewShotPromptTemplate 和 PromptTemplate
from langchain import FewShotPromptTemplate, PromptTemplate

# 创建示例对话
examples = [
    {
        "query": "How are you?",  # 用户查询
        "answer": "I am fine." # AI 回答
    },
    {
        "query": "现在几点了?",  # 用户查询
        "answer": "该吃晚饭了"  # AI 回答
    }
]

# 创建一个示例模板
```

```
example_template = """
User: {query}  # 用户输入部分
AI: {answer}  # AI 响应部分
"""

# 使用上面的模板创建一个 PromptTemplate 对象
example_prompt = PromptTemplate(
    input_variables=["query", "answer"],  # 模板中的变量
    template=example_template  # 模板内容
)

# 将之前的提示拆分为前缀和后缀
# 前缀是我们的指令
prefix = """ 你是一个风趣幽默的机器人，可以用有趣的语调回答用户的提问
"""
# 后缀是用户输入和输出指示符
suffix = """
User: {query}  # 用户输入部分
AI: """  # AI 响应部分（注意这里没有{answer}，因为在实际使用时，AI 的响应是未知的）

# 创建一个 FewShotPromptTemplate 对象
few_shot_prompt_template = FewShotPromptTemplate(
    examples=examples,  # 示例对话
    example_prompt=example_prompt,  # 示例模板
    prefix=prefix,  # 前缀
    suffix=suffix,  # 后缀
    input_variables=["query"],  # 输入变量（在这里只有用户的查询）
    example_separator="\n\n"  # 示例之间的分隔符
)

# 设置一个用户查询
query = "今天下雨了吗？"
# 使用 FewShotPromptTemplate 对象格式化用户查询，并打印结果
print(few_shot_prompt_template.format(query=query))
```

这段代码的主要目的是创建一个基于少量样本的提示模板，用于指导语言模型如何回应用户的查询。它首先定义了一些示例对话，然后创建了一个包含这些示例的模板。这个模板包括一个前缀、一个后缀和示例之间的分隔符。前缀用于给模型提供背景信息（即与 AI 助手的对话风格），后缀用于指示用户的输入和 AI 的响应位置。最后，代码使用了一个具体的用户查询来格式化这个模板，并打印出结果。这个结果可以直接用作语言模型的输入，以生成相应的响应。

7.2.3 部分格式化的提示模板详解

当我们在不同时间点获取到某些变量时，部分格式化的提示模板就显得尤其有用。它允许逐步构建提示，而不必等待所有必要的信息都集齐后再一次性处理。

以具体情境为例，假设有一个提示模板，它需要两个变量：foo 和 baz。在处理流程中，可能在较早的阶段就已经获取了 foo 的值，而 baz 的值则要稍后才能获得。在这种情况下，如果等到同时

拥有这两个变量才将它们传递给提示模板，可能会使流程变得复杂和低效。

为了避免这种不便，可以使用部分格式化的提示模板。一旦获得了 foo 的值，就立即使用它来部分格式化提示模板。随后，当获得 baz 的值时，只需将部分格式化的提示模板与 baz 结合，即可完成整个提示的构建。下面演示一个执行此操作的示例：

```
from langchain.prompts import PromptTemplate

prompt = PromptTemplate(template="{foo}{bar}", input_variables=["foo", "bar"])
partial_prompt = prompt.partial(foo="foo");
print(partial_prompt.format(bar="baz"))
```

或者也可以只使用部分变量初始化 Prompt：

```
prompt = PromptTemplate(template="{foo}{bar}", input_variables=["bar"],
partial_variables={"foo": "foo"})
print(prompt.format(bar="baz"))
```

通过这种方式，部分格式化的提示模板提供了更大的灵活性和效率，能够在信息逐步变得可用时逐步构建提示，从而优化了处理流程。

部分格式化提示模板的另一个常见的应用场景是利用函数实现提示的部分化。这种情况通常出现在我们总是希望以某种固定方式获取某个变量时。

以日期或时间为例，这是一个非常贴切的场景。假设有一个提示，它总是需要包含当前的日期。直接在提示中硬编码日期显然是不可取的，因为这会导致提示很快过时。同时，将日期与其他输入变量一起传递，也可能会使事情变得复杂。

在这种情况下，使用一个函数来动态生成当前日期，并据此对提示进行部分格式化，就显得非常便捷。这样，每当需要该提示时，它都会自动包含最新的日期信息，无须手动更新或传递额外的参数。这不仅提高了提示的灵活性和实用性，还确保了信息的准确性和时效性。代码如下：

```
from datetime import datetime
from langchain.prompts import PromptTemplate

def _get_datetime():
    now = datetime.now()
    return now.strftime("%m/%d/%Y, %H:%M:%S")

prompt = PromptTemplate(
    template="Tell me a {adjective} joke about the day {date}",
    input_variables=["adjective", "date"]
);
partial_prompt = prompt.partial(date=_get_datetime)
print(partial_prompt.format(adjective="funny"))
```

更值得一提的是，在这种工作流中，读者也可以使用部分变量初始化 Prompt，这通常更有意义。

```
prompt = PromptTemplate(
    template="Tell me a {adjective} joke about the day {date}",
    input_variables=["adjective"],
    partial_variables={"date": _get_datetime}
);
```

```
print(prompt.format(adjective="funny"))
```

读者可以自行运行代码查看结果。

7.3 结合提示工程的网页搜索服务实战

对于在本地部署的大语言模型终端来说，其回答通常都建立在已经训练好的知识库之上，这些知识主要反映了“过去”的积累和沉淀。这一局限性的根源在于，大语言模型的知识获取途径主要依赖于训练时所使用的文本数据集。当遇到未曾涉及或难以通过推理得出准确答案的问题时，LLM 终端往往显得捉襟见肘。

为了打破这一困境，一个直观且有效的策略是将网页搜索功能引入 LLM 终端。通过实时搜索互联网上的相关信息，LLM 终端可以获得一份即时的“参考资料”，这些资料能够为它提供最新、最准确的信息支持。借助这些搜索结果，LLM 终端能够更全面地理解问题的背景，更准确地把握问题的本质，从而给出更有针对性的回答。

这种结合网页搜索功能的做法，不仅能够帮助 LLM 终端克服知识更新滞后的问题，还能够极大地扩展其知识覆盖面和应用场景。无论是回答时事热点问题，还是解决专业领域的疑难问题，借助网页搜索功能的 LLM 终端，都能够展现出更高的智能水平和更广泛的应用潜力。

7.3.1 网页搜索的 API 实现

本小节我们将完成一个可以网页搜索的提示工程。为了实现此项功能，首先需要完成一个可使用 Python 运行的网页搜索 API。

对于部分首次运行本示例代码的读者，需要安装一些特定的模块，读者可以依次安装如下 Python 辅助包：

```
pip install re,urllib,bs4
```

完整的搜索代码如下（注意：如果返回值为空，请读者多试几次）：

```
import re,urllib.parse,urllib.request,urllib.error
from bs4 import BeautifulSoup as BS

def get_bing_results(word):
    baseUrl = 'http://cn.bing.com/search?'  # Bing 搜索的基础 URL
    data = {'q': word}  # 构造查询参数，其中'q'表示查询关键字，word 为用户输入的搜索词
    data = urllib.parse.urlencode(data)  # 将查询参数编码为 URL 格式
    url = baseUrl + data  # 拼接成完整的搜索 URL
    print(url)  # 打印 URL，用于调试

    try:
        html = urllib.request.urlopen(url)  # 尝试打开 URL 并获取响应内容
        soup = BS(html, "html.parser")  # 使用 BeautifulSoup 解析 HTML 内容，注意这
里 BS 应该改为 BeautifulSoup
        context = soup.findAll(class_="b_lineclamp4 b_algoSlug")  # 查找符合特定
```

```
class 属性的 HTML 元素，这里可能是搜索结果的容器
            results = ""  # 初始化一个空字符串，用于存储处理后的搜索结果
            for i in range(len(context)):  # 遍历查找到的 HTML 元素
                if '\u2002•\u2002' not in str(context[i]): # 如果元素中不包含特定字符
(•)，则跳过
                    continue
                results += (str(i) + ')')  # 将当前元素的索引添加到结果字符串中，并加上中
文右括号
                # 分割字符串并移除 HTML 的</p>标签，这里假设搜索结果的标题和链接之间以中间点(•)
分隔
                results +=
(str(context[i]).split('\u2002·\u2002')[1].replace('</p>', ''))
            return results, soup, context  # 返回处理后的搜索结果、soup 对象以及原始的 HTML
元素，用于调试
        except urllib.error.HTTPError as e:  # 捕获 HTTP 错误
            print(e.code)  # 打印 HTTP 错误代码
            return None, None, None  # 在异常发生时返回 None
        except urllib.error.URLError as e:  # 捕获 URL 错误
            print(e.reason)  # 打印 URL 错误原因
            return None, None, None  # 在异常发生时返回 None
```

这段代码实现了调用 bing 完成网页搜索的功能，并返回结果。打印其中的 context 内容，可以看到，此时虽然返回了文本内容，但是由于它来自网页搜索，包含了很多的网页端符号，因此下一步就是将这些符号剔除。

我们可以使用一个文本清理函数自动对不友好的内容进行清洗，代码如下：

```
pattern = re.compile(r'<[^>]+>')
context = [pattern.sub('', str(cont)) for cont in context]
print(context)
```

在上面代码中，采用正则表达式删除了尖括号及其包含的内容，并将结果重新加载到 list 中供下一步使用。

7.3.2　网页问答提示模板的实现

接下来，我们需要完成结合了网页搜索的 LLM 终端问答。对于这个功能的实现，首先需要构建一个针对网页问答的提示模板，代码如下：

```
from langchain.prompts import PromptTemplate

template = """
你是一个网页搜索助手，现在有一个问题{query}需要你回答，而同时会提供一份参考文献{context}，
你要根据这个参考文献仔细思考后回答。
如果找不到对应的答案，请回答“没有找到对应内容，请重试。”
"""
prompt = PromptTemplate(
    input_variables=["query","context"],
    template=template,
)
```

7.3.3 结合网页搜索的 LLM 终端问答实战

经过上面两个小节的准备，我们可以实现结合网页搜索的 LLM 终端问答，完整代码如下：

```
import re,urllib.parse,urllib.request,urllib.error
from bs4 import BeautifulSoup as BS

# 搜索框中的搜索内容
query = '热播电视剧《繁花》中阿宝的扮演者是谁？'

# 获取 bing 搜索的结果
def get_bing_results(word):
    baseUrl = 'http://cn.bing.com/search?'  # Bing 搜索的基础 URL
    data = {'q': word}  # 构造查询参数，其中'q'表示查询关键字，word 为用户输入的搜索词
    data = urllib.parse.urlencode(data)  # 将查询参数编码为 URL 格式
    url = baseUrl + data  # 拼接成完整的搜索 URL
    print(url)  # 打印 URL，用于调试

    try:
        html = urllib.request.urlopen(url)  # 尝试打开 URL 并获取响应内容
        soup = BS(html, "html.parser")  # 使用 BeautifulSoup 解析 HTML 内容，注意这
里 BS 应该改为 BeautifulSoup
        context = soup.findAll(class_="b_lineclamp4 b_algoSlug")  # 查找符合特定
class 属性的 HTML 元素，这里可能是搜索结果的容器
        results = ""  # 初始化一个空字符串，用于存储处理后的搜索结果
        for i in range(len(context)):  # 遍历查找到的 HTML 元素
            if '\u2002•\u2002' not in str(context[i]):  # 如果元素中不包含特定字符
(•)，则跳过
                continue
            results += (str(i) + ')')  # 将当前元素的索引添加到结果字符串中，并加上中
文右括号
            # 分割字符串并移除 HTML 的</p>标签，这里假设搜索结果的标题和链接之间以中间点(•)
分隔
            results +=
(str(context[i]).split('\u2002·\u2002')[1].replace('</p>', ''))
        return results, soup, context  # 返回处理后的搜索结果、soup 对象以及原始的 HTML
元素，用于调试
    except urllib.error.HTTPError as e:  # 捕获 HTTP 错误
        print(e.code)  # 打印 HTTP 错误代码
        return None, None, None  # 在异常发生时返回 None
    except urllib.error.URLError as e:  # 捕获 URL 错误
        print(e.reason)  # 打印 URL 错误原因
        return None, None, None  # 在异常发生时返回 None

results, soup, context = get_bing_results(query)
pattern = re.compile(r'<[^>]+>')
context = [pattern.sub('', str(cont))  for cont in context]
from langchain.prompts import PromptTemplate

template = """
```

```
    你是一个网页搜索助手，现在有一个问题{query}需要你回答，而同时会提供一份参考文献{context}，
你要根据这个参考文献仔细思考后回答。
    如果找不到对应的答案，请回答“没有找到对应内容，请重试。”
    """
    prompt = PromptTemplate(
        input_variables=["query","context"],
        template=template,
    )

    from 新第四章_Langchain 知识图谱 import llm_chatglm
    llm = llm_chatglm.ChatGLM()
    from langchain.chains import LLMChain
    chain = LLMChain(llm=llm, prompt=prompt)
    print(chain.run({"query":query,"context":context}))
```

最终结果请读者自行尝试。此外，欢迎有兴趣的读者尝试更多的查询内容。

7.4　本章小结

在本章中，我们深入探讨了构建以人为本的 ChatGLM3 规范化提示工程的核心理念和实践方法。提示工程的目标不仅仅是简单地传递信息给大语言模型终端，更重要的是确保这些提示能够符合人类的思维习惯和表达方式，同时准确地传达用户的意图和需求。

为了实现这一目标，我们需要对提示进行精细化的设计和优化。首先，提示应该具备清晰明了的结构，以便于 LLM 终端快速理解并做出响应。其次，提示中使用的语言应该贴近自然语言，避免使用过于复杂或模糊的词汇和句式，从而降低用户的理解难度。

此外，我们还需要考虑不同用户群体的特点和需求差异。例如，对于不同年龄段、文化背景和教育水平的用户，他们可能有着不同的表达习惯和信息需求。因此，在构建提示工程时，我们需要充分考虑这些差异，并设计出能够适应不同用户群体的提示方案。

通过本章的学习，读者将掌握如何建立以人为中心的 ChatGLM3 规范化提示框架，并理解其中的关键技术和方法。通过这一过程，读者不仅能够更深入地理解大语言模型的运作，还能够利用这些模型提供更智能、更便捷的语言交互体验。此外，这些知识和技能也将为未来自然语言处理技术和人工智能领域的进一步发展打下坚实的基础。

第 8 章

使用 ChatGLM3 的思维链构建

2022 年，一篇在人工智能领域引起广泛关注的论文 *Chain-of-Thought Prompting Elicits Reasoning in Large Language Models* 横空出世，这篇论文首次创新性地揭示了一种名为“思维链”（Chain of Thought）的方法。该方法以独特的视角引领大语言模型逐步参与到复杂问题的分解过程中，将庞大而繁杂的问题巧妙地细化为一系列更易于处理的子问题，然后依次进行求解。这种有条不紊、层层深入的解决策略，经过实践的检验，被证明能够显著提升大模型的性能，使它在逻辑推理、问题解决以及复杂任务处理等多个方面展现出前所未有的卓越能力。

思维链的引入，如同为大语言模型打开了一扇全新的大门，它不仅提供了一种全新的推理模式，更极大地拓展了大语言模型在各种应用场景下的实用性和灵活性。通过精心构建清晰、连贯的思维链条，大模型得以更深入地理解问题的本质和内在逻辑，从而生成更准确、更有深度的回答和解决方案。这一重要成果不仅为大语言模型的进一步发展和应用奠定了坚实的基础，更激发了该领域对于未来无限可能的热烈期待。

本章将追溯思维链的起源，深入探讨在大模型中运用思维链所带来的显著优势。此外，还将结合先进的 LLM 技术，特别是 ChatGLM3 终端，带领读者完成一系列思维链的实战项目。通过这些项目，读者将亲身体验到思维链在提升大模型性能、增强逻辑推理能力，以及优化问题解决方案等方面的强大威力。在思维链的指引下，大语言模型将书写更加辉煌的未来篇章。

8.1 思维链初探

思维链推理作为人类智能的核心组成部分，是一种基本的认知过程。它在我们理解、分析和解决问题时发挥着重要作用。近年来，这一概念在人工智能和自然语言处理领域引起了广泛的关注和深入的研究。

在人工智能领域，研究者们致力于模拟人类的思维链推理过程，以期赋予机器类似人类的逻辑推理能力。通过构建复杂的算法和模型，他们努力使机器能够像人类一样，将复杂问题分解为一系列子问题，并有序地、逐步地解决这些子问题。这种有序的、逐步深入的解决策略，正是思维链推理的精髓所在。

思维链推理在人工智能和自然语言处理领域的广泛应用，不仅提升了机器的智能水平，也为人类带来了诸多便利。随着技术的不断进步和研究的深入，我们有理由相信，思维链推理将继续在这两个领域发挥重要作用，并推动人工智能和自然语言处理技术的持续发展。

8.1.1　思维链源于人类使用自然语言的概念来理解事物

本小节通过讲解思维链的起源来深入探讨一下“语言智能”的含义。语言智能可以被理解为一种能力，即使用基于自然语言的概念来理解事物，并在这些概念之间进行推理。这种高级的抽象与理解能力是人类所独有的，它使我们在生物界中独树一帜，成为一种“智慧物种”。这种语言智能能力不仅是我们沟通、交流的基础，更是思考、学习、创新的关键。

语言作为人类思维和交流的主要工具，其背后蕴含着丰富的逻辑和推理信息。为了让机器更好地理解人类语言，并准确地回应各种问题，研究者们需要将思维链推理的能力融入语言模型中。通过让语言模型学习并模拟人类的思维链推理过程，使它们更加深入地理解问题的本质和内在逻辑，从而生成更为准确、更有深度的回答和解决方案。

随着科技的飞速发展，大语言模型如 GLM 系列等逐渐崭露头角。这些模型以“Chat”的方式与人们互动，展现出了令人惊叹的概念理解和概念推理能力。作为“语言模型”，它们能够理解单词、短语、句子的含义，但更为重要的是，它们还能够进行推理，根据已知的前提推导出新的结论，如图 8-1 所示。

图 8-1　使用自然语言理解事物

与早期的语言模型（如 Word2vec）相比，这些大模型的能力已经远远超出了仅仅得出谁与“cat”与“dog”的“特定距离”更近这样的结论。Word2vec 等模型虽然能够捕捉词语之间的相似性，但它们缺乏推理能力，无法处理更复杂的语言任务。而大语言模型则能够通过多步骤的推理过程，形成必要的“中间概念”，从而辅助复杂问题的求解。

这种推理能力的展现，让人们看到了大模型逼近“语言智能”的无限可能。在未来的发展中，我们有理由期待大语言模型在更多领域发挥更大的作用，为人类带来更加智能、便捷的生活体验。同时，这也将推动我们对语言智能本质理解的不断深入，为人工智能领域的发展开辟新的道路。

8.1.2　思维链的优势与应用场景

在经历了深度学习和大语言模型领域的持续进步之后，现今的大型模型在常识推理能力方面已经逐渐实现了对人类水平的超越。相较于早期的语言模型在多项挑战性任务上的表现难以企及人类水平，采用了思维链提示的大语言模型在 Bench Hard（BBH）评测基准的 23 个任务中，有 17 个任务的表现都显著超越了人类基线。这一成果不仅标志着大语言模型是人工智能领域的一次重大突破，更展示了大语言模型在推理能力上的飞跃式发展。

在常识推理方面，大语言模型展现出了更加深入的理解能力，尤其是对身体和互动等抽象概念的理解。以运动理解为例，思维链的引入使得模型在这方面的表现甚至超越了运动爱好者（95% vs 84%），这也充分证明了思维链提示在提升模型理解能力方面的巨大作用。

在数学逻辑推理方面，大语言模型同样取得了令人瞩目的成就。以往，语言模型在算术推理等任务上的表现往往不尽如人意，但在应用了思维链技术后，大语言模型的逻辑推理能力得到了显著提升。在 MultiArith 和 GSM8K 这两个用于测试语言模型解决数学问题能力的数据集上，使用于思维链提示的大语言模型相较于传统提示学习方法，在性能方面有了显著的提升，如图 8-2 所示。

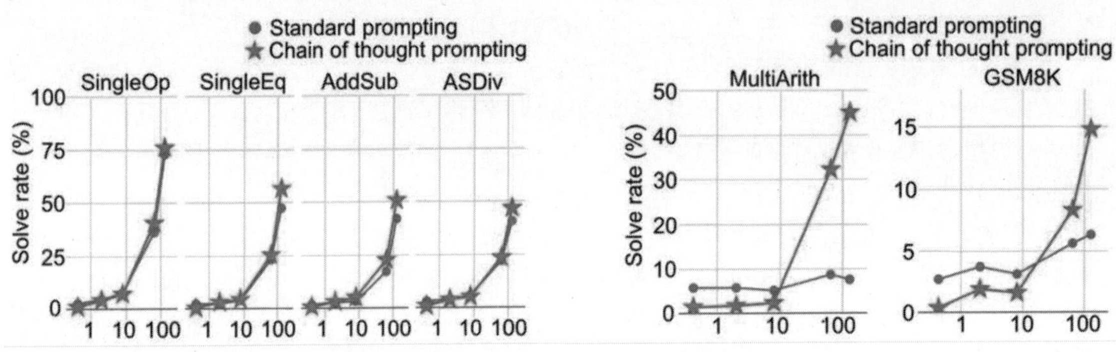

图 8-2　应用思维链带来 MultiArith 和 GSM8K 数据集准确率的提升

这一突破意味着大语言模型已经具备了解决那些需要精确地分步骤计算的复杂数学问题的能力，为人工智能在更广泛领域的应用开辟了新的道路。

除了性能上的提升外，大语言模型的可解释性也得到了显著改善。以往被视为黑盒的超大规模无监督深度学习模型，其推理决策过程往往难以捉摸，导致模型结果的可信度受到质疑。然而，思维链技术的引入，通过将逻辑推理问题分解成多个步骤来逐步解决，为生成的结果提供了更加清晰的逻辑链路和更高的可解释性。这使得人们能够更好地理解答案的来源和推理过程，从而增强了对模型结果的信任度。

思维链技术为大语言模型的发展注入了新的活力。它不仅解决了大模型在复杂推理任务上的性能问题，还提升了已有任务的准确性。例如，在检索+生成的问答方式中，通过应用思维链方式和限制条件，可以显著提高准确率，这对于一些追求大语言模型稳定性结果输出的场景具有重要意义。

从思维链的应用场景来看，其潜力远不止于此。复杂任务求解是思维链技术的一个重要应用方向。通过论文中给出的数学和算法求解示例可以看出，这些复杂的思维链提示工程旨在增强模型在复杂推理任务中的准确性。因此，未来我们可以期待大语言模型在解决复杂的数学问题、组合优化问题等方面展现出更强大的能力。至于能否求解 NP-hard 问题或找到一些启发式的算法，仍有待进一步探索和研究。

总的来说，思维链技术的引入为大语言模型的发展带来了新的契机和挑战。它不仅提升了模型的性能和可解释性，还拓展了模型的应用场景和潜力。相信未来大语言模型将在更多领域展现出更加令人惊艳的性能和能力。

8.2　思维链详解及其实战

单纯扩大 LLM 模型的参数量，虽然在一定程度上能够增强模型的表达能力，但在面对算术推理、常识推理、符号推理等复杂推理任务时，往往难以取得理想的效果。这些推理任务要求模型具备深层次的逻辑理解能力和精确的计算能力，而这些能力并非通过增加模型参数就能轻易获得。

为了在这些推理任务上取得更好的性能，我们可以将思维链技术作为核心策略。在实施思维链技术时，首先需要针对具体的推理任务设计出合适的思维链模板。这些模板可以是一系列有序的问题，也可以是具有明确逻辑结构的指令序列。然后，将这些模板融入 LLM 的训练过程中，让模型学会按照思维链的指引进行推理，如图 8-3 所示。

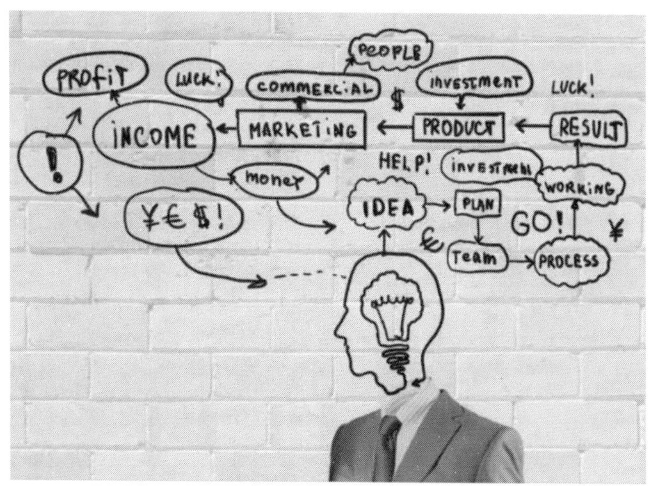

图 8-3　分步实施的思维链

通过引入思维链技术，LLM 模型在算术推理任务上能够更好地处理数学运算和逻辑推理问题。在常识推理任务上，模型能够利用思维链中的相关知识和逻辑关系，做出更合理和准确的推断。在符号推理任务上，思维链技术可以帮助模型理解符号的含义和运算规则，从而进行正确的符号操作。

以思维链为核心的策略，为提升 LLM 在复杂推理任务上的性能提供了一种有效的途径。通过设计合适的思维链模板，并将其融入模型的训练过程中，我们可以引导 LLM 逐步参与复杂问题的分解和解决过程，从而显著提升其在算术推理、常识推理、符号推理等任务上的表现。这不仅为大语言模型的发展注入了新的活力，也为人工智能在更广泛领域的应用打开了新的大门。

8.2.1　思维链详解

思维链作为一种新颖的提示学习方法，在大模型的上下文学习中展现出了独特的优势。与传统的上下文学习相比，思维链在输入中添加了更多的“闲言碎语”和“絮絮叨叨”，这些看似琐碎的信息，实际上为模型提供了更丰富的上下文背景，有助于模型更准确地理解和生成输出。

在传统的上下文学习中，大模型通常接收一系列输入样本（如 x1, y1, x2, y2, …, x_test），并根据这些输入来补全并输出对应的 y_test。这种方法虽然在一定程度上有效，但在处理复杂任务时，由于缺乏足够的上下文信息，模型往往难以做出准确的推断和生成。

而思维链则通过在输入中添加额外的信息弥补了这一不足。这些信息可以是与任务相关的描述、解释、示例等，它们为模型提供了更多的线索和背景知识，帮助模型更好地理解任务的本质和要求。同时，这些“闲言碎语”和“絮絮叨叨”也使得思维链更具人性化和可解释性，因为它们模拟了人类在解决问题时的思考过程。

以图 8-4 为例，假设我们需要模型根据问题信息进行回答。在传统的上下文学习中，模型可能只会接收问题信息作为输入，并根据本身的性能来回答。然而，在思维链中，我们可以向模型提供关于思考计算的过程等。这些信息将作为“闲言碎语”和“絮絮叨叨”被添加到输入中，从而为模型提供更全面的上下文背景。有了这些额外的信息，模型就能够更好地回答信息，生成更准确的答案。

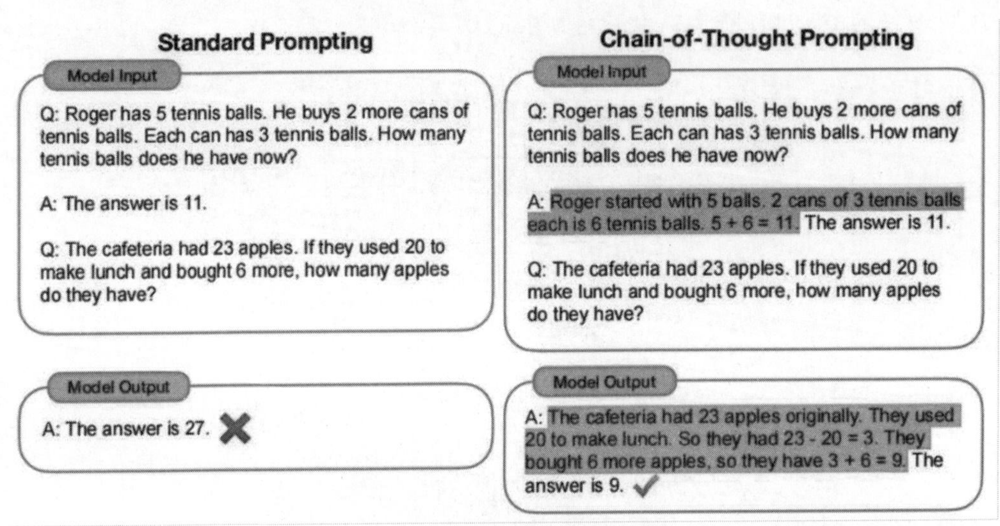

图 8-4 应用思维链的对比示例

上述例子生动地阐释了思维链的工作原理。在传统的 1-shot prompting 中（如图 8-4 左边所示），我们通常只是简单地将一个示例拼接在查询之前，以此为模型提供某种形式的上下文。然而，这种方法对于复杂推理任务往往效果有限，因为模型可能无法从单一的示例中提炼出足够的逻辑结构。

相比之下，图 8-4 右图展示的 Chain-of-Thought（CoT）方法则是一种显著的改进。在 CoT 中，不仅提供了示例，还将示例中的答案拆解为一系列详细的推理步骤（这些步骤通常是人工构建的）。这样做的目地在于希望模型能够学会模仿这种逐步的推理过程，从而在面对新的查询时，能够自主地生成类似的推理步骤，并最终得出正确的答案。

通过这种方式，思维链实际上是在教授模型一种结构化的思考方法，使其能够像人类一样逐步、有条理地解决问题。这不仅提高了模型在复杂任务上的性能，还使得模型的推理过程更加透明和可解释，从而增强了人们对模型输出的信任感。

8.2.2 基于 ChatGLM3 的思维链实战

由于思维链技术的具体应用仍在深入探索阶段，因此本节仅展示一个简单的思维链实战过程，旨在为读者提供一个初步的认识和启发。通过这一示例，期望能够激发读者对思维链技术的兴趣，进而引导读者更深入地学习和掌握这一前沿技术。示例代码如下：

```
from 新第四章_Langchain 知识图谱 import llm_chatglm
llm = llm_chatglm.ChatGLM()
prompt = """
    小红有 20 个苹果，平均分给 9 个同学，多的她留下来，放学后她又买了 5 个苹果，现在她还有几个苹果。
"""

response = llm(prompt)
print(response)
print("------------------------------------------------")
```

这是一个较简单的示例，我们在这里提出一个略微复杂的数学计算问题，模型的回答如图 8-5 所示。

首先，我们需要计算出每个同学应该得到多少个苹果。20个苹果除以9个同学，等于2个苹果余2个苹果。所以，每个同学应该得到2个苹果，剩下2个苹果。

然后，放学后她买了5个苹果，所以现在她总共有20个苹果+5个苹果=25个苹果。

最后，我们需要确定她现在有多少个苹果。25个苹果除以9个同学，仍然等于2个苹果余5个苹果。所以，现在她还有5个苹果。

图 8-5　普通数学问题的回答

可以看到，此时的计算结果明显是错误的，究其原因可能是在第二步计算时出错。下面我们换一种提示方法，即使用 CoT 的问答方案完成数学问题的计算，代码如下：

```
from 新第四章_Langchain 知识图谱 import llm_chatglm
llm = llm_chatglm.ChatGLM()
prompt = """
    小红有 20 个苹果，平均分给 9 个同学，多的她留下来，放学后她又买了 5 个苹果，现在她还有几个苹果。

    你可以参考下面的解题步骤，仅作解题示例，你要仿照解题示例完成回答，写出详细步骤：
    问题：
        小明爱打乒乓球，他现在有 5 个球，他又买了 2 罐球，每罐有 3 个球。他现在有多少个乒乓球？
    回答：
        小明现在有的乒乓球数可以通过以下步骤计算：
        1. 计算小明原有的乒乓球数量，根据题目已知他有 5 个乒乓球。
        2. 计算小明通过购买罐装球获得的乒乓球数量。
           他买了 2 罐球，每罐有 3 个乒乓球，因此通过购买他获得了 2×3=6 个乒乓球。
        3. 将小明原有的乒乓球数量和他通过购买获得的乒乓球数量相加，即可得到他现在总共有的乒乓球数量。
        即：5+6=11 个乒乓球。
        4. 小明现在有 11 个乒乓球。
"""
llm.history = []
response = llm(prompt)
print(response)
```

解题步骤和结果如图 8-6 所示。

问题：
小红有20个苹果，平均分给9个同学，多的她留下来，放学后她又买了5个苹果，现在她还有几个苹果。

答案：
我们可以按照以下步骤计算小红现在还有多少个苹果：
1. 首先，我们需要计算小红平均分给9个同学后，每个同学得到多少个苹果。由于小红一共有20个苹果，所以每个同学得到的苹果数量为：20 / 9 = 2个苹果（余数为2个苹果）。
2. 接着，我们需要计算小红通过购买5个苹果后，她总共拥有多少个苹果。她原本有20个苹果，购买5个苹果后，总共有：20 + 5 = 25个苹果。
3. 最后，我们需要计算小红现在拥有多少个苹果。由于她总共拥有25个苹果，而她分给9个同学后，每个同学得到2个苹果，所以她现在剩下的苹果数量为：25 - (9 × 2) = 25 - 18 = 7个苹果。

因此，现在小红还剩下7个苹果。

图 8-6 基于 CoT 的数学题目解答

此时，通过提供一个详细的解题过程，可以得到一个正确的答案。

尽管这个示例相对简单，但它涵盖了思维链技术的基本要素和核心思想。通过观察和分析这个示例，读者可以初步了解思维链技术是如何工作的，以及它如何帮助模型进行有序、逐步深入的推理。

同时，也希望这个示例能够引发读者的思考，激发读者的创造力。思维链技术是一个前沿且充满潜力的研究领域，相信读者在进一步学习和探索的过程中，一定能够有所收获，并为这一领域的发展做出自己的贡献。

8.3 本章小结

在本章中，我们深入探讨了思维链的起源、应用优势以及广泛的应用场景。思维链作为一种模拟人类逐步推理的方法，其起源可追溯至对人类认知过程的研究，旨在让机器能够像人类一样进行有序、逐步深入的思考。

在应用优势方面，思维链显著提升了大语言模型在复杂推理任务中的性能。通过引导模型逐步分析问题、提取关键信息并做出推理，思维链帮助模型更好地理解问题本质，从而提高了答案的准确性和可靠性。此外，思维链还增强了模型的可解释性，使得人们更容易理解模型的推理过程和决策依据。

在应用场景方面，思维链展现出了极大的潜力。无论是算术推理、常识推理，还是其他复杂的认知任务，思维链都能为模型提供有力的支持。例如，在算术推理中，思维链可以帮助模型理解数学问题的结构，并按照正确的顺序执行计算步骤；在常识推理中，思维链则能够引导模型分析问题的背景、相关知识和逻辑关系，从而得出合理的结论。

最后，以 Chain-of-Thought 为示例，详细实战了思维链的提示模板构建过程。通过这一实战案例，读者可以更加直观地了解如何在实际应用中运用思维链技术，为模型提供清晰、有序的推理路径。

思维链作为一种引导模型进行逐步推理的方法，具有广泛的应用前景。在未来的研究和应用中，相信思维链将在更多领域发挥重要作用，推动人工智能技术的持续进步。因此，鼓励读者在阅读本书的基础上，进一步学习和探索思维链技术，以期在未来的研究和应用中取得更多的成果。

第 9 章

GLM 源码分析与文本生成实战

在前面的章节中，我们成功地基于预训练的 GLM 模型架构实现了大型语言模型的应用，并且掌握了如何利用 Python 的网络服务包来搭建 LLM 终端，以便为更广泛的应用场景提供服务。这一系列的实践让我们深刻体会到了 GLM 模型架构的强大功能和灵活性。

智谱 AI 的 GLM 模型就像一座知识宝库，它不断地吸收新知识、学习新技能，并在各个领域展现出惊人的能力。它的出现，不仅极大地推动了人工智能技术的进步，更让我们看到了未来人工智能发展的无限可能。

GLM 架构的优越性不仅体现在其出色的性能上，更重要的是它具有很好的扩展性和通用性。这意味着我们可以基于 GLM 架构开发出更多、更强大的模型，以适应不同领域和任务的需求。无论是自然语言处理、图像识别，还是语音识别等其他领域，GLM 架构都能够发挥出巨大的潜力。

智谱 AI 在人工智能领域中的卓越成就，不仅源于其对基础研究的坚持，也得益于其对前沿技术的探索。在自然语言处理领域，智谱 AI 一直走在前列，不断突破 GLM（通用语言模型）架构的极限，推动着生成式人工智能的发展。

作为全球自然语言处理领域的领军者，智谱 AI 始终关注着语言模型的发展趋势。近年来，随着深度学习技术的不断进步，基于 Transformer 架构的 GLM 模型逐渐成为主流。智谱 AI 在这方面也取得了显著的成果，其研发的 ChatGLM 模型便是一个例证。

ChatGLM 模型是智谱 AI 在自然语言处理领域中的一项创新性成果，它基于 Transformer 架构，并集成了 GPT 和 BERT 模型的优点。与传统的 GPT 架构相比，ChatGLM 模型在生成自然语言文本方面更具灵活性和准确性。同时，ChatGLM 模型还具备更强的语义理解和对话生成能力，这使得它在人机交互、智能客服、教育等领域中具有广泛的应用前景。

然而，ChatGLM 模型的研发并非易事。为了实现这一目标，智谱 AI 的研究团队付出了艰辛的努力。他们通过大量的实验和调优，不断改进模型的性能和稳定性。

本章将主要分析 GLM 架构的源码。为了引导读者逐步学习这方面的内容，我们将从一个简单的文本生成任务开始，帮助读者了解模型的运行和训练方法。另外，由于 ChatGLM 系列模型还在不停地迭代优化，因此本章选用 ChatGLM 的经典架构进行讲解。

9.1 GLM 组件详解

智谱 AI 提出的 GLM 模型由于其良好的外延和推理能力，代表了目前深度学习模型架构设计的最高水平。一般而言，无论是作为语音文本转换，还是单纯的自然语言生成模型，其架构主要分为 3 种：

- 自回归（比如 GLM）：从左往右学习的模型，根据句子中前面的单词，预测下一个单词。例如，通过“今天的晚饭吃__”预测单词“馒头”。自回归的优点是长文本的生成能力很强，缺点是在分类任务中，单向的注意力机制不能完全捕捉 token 的内在联系。
- 自编码（比如 BERT）：通过覆盖句中的单词，或者对句子做结构调整，让模型复原单词和词序，从而调节网络参数。例如，可以把 BERT 看作一种自编码器，它通过 Mask 改变了部分 token，然后试图通过其上下文的其他 token 来恢复这些被 Mask 的 token。自编码在语言理解相关的文本中效果很好，其缺点是不能直接用于文本生成。
- 编码解码（比如 LAS）：编码器使用双向注意力，解码器使用单向注意力，并且有交叉注意力连接两者。编码解码在有条件生成任务（seq-seq）中表现良好，它主要应用在语音文本转换以及多语种翻译上。

这 3 类语言模型各有优缺点，没有一种框架能够在所有的生成任务中都表现出色。研究团队也曾尝试通过多任务学习的方式将不同框架的目标结合起来，但由于自编码和自回归目标本质上的不同，简单的结合不能充分继承两者的优势。

因此，智谱 AI 提出了一种基于自回归空白填充的通用语言模型来解决这个挑战。实验表明，在参数量和计算成本相同的情况下，GLM 能够在中文语言理解测评基准（CLUE）中显著超越 BERT，并且在使用相似规模的语料进行训练时，能够超越其他大语言模型。

具体来看，GLM 能够超越其他模型取得重大突破的原因主要集中在以下几点：

- 采用旋转位置编码（Rotary Position Embedding，RoPE）。
- 添加旋转位置编码的注意力模型。
- 采用创新性的激活函数 GLU。
- 采用创新性的“三角掩码”和“错位”输入输出格式。
- 使用调整 layer normalization 和 residual connection 的顺序的 GLMBlock。

下面将依次对这些突破原因进行讲解。

9.1.1 GLM 模型架构重大突破：旋转位置编码

GLM 架构的第一个重大突破，即采用了清华大学提出的“旋转式位置编码（Rotary Position Embedding，RoPE）”。这是一种配合 Attention（注意力）机制能达到“绝对位置编码的方式实现相对位置编码”的设计。也正因为这种设计，使得它成为目前唯一可用于线性 Attention 的相对位置编码。

总的来说，旋转位置编码的目标是构建一个位置相关的投影矩阵，使得注意力中的 query 和 key

在计算时达到如下的平衡：

$$(R_m q)^T (R_n k) = q^T R_{n-m} k$$

其中，q 和 k 分别对应注意力机制中的 query 和 key 向量，m 和 n 代表两个位置，R_i（以R为基础的符号）表示位置 i 处的投影矩阵。

GLM 提供了基于旋转位置编码的代码实现，完整代码如下：

```
class RotaryEmbedding(torch.nn.Module):
    def __init__(self, dim, scale_base = model_config.scale_base, use_xpos = 
True):
        super().__init__()
        inv_freq = 1.0 / (10000 ** (torch.arange(0, dim, 2).float() / dim))
        self.register_buffer("inv_freq", inv_freq)

        self.use_xpos = use_xpos
        self.scale_base = scale_base
        scale = (torch.arange(0, dim, 2) + 0.4 * dim) / (1.4 * dim)
        self.register_buffer('scale', scale)

    def forward(self, seq_len, device=all_config.device):
        t = torch.arange(seq_len, device = device).type_as(self.inv_freq)
        freqs = torch.einsum('i , j -> i j', t, self.inv_freq)
        freqs = torch.cat((freqs, freqs), dim = -1)

        if not self.use_xpos:
            return freqs, torch.ones(1, device = device)

        power = (t - (seq_len // 2)) / self.scale_base
        scale = self.scale ** elt.Rearrange('n -> n 1')(power) # rearrange(power, )
        scale = torch.cat((scale, scale), dim = -1)

        return freqs, scale

def rotate_half(x):
    x1, x2 = x.chunk(2, dim=-1)
    return torch.cat((-x2, x1), dim=-1)

def apply_rotary_pos_emb(pos, t, scale = 1.):
    return (t * pos.cos() * scale) + (rotate_half(t) * pos.sin() * scale)

if __name__ == '__main__':
    embedding = torch.randn(size=(5,128,512))
    print(rotate_half(embedding).shape)
```

在上面代码中，RotaryEmbedding 类的作用是计算不同维度下的旋转位置编码。rotate_half 函数的作用是对输入的张量进行部分旋转，更具体地说，这个函数将输入张量 x 沿着最后一个维度分成两半（x_1 和 x_2），然后按照$-x_2$ 和 x_1 的顺序重新拼接。apply_rotary_pos_emb_index 函数的作用是对输入的 query 和 key 注入旋转位置编码的位置信息。

9.1.2 添加旋转位置编码的注意力机制

在原有的自注意力机制的基础上，GLM 设计了一种添加旋转位置编码的新注意力机制。从标准的注意力模型来看，其结构如下：

$$
\begin{gathered}
\boldsymbol{Q}=\boldsymbol{W}_q\boldsymbol{X}\\
\boldsymbol{K}=\boldsymbol{W}_k\boldsymbol{X}\\
\boldsymbol{V}=\boldsymbol{W}_v\boldsymbol{X}\\
Attention(\boldsymbol{Q},\boldsymbol{K},\boldsymbol{V},\boldsymbol{A})=softmax(\frac{\boldsymbol{QK}^{\mathrm{T}}}{\sqrt{d_k}})\boldsymbol{V}
\end{gathered}
$$

其中，$\boldsymbol{X}$ 是输入，$\boldsymbol{W}_q,\boldsymbol{W}_k,\boldsymbol{W}_v$ 分别是 query、key、value 的投影矩阵。相比于标准的注意力机制，GLM 在 $\boldsymbol{Q}$ 和 $\boldsymbol{K}$ 中引入了旋转位置编码的位置信息，以更好地捕捉序列中的位置相关性。而多头注意力就是将多个单头注意力的结果拼接起来：

$$
\begin{gathered}
head_i=Attention(\boldsymbol{Q}_i,\boldsymbol{K}_i,\boldsymbol{V}_i,\boldsymbol{A}_i)\\
MultiHead(\boldsymbol{Q},\boldsymbol{K},\boldsymbol{V},\boldsymbol{A})=Concat(head_1,\cdots,head_h)\boldsymbol{W}_{\mathrm{o}}
\end{gathered}
$$

在具体实现上，GLM 首先实现了标准的自注意力模型，之后通过添加旋转位置编码的形式，完成了独创性的 GLM 注意力模型，代码如下：

```
    # 注入 rope 函数
    def apply_rotary_pos_emb(self,pos, t, scale=1.):
           def rotate_half(x):
               x1, x2 = x.chunk(2, dim=-1)
               return torch.cat((-x2, x1), dim=-1)
           # return (t * torch.cos(pos.clone()) * scale) + (rotate_half(t) *
torch.sin(pos.clone()) * scale)
           return (t * pos.cos() * scale) + (rotate_half(t) * pos.sin() * scale)
    …
    # 生成 rope
    self.rotary_emb = layers.RotaryEmbedding(dim_head,
scale_base=model_cfg.xpos_scale_base, use_xpos=model_cfg.use_xpos and
model_cfg.causal)
    …
    # 将生成的 rope 注入 query 与 key
    pos_emb, scale = self.rotary_emb(n, device=device)
    q = self.apply_rotary_pos_emb(pos_emb, q, scale)
    k = self.apply_rotary_pos_emb(pos_emb, k, scale ** -1)
```

注意：apply_rotary_pos_emb 用于为 query 和 key 注入旋转位置编码，然后实现注意力机制。

这样做的好处在于，通过注入独创性的旋转位置编码，使得 GLM 中的注意力模型有了更好的外推性。相对于其他的位置特征，旋转位置编码能够最大程度地扩展生成模型的准确性。

9.1.3 新型的激活函数 GLU 详解

GLM 中提出并使用的 GLU（Gated Linear Unit，门控线性单元），是一种用于神经网络的激活函数，它具有门控机制，可以帮助网络更好地捕捉序列数据中的长期依赖关系。GLU 激活函数最初在自然语言处理任务中提出，并在机器翻译、语音识别等领域取得了良好的效果。

GLU 激活函数的定义为：

$$GLU(x) = x \otimes \sigma(g(x))$$

其中，x 是输入向量，⊗表示逐元素相乘，σ 表示 sigmoid 函数，$g(x)$是通过全连接层或卷积层得到的中间向量。其实现代码如下：

```
class SwiGLU(torch.nn.Module):
    def forward(self, x):
        x, gate = x.chunk(2, dim=-1)
        # 注意 silu 为 PyTorch 2.0 中 Sigmoid 的优化形式
        return torch.nn.functional.silu(gate) * x
```

理解 GLU 激活函数的关键在于它的门控机制。门控机制使得 GLU 能够有选择性地过滤输入向量的某些部分，并根据输入的上下文来调整输出。门控部分的作用是将输入进行二分类，决定哪些部分应该被保留，哪些部分应该被抑制。

例如，在语言模型中，GLU 激活函数可以帮助网络根据上下文有选择性地关注某些单词或短语，从而更好地理解句子的语义。门控机制可以有效地减少噪声和不相关信息的影响，提高网络的表达能力和泛化能力。

9.1.4 GLM“三角掩码”与“错位”输入输出格式详解

接下来，我们将深入探索 GLM 模型之所以能够成功的创新性特性“三角掩码”与“错位”输入输出格式。这一独特设计不仅为模型训练带来了新的视角，更在数据生成过程中展现了精妙之处。

在 GLM 模型的训练过程中，每一个 token 的生成都是按顺序逐个进行的。为了确保模型在生成当前 token 时不会“偷窥”到未来的信息，GLM 的自注意力层被精心设计为只能关注输入序列中当前位置及其之前的字符。而实现这一功能的关键就在于三角掩码（band_part mask）的处理。通过将当前 token 之后的所有内容都进行掩码处理，确保了这些信息不会参与后续模型损失函数的计算，从而强制模型仅依靠之前输入的序列内容来预测下一个字符。

简而言之，这种掩码处理机制有效地防止了模型在预测过程中使用未来信息，保证了预测的公正性和准确性。同时，它也体现了 GLM 模型在处理序列数据时的独特思考和精巧设计。

下面，我们通过一个简单的实例来进一步说明这一机制的实现过程。通过这个例子，读者可以更加直观地理解三角掩码处理是如何在 GLM 模型中发挥作用的，以及它是如何影响模型训练和数据生成的。

```
def create_look_ahead_mask(size):
  mask = 1 - tf.linalg.band_part(tf.ones((size, size)), -1, 0)
  return mask
```

如果单独将代码打印：

```
mask = create_look_ahead_mask(4)
print(mask)
```

这里的参数 size 设置成 4，那么以此打印的结果如图 9-1 所示。

```
tf.Tensor(
[[0. 1. 1. 1.]
 [0. 0. 1. 1.]
 [0. 0. 0. 1.]
 [0. 0. 0. 0.]], shape=(4, 4), dtype=float32)
```

图 9-1　打印结果

可以看到，函数的实际作用是生成一个三角掩码，对输入的值做出依次增加的梯度，这样可以保持数据在输入模型的过程中，数据的接收也是依次增加的，当前的 token 只与其本身及其前面的 token 进行注意力计算，而不会与后续的 token 进行计算。

具体使用的函数示例如下：

```
    attention_score = attention_score.masked_fill(~mask,
-torch.finfo(sim.dtype).max)
```

这一段内容的图形化效果如图 9-2 所示。

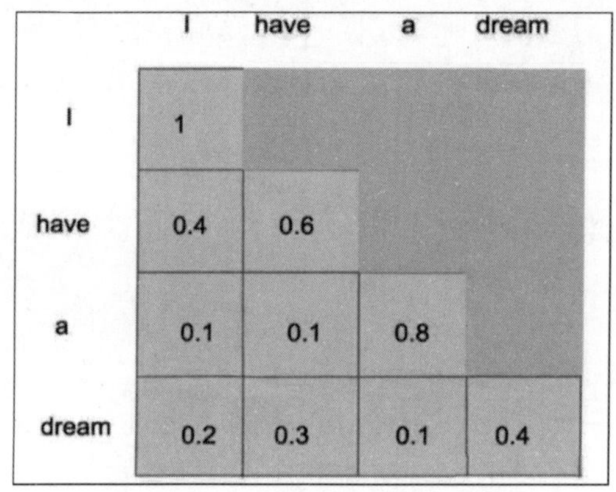

图 9-2　GLM 开创新的掩码器

接下来，我们将详细解读 GLM 所开创的革新性的输入与输出结构。相较于早期的经典注意力架构模型，GLM 的输入和输出设计在保持相似性的基础上，呈现出了更为复杂的特质。

在 GLM 模型中，我们不仅需要提供与前期模型完全一致的输入序列，还需对它进行关键的错位操作。这一创新性步骤的引入，为模型注入了新的活力，使模型在处理序列数据时能够展现出更加灵活和高效的能力。

以输入“你好人工智能”为例，在 GLM 模型中，这段文字将被细致地表征为每个字符或词在输入序列中占据特定位置，如图 9-3 所示。在这个过程中，我们深入挖掘每个字符或词的语义含义，以及它们在整个序列中出现的位置信息。通过这种分析方式，GLM 模型能够从多个维度捕获输入序列中的丰富信息，从而显著提高模型对自然语言的综合理解和处理能力。这样的处理方式使得模型在处理复杂多变的自然语言任务时，表现出更强的灵活性和准确性。

你	好	人	工	智	能	！

图 9-3　一个输入表述

但是，此时却不能将其作为单独的输入端或者输出端输入模型中进行训练，而是需要对其进行错位表示，如图 9-4 所示。

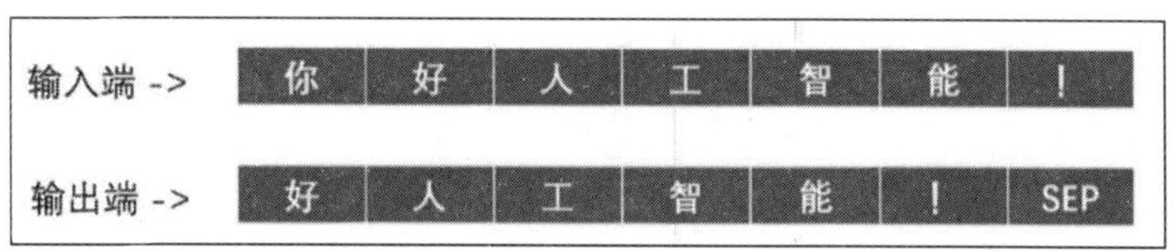

图 9-4　GLM 输入与输出对比

可以看到，在当前情景下，我们构建的数据输入和输出具有相同的长度，然而在位置上却呈现一种错位的输出结构。这种设计旨在迫使模型利用前端出现的文本，预测下一个位置会出现的字或词，从而训练模型对上下文信息的捕捉和理解能力。最终，在生成完整的句子输出时，会以自定义的结束符号“SEP”作为标志，标识句子生成的结束。

注意，对于输出结果来说，当使用经过训练的 GLM 模型进行下一个真实文本预测时，相对于我们之前学习的编码器文本输出格式，输出的内容可能并没有相互关联，如图 9-5 所示。

图 9-5　GLM 的输入和输出

可以看到，这段模型输出的前端部分和输入文本部分毫无关系（橙色部分，参见配套源码中的相关文件），而仅仅是对输出的下一个字符进行预测和展示。

因此，当我们需要预测一整段文字时，就需要采用不同的策略。例如，可以通过滚动循环的方式，从起始符开始，不断将已预测的内容与下一个字符的预测结果进行黏合，逐步生成并展示整段文字。这样的处理方式，可以确保模型在生成长文本时保持连贯性和一致性，从而得到更加准确和自然的预测结果。

9.2　GLM 整体架构详解与文本生成实战

上一节讲解了 GLM 具有突破性的组件，本节将完成 GLM 架构的整体分析以及基于 GLM 的文本生成实战。

9.2.1　调整架构顺序的 GLMBlock

相对于早期的 Block，GLM 在 Block 模组的构成上进行了优化，修改了构成的顺序。这种改进使得 GLM 的 Block 模组更加高效和灵活，能够更好地适应各种深度学习任务的需求。修改后的 GLM 整体结构如图 9-6 所示。

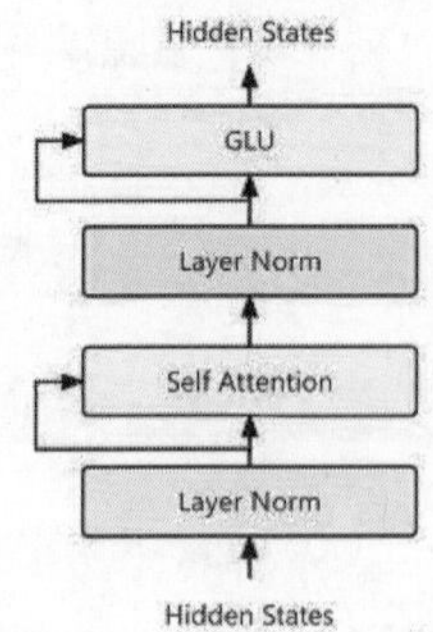

图 9-6 修改后的 GLM 整体结构

可以很明显地看到，输入的数据依次经过的基本结构为 Layer Norm、Self Attention（输入和输出残差连接）、Layer Norm、GLU（输入和输出残差连接）。

完整的 GLMBlock 结构如下：

```
class GLMBlock (torch.nn.Module):
    def __init__(self,dim = model_cfg.dim,heads = model_cfg.head_num,qk_rmsnorm
= model_cfg.qk_rmsnorm):
        super().__init__()

        self.heads = heads
        dim_head = dim//heads     # 每个 head 的维度
        self.causal = model_cfg.causal  # 这个是做因果关系的 cause，笔者认为就是做一
个三角归纳和递归计算
        qk_scale = 4
        # qk_scale 是预定义放大的倍数
        self.scale = (dim_head ** -0.5) if not qk_rmsnorm else qk_scale

        self.norm = layers.LayerNorm(dim)
        # 在 feedford 上放大的倍数
        ff_mult = 4
        self.fused_dims = (dim,dim_head,dim_head,(dim * ff_mult * 2))
        self.fused_attn_ff_proj = torch.nn.Linear(dim, sum(self.fused_dims),
bias=False)

        self.qk_rmsnorm = qk_rmsnorm
        if qk_rmsnorm:
            self.q_scale = torch.nn.Parameter(torch.ones(dim_head))
            self.k_scale = torch.nn.Parameter(torch.ones(dim_head))

        # 下面进行 RotaryEmbedding
        self.rotary_emb = layers.RotaryEmbedding(dim_head,
scale_base=model_cfg.xpos_scale_base, use_xpos=model_cfg.use_xpos and
model_cfg.causal)

        self.attn_out = torch.nn.Linear(dim, dim, bias=False)

        self.ff_out = torch.nn.Sequential(layers.SwiGLU(),
```

```
torch.nn.Dropout(model_cfg.drop_ratio),torch.nn.Linear((dim * ff_mult), dim, 
bias=False)) # 注意，这里输入的维度不要乘以 2
        def forward(self,x,mask = None):
            n = seq_length = x.shape[1];
            device = x.device

            x = self.norm(x)
            q, k, v, ff = self.fused_attn_ff_proj(x).split(self.fused_dims, dim=-1)
# ([3, 128, 512]) ([3, 128, 64])  ([3, 128, 64])  ([3, 128, 4096])

            q = elt.Rearrange("b n (h d) -> b h n d",h = self.heads)(q)    # head_dim 
= [3 8 128 64]

            if self.qk_rmsnorm:
                q,k = map(layers.l2norm,(q,k))
                q = q * self.q_scale;k = k * self.k_scale

            pos_emb, scale = self.rotary_emb(n, device=device)

            q = self.apply_rotary_pos_emb(pos_emb, q, scale)
            k = self.apply_rotary_pos_emb(pos_emb, k, scale ** -1)

            sim = torch.einsum("b h i d, b j d -> b h i j",q, k) * self.scale

            # 这里是加上 pad_mask 计算，把 0 的位置全部填充了
            if mask != None:
                mask = elt.Rearrange('b j -> b 1 1 j')(mask)# rearrange(mask, 'b j 
-> b 1 1 j')
                sim = sim.masked_fill(~mask, -torch.finfo(sim.dtype).max)

            # 这里是加上递归 mask 计算
            if self.causal:
                causal_mask = torch.ones((n, n), device=device, 
dtype=torch.bool).triu(1)
                sim = sim.masked_fill(causal_mask, -torch.finfo(sim.dtype).max)

            # 下面开始计算 attention
            attention_score = torch.softmax(sim,dim=-1)
            attention_score = 
torch.nn.Dropout(model_cfg.drop_ratio)(attention_score)

            out = torch.einsum("b h i j, b j d -> b h i d", attention_score, v)
            out = elt.Rearrange("b h n d -> b n (h d)")(out)

            out = self.attn_out(out)
            attn_out = self.attn_out(out)
            ff_out = self.ff_out(ff)

            return attn_out + ff_out
```

```
    def apply_rotary_pos_emb(self,pos, t, scale=1.):
        def rotate_half(x):
            x1, x2 = x.chunk(2, dim=-1)
            return torch.cat((-x2, x1), dim=-1)
        # return (t * torch.cos(pos.clone()) * scale) + (rotate_half(t) *
torch.sin(pos.clone()) * scale)
        return (t * pos.cos() * scale) + (rotate_half(t) * pos.sin() * scale)
```

9.2.2 自定义 GLM 模型（单文本生成版）

接下来，我们的核心任务是基于 GLMBlock 构建自定义的 GLM 模型。此模型将专注于文本的生成，旨在通过深度学习技术实现高质量的文本输出。在构建过程中，我们将充分利用 GLMBlock 的特性和优势，确保模型在文本生成方面的性能和效率达到最佳状态

第一步：模型参数的设置

在使用 GLM 模型之前，需要对一些基本参数进行设置，例如，每个字符的维度，以及在模型中使用的层数。在这里，我们提供了已经设置好的参数，代码如下：

```
class ModelConfig:
    num_tokens = vocab_size = 4100  # 字符数是根据 8.2 节中准备的数据集设定的，读者可
以使用自定义的字库

    dim = 512
    scale_base = 512
    head_num = 8
    assert dim%head_num == 0,print("dim%head_num != 0")

    qk_rmsnorm = False
    xpos_scale_base = 512
    causal = True    # 当 causal 和 use_xpos 同时为 True 时，才能使用旋转位置确码。这样
确保了模型在处理序列数据时保持因果关系的存在
    use_xpos = True
    drop_ratio = 0.1

    device = "cuda"
    depth = 6
```

第二步：完整的 GLM 模型

完成参数设置后，完整的 GLM 代码如下：

```
# 导入必要的库
import torch
from moudle import layers  # 从 moudle 模块中导入 layers
from moudle.utils import  *  # 从 moudle.utils 模块中导入所有内容
import einops.layers.torch as elt  # 导入 einops 库中的 torch 相关层
from einops import rearrange, repeat, reduce, pack, unpack  # 导入 einops 库中的
函数

import all_config  # 导入 all_config 模块
```

```
model_cfg = all_config.ModelConfig  # 从 all_config 模块中获取 ModelConfig 类/对象


# 定义 GLMBlock 类，继承自 torch.nn.Module
class GLMBlock(torch.nn.Module):
    def __init__(self, dim=model_cfg.dim, heads=model_cfg.head_num,
qk_rmsnorm=model_cfg.qk_rmsnorm):
        super().__init__()  # 调用父类的构造函数

        self.heads = heads  # 设置头数
        dim_head = dim // heads  # 计算每个头的维度
        self.causal = model_cfg.causal  # 设置是否为因果模式
        qk_scale = 4  # 预定义的 qk 放大倍数
        self.scale = (dim_head ** -0.5) if not qk_rmsnorm else qk_scale  # 根据
qk_rmsnorm 设置缩放比例
        self.norm = layers.LayerNorm(dim)  # 层归一化

        ff_mult = 4  # feedforward 网络的放大倍数
        self.fused_dims = (dim, dim_head, dim_head, (dim * ff_mult * 2))  # 融
合维度设置
        self.fused_attn_ff_proj = torch.nn.Linear(dim, sum(self.fused_dims),
bias=False)  # 融合注意力和前馈网络的线性层

        self.qk_rmsnorm = qk_rmsnorm  # 是否使用 qk 的 rmsnorm
        if qk_rmsnorm:
            self.q_scale = torch.nn.Parameter(torch.ones(dim_head))  # q 的缩放
参数
            self.k_scale = torch.nn.Parameter(torch.ones(dim_head))  # k 的缩放
参数

        # RotaryEmbedding 层，用于位置编码
        self.rotary_emb = layers.RotaryEmbedding(dim_head,
scale_base=model_cfg.xpos_scale_base,
                                                  use_xpos=model_cfg.use_xpos and
model_cfg.causal)

        self.attn_out = torch.nn.Linear(dim, dim, bias=False)  # 注意力输出线性层

        # 前馈网络输出层，包括 SwiGLU 激活、Dropout 和线性层
        self.ff_out = torch.nn.Sequential(layers.SwiGLU(),
torch.nn.Dropout(model_cfg.drop_ratio),
                                          torch.nn.Linear((dim * ff_mult), dim,
bias=False))

    def forward(self, x, mask=None):
        n = seq_length = x.shape[1]  # 序列长度
        device = x.device  # 获取设备信息

        x = self.norm(x)  # 层归一化
```

```
        # 分割融合后的注意力和前馈网络输出
        q, k, v, ff = self.fused_attn_ff_proj(x).split(self.fused_dims, dim=-1)

        # 重新排列q的维度以适应多头注意力
        q = elt.Rearrange("b n (h d) -> b h n d", h=self.heads)(q)

        if self.qk_rmsnorm:
            q, k = map(layers.l2norm, (q, k))  # 对q和k进行L2归一化
            q = q * self.q_scale;
            k = k * self.k_scale  # 缩放q和k

        # 获取旋转位置嵌入和缩放因子
        pos_emb, scale = self.rotary_emb(n, device=device)

        # 应用旋转位置嵌入到q和k上
        q = self.apply_rotary_pos_emb(pos_emb, q, scale)
        k = self.apply_rotary_pos_emb(pos_emb, k, scale ** -1)

        # 计算q和k的点积，并缩放
        sim = torch.einsum("b h i d, b j d -> b h i j", q, k) * self.scale

        # 如果提供了mask，则应用mask到相似度矩阵上
        if mask is not None:
            mask = elt.Rearrange('b j -> b 1 1 j')(mask)  # 重新排列mask的维度以
适应相似度矩阵
            sim = sim.masked_fill(~mask, -torch.finfo(sim.dtype).max)  # 将mask
对应位置的值设为极小值

        # 如果处于因果模式，则应用因果mask到相似度矩阵上
        if self.causal:
            causal_mask = torch.ones((n, n), device=device,
dtype=torch.bool).triu(1)  # 生成上三角矩阵作为因果mask
            sim = sim.masked_fill(causal_mask, -torch.finfo(sim.dtype).max)  #
将因果mask对应位置的值设为极小值

        # 计算注意力权重并应用Dropout
        attention_score = torch.softmax(sim, dim=-1)  # 对相似度矩阵进行softmax
操作，得到注意力权重
        attention_score =
torch.nn.Dropout(model_cfg.drop_ratio)(attention_score)  # 应用Dropout到注意力权重
上

        # 计算加权和得到输出并重新排列维度以适应后续操作
        out = torch.einsum("b h i j, b j d -> b h i d", attention_score, v)  #
使用注意力权重对v进行加权和得到输出
        out = elt.Rearrange("b h n d -> b n (h d)")(out)  # 重新排列输出的维度以适
应后续操作

        # 应用线性层并计算最终的输出
        out = self.attn_out(out)  # 应用注意力输出线性层
```

```
        attn_out = self.attn_out(out)  # 再次应用注意力输出线性层（这里应该是最终的输出）
        ff_out = self.ff_out(ff)  # 计算前馈网络的输出

        return attn_out + ff_out  # 返回最终的输出（注意力和前馈网络的和）


    def apply_rotary_pos_emb(self, pos, t, scale=1.):
        def rotate_half(x):  # 定义一个内部函数来旋转张量的一半维度
            x1, x2 = x.chunk(2, dim=-1)  # 将张量在最后一个维度上分割成两部分
            return torch.cat((-x2, x1), dim=-1)  # 拼接两部分得到旋转后的张量

        return (t * pos.cos() * scale) + (rotate_half(t) * pos.sin() * scale)  # 应用旋转位置嵌入并返回结果


# 定义 GLMSimple 类，继承自 torch.nn.Module
class GLMSimple(torch.nn.Module):
    # 初始化方法，设置模型的参数和层
    def __init__(self, dim=model_cfg.dim, num_tokens=model_cfg.num_tokens, device=all_config.device):
        super().__init__()  # 调用父类的初始化方法
        self.num_tokens = num_tokens  # 设置词汇表的大小
        self.causal = model_cfg.causal  # 设置是否为因果模型

        self.device = device  # 设置设备（CPU 或 GPU）

        # 定义嵌入层，将输入的 token 转换为固定维度的向量
        self.token_emb = torch.nn.Embedding(num_tokens, dim)
        # 初始化一个空的 ModuleList，用于存储 GLMBlock 的实例
        self.layers = torch.nn.ModuleList([])

        # 根据配置的深度，循环创建 GLMBlock 实例并添加到 layers 中
        for _ in range(model_cfg.depth):
            block = GLMBlock()  # 创建 GLMBlock 实例（注意：GLMBlock 类在代码片段中未定义，需要在实际代码中定义）
            self.layers.append(block)  # 将实例添加到 layers 列表中

        self.norm = torch.nn.LayerNorm(dim)
        # 定义线性层，用于将隐藏层的输出转换为 logits（未归一化的概率分布）
        self.to_logits = torch.nn.Linear(dim, num_tokens, bias=False)  # bias 设置为 False，表示不使用偏置项

    # 前向传播方法，定义模型在接收输入数据并通过各层后的计算过程
    def forward(self, x):
        # 如果不是因果模型，则根据 mask 将输入 x 中大于 0 的位置保留，其余位置置为 0
        if not self.causal:
            mask = x > 0
            x = x.masked_fill(~mask, 0)  # ~mask 表示 mask 的逻辑非，即 mask 为 False 的位置变为 True，然后将这些位置的值置为 0
```

```
        else:
            mask = None  # 如果是因果模型，则不使用mask

        # 将输入x通过嵌入层转换为嵌入向量
        x = self.token_emb(x)

        # 依次通过每一层GLMBlock，并将输出累加到x上（实现残差连接）
        for layer in self.layers:
            x = x + layer(x, mask=mask)  #

        # 对x进行层归一化
        embeds = self.norm(x)

        # 通过线性层将x转换为logits并返回
        logits = self.to_logits(x)
        return logits, embeds

    def generate(self, seq_len, prompt=None, temperature=1.,
filter_logits_fn=top_k, filter_thres=0.99,
                     pad_value=0., eos_token=2, return_seq_without_Prompt=True):

        # 将Prompt转换为tensor，并移动到指定的设备上（如GPU）
        Prompt = torch.tensor(prompt)
        Prompt = Prompt.to(self.device)
        # 使用pack函数对Prompt进行处理，增加额外的维度以适应模型输入的要求。'* n'表示
在最后增加一个新维度
        Prompt, leading_dims = pack([Prompt], '* n')
        # 获取Prompt的最后一个维度的大小，并创建一个与Prompt形状相同的tensor，用于存
储输出序列
        n, out = Prompt.shape[-1], Prompt.clone()

        # 计算需要采样的次数。如果seq_len大于Prompt的长度，则需要采样seq_len -
Prompt.shape[-1]次；否则只需采样1次
        sample_num_times = max(1, seq_len - Prompt.shape[-1])

        # 循环进行采样，每次生成一个token并添加到输出序列中
        for _ in (range(sample_num_times)):
            # 调用forward方法获取模型的输出logits和embeds。这里只取最后一个token的
输出进行下一步的采样
            logits, embeds = self.forward(out)
            logits, embeds = logits[:, -1], embeds[:, -1]

            # 使用gumbel采样方法从logits中选择一个token作为下一个token，并将其添加
到输出序列中
            sample = gumbel_sample_once(logits, temperature=temperature, dim=-1)
            out, _ = pack([out, sample], 'b *')

            # 使用unpack函数去除额外增加的维度，恢复原始的形状
        out, = unpack(out, leading_dims, '* n')
```

```
        # 返回输出序列中从 Prompt 结束后的部分
        return out[..., n:]

if __name__ == '__main__':

    token = torch.randint(0,1024,(1,5)).to("cuda")
    model = GLMSimple().to("cuda")
    result = model.generate(seq_len=20,prompt=token)
    print(result)
```

至此，我们完成了基于 GLMBlock 自定义一种 GLM 模型，读者可以自行打印测试结果。

9.3 本章小结

GLM 是自然语言处理领域中一种重要的语言模型。它以 Transformer 为核心，通过多层的自注意力机制和注意力权重，对输入的文本进行深度学习，从而得到对文本的深层理解和语义表示。

本章中，我们详细解读了经典的 GLM 架构的源码与组成，带领读者领略了这一重要模型的魅力。GLM 架构能够有效地捕捉文本的深层语义信息，具有广泛的应用前景。在教育、人机交互、智能客服等领域中，GLM 架构都可以发挥重要的作用。通过学习本章的内容，读者可以深入了解 GLM 架构的实现原理和应用前景。同时，这也可以为读者的自然语言处理研究和应用提供重要的参考和启示。

第 10 章 低资源单 GPU 微调 ChatGLM3 实战

经过前面章节的深入探讨，我们已经详细了解了如何利用 ChatGLM3 执行多样化的高级任务和应用，尤其是基于知识链和思维链的多专业跨领域文档挖掘方法。这些实践案例不仅增强了我们对 ChatGLM3 应用能力的认识，同时也揭示了 GLM 系列源码的丰富结构和组件，为读者学习大模型打下了坚实的基础。

不过，值得注意的是，我们之前的所有讨论都是基于模型的当前训练状态，而没有触及对大模型 ChatGLM3 在预训练基础上的调整与优化。实际上，为了满足特定需求或提升模型表现，对大模型进行微调是至关重要的一环。

微调大模型时，我们可以深入源码层面，对模型的内部结构进行调整，包括改变网络架构、增添新功能或优化训练策略等。这种灵活性使得模型能够更精确地适应不同任务和数据集，进而提升预测准确性、扩大应用范围，并更好地契合特定领域的特点。

此外，ChatGLM3 的开源特性为我们提供了广阔的定制空间。开发者可以根据实际需求，自由地添加新层、修改现有层或扩展模型功能。这些定制化的改动和扩展有助于打造出更加符合特定场景需求的模型，显著优化模型的应用效果和整体性能。

综上所述，掌握大模型的微调技术对于充分发挥 ChatGLM3 等先进模型的潜力至关重要。通过微调，我们可以更加精准地驾驭模型，提升其性能表现，并推动模型在更多领域和任务中发挥潜力。随着对微调技术的不断深入，相信我们能够解锁更多 ChatGLM3 的创新应用，引领人工智能技术的未来发展。

10.1 什么是大模型微调

ChatGLM3 在文本生成、信息检索和问答领域展现出了卓越的性能，这背后离不开其初始的训练过程。然而，大型预训练模型的训练成本极其高昂，需要庞大的计算资源和海量的数据，这令一般人难以承受，也导致了一些研究人员难以重复和验证先前的研究成果。为了解决这个问题，研究人员开始致力于研究大模型微调技术，以提高预训练模型在新任务上的性能，从而减轻大型预训练模型的训练成本。

10.1.1　大模型微调的作用

大模型微调技术是一种在深度学习中实现迁移学习的重要方法。它的作用是在原有的预训练模型的基础上，根据具体的任务和领域，通过微调来调整模型的参数，使得模型能够更好地适应新的任务和领域。

在深度学习中，迁移学习是一种重要的学习方法，它可以将在一个任务或领域中学到的知识应用到另一个任务或领域中。而大模型微调技术就是一种迁移学习的方法，它利用预训练模型作为基础，通过微调来适应新的任务或领域。微调与适配过程如图 10-1 所示。

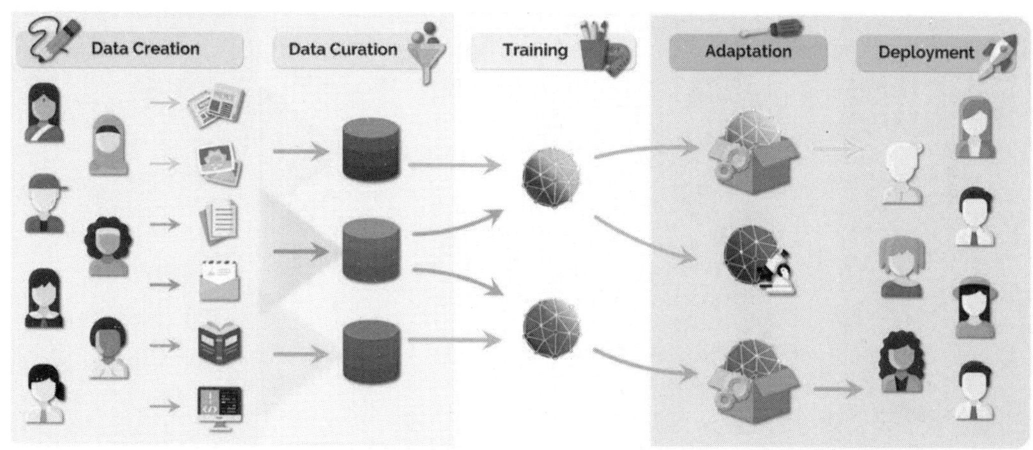

图 10-1　微调与适配过程

大模型微调技术的优点是可以提高模型的泛化能力和性能，同时也可以缩短模型的训练时间和计算成本。由于预训练模型已经学习到了大量的语言知识和模式，因此通过微调技术，可以在这些知识的基础上快速地适应新的任务和领域。

大模型微调技术不仅可以提高模型的性能和泛化能力，更重要的是它可以促进深度学习领域的发展。有了大模型微调技术，即使计算资源有限的研究人员，也可以参与到深度学习研究中来。他们可以通过使用预训练模型来快速适应新任务，实现高效的迁移学习。

同时对于使用者来说，大模型微调技术的出现，不仅提高了预训练模型在新任务上的性能，而且降低了模型的训练成本和时间。这使得更多的人可以参与到深度学习研究中来，进一步推动深度学习领域的发展。

10.1.2　大模型微调技术有哪些

大模型微调技术是深度学习领域中的一项重要技术，它可以通过对预训练模型进行微调来提高模型在特定领域的能力。具体来看，现有的大模型微调根据参数规模，可以分为全量微调（Full Fine-Tuning）和参数高效微调（Parameter-Efficient Fine-Tuning，PEFT）两条技术路线。

- 全量微调：使用特定数据对模型进行训练，可以提高模型在特定领域的表现，但存在训练成本高和灾难性遗忘等问题。

- 参数高效微调：针对全量微调存在的问题进行改进，目前是主流的微调方案。

从训练数据来源和训练方法的角度来看，大模型微调技术可以分为监督式微调、基于人类反馈的强化学习微调和基于AI反馈的强化学习微调3条技术路线，如图10-2所示。

- 监督式微调：使用人工标注的数据进行监督学习。
- 基于人类反馈的强化学习微调：引入人类反馈，通过强化学习的方式对大模型进行微调。
- 基于AI反馈的强化学习微调：使用AI作为反馈来源，提高了反馈系统的效率。

图10-2　不同侧重

需要注意的是，不同的微调分类角度只是侧重点不同，同一个大模型的微调可以使用多个方案。微调的最终目的是在可控成本的前提下，尽可能提高大模型在特定领域的能力。这些技术路线为大模型微调提供了多种选择，使得我们可以更加灵活地应对各种应用场景，推动人工智能技术的进一步发展。

10.1.3 参数高效微调详解

在深度学习领域中，大模型微调技术正逐渐展现出强大的潜力，已经成为人工智能发展的重要驱动力。在众多的微调方案中，从成本和效果的综合角度考虑，参数高效微调是目前业界较流行的微调方案。

较常用的PEFT方案包括Prompt Tuning、Adapter tuning、Prefix Tuning、LoRA（Low-Rank Adaptation）以及QLoRA（Quant Low-Rank Adaptation），具体介绍如下：

1. Prompt Tuning：特定任务的模型训练

Prompt Tuning作为一种PEFT方案，其核心思想是在保持基座模型参数不变的前提下，为每个特定任务修正部分参数，从而构成一个新的模型。在具体执行特定任务时，这些新模型能够按需调用，提高生成期望序列的概率。Prompt Tuning通过巧妙地在输入序列前增加特定长度的特殊token，进而在embedding环节影响大模型的生成结果。由于保持了大模型函数本身不变，Prompt Tuning实现了灵活性和效果之间的平衡。

2. Adapter Tuning：修改中间层的模型训练

Adapter Tuning 通过在预训练模型的每一层中插入用于下游任务的参数，实现对模型的微调。在 Adapter Tuning 过程中，模型的主体部分是被冻结的，仅训练特定于任务的参数，这样可以大大减少训练时的算力开销。

3. Prefix Tuning：添加前缀引导大模型

与 Prompt Tuning 类似，Prefix Tuning 的灵感也来源于 Prompt Engineering 的实践。通过在 Transformer 的 Encoder 和 Decoder 网络中添加特定前缀，Prefix Tuning 能够引导大模型实现更出色的表现。与 Prompt Tuning 在 embedding 环节加入特定 token 不同，Prefix Tuning 在推理过程中按需拼接参数，确保基座模型本身不变。这种方案为微调过程提供了更高的灵活性和可控性，同时保持了大模型的原始性能。

4. LoRA：挖掘低维本质模型

与前面 3 个不同，LoRA 探索了一条全新的技术路线。基于大语言模型过度参数化的假设，LoRA 认为这些模型背后存在一个低维的本质模型（参看 https://zhuanlan.zhihu.com/p/646791309）。通过训练特定模型，将参数进行低维分解，并使用特定训练数据获得这些分解后的参数，LoRA 实现了在推理过程中无额外成本的微调。这种思路降低了模型的复杂性，同时保留了关键参数以影响生成结果。LoRA 的灵活性还体现在适配不同场景时的便捷性上，只需进行简单的矩阵加法操作即可。

5. QLoRA：量化版的 LoRA

在 LoRA 的基础上，QLoRA 进一步引入了量化技术。量化作为一种降低模型计算资源需求的方法，能够在保证模型效果基本不降低的前提下，降低参数的精度。QLoRA 将原本用 16 位表示的参数降为 4 位，从而在保证模型效果的同时极大地降低了成本，特别是降低了后期的推理成本。这种量化策略为那些追求更高效能和更低成本的应用场景提供了新的可能。

可以看到，Prompt Tuning、Adapter Tuning、Prefix Tuning、LoRA 以及 QloRA 虽各具特色，但它们都在追求保持模型性能的同时，降低了训练成本和推理成本。它们为我们提供了一系列有效的工具，使我们能够更好地利用大模型的能力，满足各种实际应用场景的需求。

10.2　ChatGLM3 大模型微调的准备内容

上一节探讨了大模型微调的种类和方法。我们发现，尽管对于大模型的微调并没有固定的套路，但基于 LoRA 的大模型微调方法在实际应用中表现出了显著的优势。这是因为，与其他方法（如 Prompt Tuning、Adapter Tuning 和 Prefix Tuning）相比，LoRA 方法在微调过程中不需要对模型本身的参数进行调整，这极大地节省了训练时间和硬件成本。

因此，本章将以 LoRA 方案为 ChatGLM3 大模型微调的主要方法。

10.2.1 从数据准备看 ChatGLM3 微调：有监督微调详解

在深度学习领域，对于大模型的微调方法来说，有监督微调通常被认为是最优的微调方案。有监督微调是指利用带有标签的数据来对一个已经预训练好的语言模型（LLM）进行微调，使其更加适应特定的任务需求。

通常情况下，LLM 的预训练过程是无监督的，但微调阶段是有监督的。在有监督微调过程中，模型权重会根据与真实标签的差异进行调整。这样，模型就能够捕捉到标签数据中特定于某一任务的模式和特点。

通过这个微调过程，模型可以更加精确地适应特定任务的需求。举一个简单的例子，假设有一个已经预训练好的 LLM，当用户输入"我无法登录我的账户，我应该怎么做？"时，它可能简单地回答"你可以通过使用'忘记密码'操作重设你的密码。"，如图 10-3 所示。

图 10-3　求助一个原生的大模型

这个回答很直接，适用于一般问题，但如果是客服场景，可能就不太合适了。一个好的客服回答应该更有同情心和专业水平，不会这么直接，可能会包含联系信息或其他细节。这时候，有监督微调就显得非常重要了。经过有监督微调后，特定的大模型可以提供更加符合特定指导原则的答案。例如，经过一系列专业的培训后，你的专有模型可以更有同情心地回答问题，如图 10-4 所示。

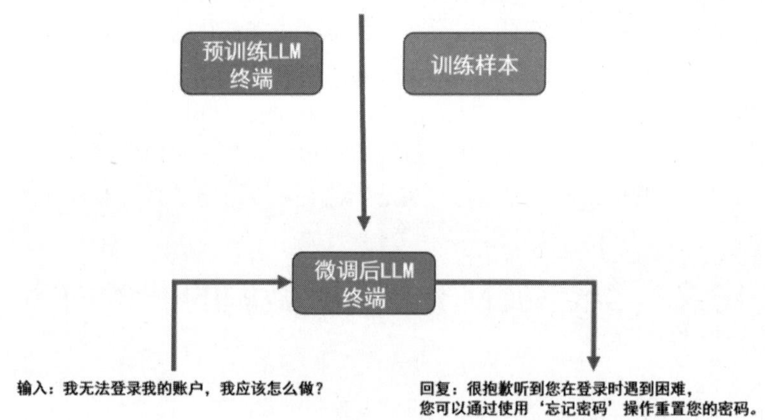

图 10-4　一个微调后的大模型回答

接下来，让我们更详细地探讨一下数据构造的过程。在有监督微调中，每一条样本通常由两个关键部分组成：Prompt（instruction）和 answer。例如：

- Prompt：翻译以下句子: What is pretrain。
- Answer：什么是预训练。

在给定的示例中，Prompt 指示模型去翻译“What is pretrain”，而 answer 是“什么是预训练”。这里最关键的就是样本构造。我们需要将 Prompt 和 answer 合并成一个完整的样本。通常，我们会在 answer 的前后分别添加开始和结束符号，以便模型能够准确地识别出 answer 的起始和结束位置，从而从数据角度更好地适应特定任务的需求：

```
input_id=Prompt+[bos]+answer+[eos]
```

10.2.2　从实施看 ChatGLM3 微调：LoRA 详解

LoRA 方法的核心思想是将大模型的参数分解为低维的核心参数和高维的残差参数。在微调过程中，我们只更新 LoRA 参数，而保持核心参数不变。这种参数分解的方式降低了模型的复杂度，减少了过拟合的风险，并提高了模型的泛化能力。

此外，基于 LoRA 的微调方法只对大模型的特定层（如 embedding 层）进行微调。这种方法不会影响大模型的整体交互能力。同时，通过冻结模型的所有参数并学习插入 token，可以避免因调整大量参数而导致的模型不稳定问题。这种方法的效果通常比其他方法的更稳定、更可靠。

另外，基于 LoRA 的微调方法还具有很高的灵活性和通用性。由于它只需要添加特定的参数矩阵以适应下游任务，因此可以方便地在不同场景之间进行切换。这种灵活性使得基于 LoRA 的方法在实际应用中具有更大的潜力。

基于 LoRA 的大模型微调方法是一种高效、低成本，且具有高度灵活性和通用性的解决方案。在实际应用中，我们可以根据具体场景和训练模式选择最恰当的微调方法。对于需要快速部署和具有高度灵活性的应用场景，基于 LoRA 的微调方法无疑是一个理想的选择。

具体来看，LoRA 可以认为是大模型的低秩适配器，或者简单地理解为特定任务适配器，如图 10-5 所示。通过在原模型特定位置上增加一个低秩分解（先降维再升维）的旁路来模拟参数的更新量，这样，使得训练时原模型固定，只训练降维矩阵 $\boldsymbol{A}$ 和升维矩阵 $\boldsymbol{B}$；而在推理时，可将 $\boldsymbol{B}$ 和 $\boldsymbol{A}$ 加到原参数上，不引入额外的推理延迟。

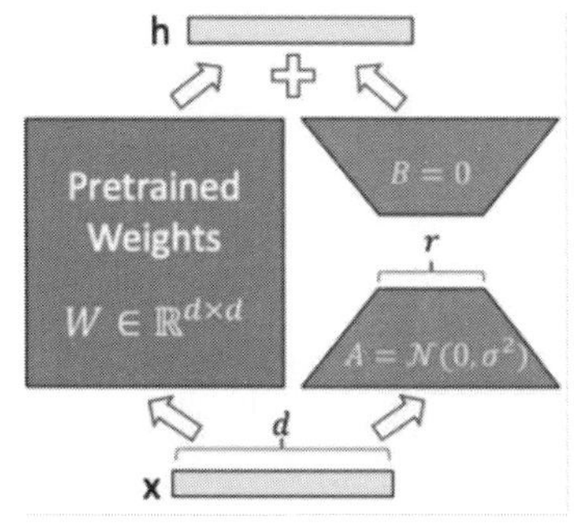

图 10-5　LoRA 适配器

从数学方法的角度来看，假设预训练的特定位置矩阵为$\boldsymbol{W_0} \in \boldsymbol{R}^{d\times k}$，通过 LoRA 修正后的参数可以表示为：

$$\boldsymbol{W}_0 + \Delta \boldsymbol{W} = \boldsymbol{W}_0 + \boldsymbol{BA}$$
$$\boldsymbol{B} \in \boldsymbol{R}^{d\times r}, r \ll \min(d,k)\text{；（}r\text{远小于}d\text{或者}k\text{的最小值）}$$
$$\boldsymbol{A} \in \boldsymbol{R}^{r\times k}$$

此时，前向计算变为：

$$h = \boldsymbol{W}_0 x + \Delta \boldsymbol{W} x = \boldsymbol{W}_0 x + \boldsymbol{B}\boldsymbol{A} x = (\boldsymbol{W}_0 + \boldsymbol{B}\boldsymbol{A}) x$$

LoRA 有点类似于残差连接，仅仅使用旁路的更新来修正整个大模型的微调过程，从而使得大模型能够适配具体的任务目标。

在生产环境部署时，LoRA 可以不引入推理延迟，只需要将预训练模型参数$\boldsymbol{W}_0$与 LoRA 参数进行合并（也就是所谓的模型合并），即可得到微调后的模型参数（$\boldsymbol{W}_0 + \boldsymbol{B}\boldsymbol{A}$）。即在生产环境中像以前一样进行推理，在微调前模型计算$\boldsymbol{W}_0 x$，而现在模型计算$(\boldsymbol{W}_0 + \boldsymbol{B}\boldsymbol{A})x$，这几乎没有额外延迟。现在不少模型仅发布 LoRA 权重，需要本地与基模型进行模型合并才能使用的原因就在于此。

10.2.3 适配 ChatGLM3 微调的辅助库：PEFT 详解

在前面的章节中，已经详尽地介绍了 ChatGLM3 的微调方法，对数据的构成以及具体实施微调的细节进行了阐述。接下来，将进一步探索 ChatGLM3 专用的微调辅助库——PEFT。

在深度学习领域中，微调是一种能够显著提升模型对特定任务性能的重要技术。然而，传统的微调方法往往需要大量的数据和计算资源，这对于许多中小型的研究机构和企业来说，无疑是一大挑战。因此，PEFT 应运而生，它的目标是提供一种高效且低成本的微调解决方案。

PEFT 的核心思想是通过一系列巧妙的优化技术，实现对模型参数的高效更新。它融入了多种创新性的算法，比如自适应的学习率调整、动态的权重裁剪等，目的是在有限的计算资源和数据规模下，实现模型的优化和微调。此外，PEFT 还提供了一系列辅助工具，如数据预处理、模型评估等，以帮助开发者更便捷地执行微调任务。

值得一提的是，PEFT 具有出色的通用性，它可以与各类型的语言模型进行集成，从而实现对不同任务的微调。这要归功于其灵活的设计和强大的功能模块，使得它能够适应各种复杂的微调需求。此外，PEFT 还展现出了出色的性能优化能力，可以在保证模型性能的同时，显著降低微调过程中的计算成本。

下面示例是一个使用 PEFT 中的 LoRA 方案，对 ChatGLM3 进行微调的通用范式：

```
# 导入 PyTorch 的神经网络库
import torch.nn

# 从 peft 库中导入 LoraConfig 类和 get_peft_model 函数
from peft import  LoraConfig, get_peft_model

# 从 modelscope 库中导入 AutoTokenizer, AutoModel, snapshot_download
from modelscope import AutoTokenizer, AutoModel, snapshot_download

# 定义模型的路径
model_path = "../chatglm3-6b"

# 从预训练路径中加载模型，并设置为半精度（减少显存使用）且移动到 GPU 上
model = AutoModel.from_pretrained(model_path,
trust_remote_code=True).half().cuda()

# 定义一个函数，用来打印模型中的可训练参数数量
```

```
def print_trainable_parameters(model):
    """
    Prints the number of trainable parameters in the model.
    """
    # 初始化可训练参数数量和所有参数数量
    trainable_params = 0
    all_param = 0

    # 遍历模型中的所有参数
    for _, param in model.named_parameters():
        # 计算所有参数的总数
        all_param += param.numel()
        # 如果参数需要梯度（即可训练的），则计算可训练参数的总数
        if param.requires_grad:
            trainable_params += param.numel()

    # 打印可训练参数的数量、所有参数的数量，以及可训练参数在所有参数中的百分比
    print(
        f"trainable params: {trainable_params} || "
        f"all params: {all_param} || "
        f"trainable: {100 * trainable_params / all_param}%"
    )

# 定义一个函数，用来寻找模型中所有指定类型的层
def find_all_target_names(model,target_moude = torch.nn.Linear):
    # 创建一个集合，用来存储目标模块的名称
    lora_module_names = set()

    # 遍历模型中的所有模块
    for name, module in model.named_modules():
        # 如果模块的类型等于目标类型
        if type(module) == target_moude:
            # 将模块名称按照'.'进行分隔
            names = name.split('.')
            # 如果名称只有一个部分，就添加第一个部分到集合中，否则添加最后一个部分
            lora_module_names.add(names[0] if len(names) == 1 else names[-1])

    # 如果集合中存在"lm_head"，则移除它，这是对 16 位情况的特殊处理
    if "lm_head" in lora_module_names:  # needed for 16-bit
        lora_module_names.remove("lm_head")

    # 返回模块名称的列表
    return list(lora_module_names)

# 创建一个 LoraConfig 对象，设置相关参数
lora_config = LoraConfig(
    r=64,
    lora_alpha=16,
    target_modules=["query_key_value"],  # 设置目标模块为"query_key_value"
    lora_dropout=0.05,  # 设置 LoRA 的 dropout 比率
```

```
    bias="none",  # 设置偏置类型为"none"
    task_type="CAUSAL_LM",  # 设置任务类型为"CAUSAL_LM"
)

# 使用 get_peft_model 函数获取微调后的模型
model = get_peft_model(model, lora_config)

# 打印微调后模型的可训练参数数量
print_trainable_parameters(model)

# 保存微调后的模型
model.save_pretrained("./lora_saver/lora_query_key_value.pth")
```

这段代码主要是为了使用特定的 LoRA 配置而在预训练模型中微调模型，然后保存微调后的模型。对于其具体的使用，读者可以参考如下步骤。

1. 导入 PEFT 中的 LoRA 辅助类

第一步就是导入需要的类，代码如下：

```
from peft import  LoraConfig, get_peft_model
config = LoraConfig(r=64,
                    lora_alpha=32,
                    target_modules=["query_key_value"],  # lora 的目标位置，具体有哪些可选项可打印出源码中的 key_list 进行查看。注意，不同模型中定义的名称不同
                    lora_dropout=0.1,
                    bias="none",
                    task_type="CAUSAL_LM",
                    )
```

通过初始化 LoraConfig 类，我们可以灵活地配置 LoRA 运行时的各项参数，以确保大模型按照我们的要求高效进行微调训练。在这些参数中，target_modules 尤为重要，因为它直接决定了 LoRA 加载的大型模型的具体模板位置，是 LoRA 运行不可或缺的关键要素。接下来，我们将深入挖掘 LoraConfig 类的内部机制，详细阐述其定义。LoRA 各个参数的具体含义如下：

- r：LoRA 的秩，矩阵 A 和矩阵 B 相连接的宽度，r<<d。
- lora_alpha：归一化超参数。
- target_modules：LoRA 的目标位置。
- lora_dropout：LoRA 层的 dropout 比率。
- fan_in_fan_out：只有应用在 Conv1D 层时才为 True，其他情况置为 False。
- bias：对 LoRA 层中的偏置方式进行设置。如果设置为'none'，则表示不使用偏置；如果设置为'all'，则表示同时更新原始模型和 LoRA 层的偏置；如果设置为'lora_only'，则表示只更新 LoRA 层的偏置，而不更新原始模型的偏置。
- task_type：这是 LoraConfig 的父类 PeftConfig 中的参数，用于设定任务的类型。

需要注意的是，target_modules 的作用是显式地指定 LoRA 的加载位置，除了上述代码中对 query_key_value 层进行 LoRA 重载外，还可以对更多的层加载 LoRA 参数，如下所示：

```
target_modules=["query_key_value", "dense", "dense_h_to_4h", "dense_4h_to_h"]
```

该代码中的 target_modules 参数是一个列表，其中包含了字符串"query_key_value"、"dense"、"dense_h_to_4h"和"dense_4h_to_h"。这些字符串表示 LoRA 应用的目标模块的名称。具体来说：

- "query_key_value"：这可能指的是模型中的某个查询键值对模块，是 LoRA 要进行参数调整的位置。
- "dense"：这个词通常用来描述神经网络中的全连接层。这表明 LoRA 也会作用于某些全连接层。
- "dense_h_to_4h"：这可能表示从 h 个隐层节点到 4h 个隐层节点的全连接层。这里的 h 可能是一个超参数，表示隐层的大小。
- "dense_4h_to_h"：与上面相似，这可能表示从 4h 个隐层节点到 h 个隐层节点的全连接层。

这些目标模块是 LoRA 方法进行参数微调的关键位置。通过指定这些模块，开发者能更有针对性地优化模型，并可能实现更好的性能与效率。

还有一种方法，即指定某个特定层的类型对模型进行 LoRA 参数加载。获取指定类名称的函数的代码如下：

```
def find_all_target_names(model, target_moude=torch.nn.Linear):
    """
    寻找模型中所有指定类型的层的名称。

    参数:
        model (torch.nn.Module): 输入的模型。
        target_moude (type, optional): 要寻找的模块类型， 默认为torch.nn.Linear。

    返回:
        list: 包含所有指定类型层名称的列表。
    """
    # 创建一个空集合来存储找到的模块名
    lora_module_names = set()

    # 遍历模型中的所有模块
    for name, module in model.named_modules():
        # 如果模块的类型与指定的类型相同
        if type(module) == target_moude:
            # 分隔模块名，以'.'为分隔符
            names = name.split('.')
            # 如果模块名只有一个部分，添加第一个部分到集合中，否则添加最后一个部分
            lora_module_names.add(names[0] if len(names) == 1 else names[-1])

    # 如果"lm_head"在集合中，就删除它。这是对16位情况的特殊处理
    if "lm_head" in lora_module_names:  # needed for 16-bit
        lora_module_names.remove("lm_head")

    # 将集合转换为列表并返回
    return list(lora_module_names)
```

如果此时采用自定义类层的形式获取需要加载层的名称，则 LoraConfig 的定义可以用如下方式完成：

```
    config = LoraConfig(r=64,
                        lora_alpha=32,
                        target_modules= find_all_target_names(),  # lora 的目标位置，
具体有哪些可选项可打印出源码中的 key_list 进行查看，注意，不同模型中定义的名称不同
                        lora_dropout=0.1,
                        bias="none",
                        task_type="CAUSAL_LM",
                        )
```

2. 通过 PEFT 加载对应的大模型

LoraConfig 的作用是设定一些必需的参数。下面代码示例代码将参数加载到指定的大模型中。

```
    from modelscope import AutoTokenizer, AutoModel
    model_path = "../chatglm3-6b"
    model = AutoModel.from_pretrained(model_path,
trust_remote_code=True).half().cuda()
    …
    model = get_peft_model(model, config)
    model = model.to(device)
```

PEFT 中已经实现了 LoRA 的相关代码，实际上，这个函数在源码中要依次完成如下两步工作：

（1）self._find_and_replace(adapter_name) ：找到目标位置并替换。

（2）mark_only_lora_as_trainable(self.model, self.peft_config[adapter_name].bias) ：设置只有 LoRA 相关的参数为可训练部分。

具体的实现读者可以自行查阅。

3. 打印可训练参数的辅助函数

为了明确地告诉使用者通过注入 LoRA 参数后，可训练的参数占全部参数的百分比，下面提供了一个新的辅助类来打印 LoRA 可训练参数的百分比，代码如下：

```
    def print_trainable_parameters(model):
        """
        这个函数接收一个模型作为输入，并打印模型中的可训练参数的数量。
        这里的“可训练参数”指的是在模型训练过程中会更新的参数。
        """

        trainable_params = 0  # 初始化可训练参数的数量为 0
        all_param = 0  # 初始化所有参数的数量为 0

        # 使用 model.named_parameters()迭代模型中的所有参数
        for _, param in model.named_parameters():
            all_param += param.numel()  # 使用 param.numel()获取参数的数量并累加到
all_param 中

            # 如果参数需要梯度（即可训练的），则将其数量累加到 trainable_params 中
```

```
        if param.requires_grad:
            trainable_params += param.numel()

    print(
        f"trainable params: {trainable_params} || "  # 打印可训练参数的数量
        f"all params: {all_param} || "  # 打印所有参数的数量
        f"trainable: {100 * trainable_params / all_param}%"  # 打印可训练参数在所有参数中的百分比
    )
```

该函数首先初始化了两个计数器 trainable_params 和 all_param，然后迭代模型中的每个参数，计算所有参数的总数以及可训练参数的总数，最后打印这两个数值以及可训练参数在所有参数中的百分比。

4. PEFT 修正后的模型损失值的计算

下面就是对 PEFT 修正后的模型进行训练，其中最关键的就是损失值的计算，提供两种方法可以完成此过程。

第一种就是仿照普通的模型训练过程，采用交叉熵与错位输入的方法完成损失值的计算，部分代码如下：

```
loss_fun = torch.nn.CrossEntropyLoss(ignore_index=-100)    # 损失函数
…
input_ids = data_dict["input_ids"].to(device);input_ids = input_ids[:,:-1]
# 错位输入
labels = data_dict["labels"].to(device);labels = labels[:,1:]      # 错位输入
logits = model(input_ids)["logits"]
logits = logits.view(-1, logits.size(-1));labels = labels.view(-1)
loss = loss_fun(logits, labels)
```

此时需要注意，我们需要根据数据集的构成方法，采用“错位配对”的结构来完成模型的数据输入和输出。

第二种方法则较简单，可以采用 PEFT 修正后的 train 函数直接对结果进行计算，此时则不需要采用“错位配对”的方式来完成数据的处理，此部分代码如下：

```
model = get_peft_model(model, lora_config) # PEFT 加载模型
model.train()                              # 显式地声明模型处于训练状态
…
outputs = model(                           # 采用 PEFT 中的模型直接计算
        input_ids=input_ids,               # 不需要采用错位输入对输入的数据进行修正
        labels=labels,
    )
    loss = outputs.loss                    # 显式地获取损失值
```

在上面的实现代码中，PEFT 通过修正模型内部的计算逻辑，使得我们可以直接使用标准配对的输入数据与标签（labels）。这一过程无须对输入数据进行错位修正，而是能够直接计算出准确的损失值，从而大大简化了数据处理和模型训练的流程。

5. 打印与保存 LoRA 参数

接下来实现打印与保存 LoRA 参数的代码如下：

```
target_modules=["query_key_value"]
print_trainable_parameters(model)
model.save_pretrained("./lora_saver/lora_query_key_value.pth") # 存储地址
```

运行结果如下：

```
trainable params: 15597568 || all params: 6259181568 || trainable:
0.24919500785441986%
```

可以看到，经过 LoRA 加载，在 query_key_value 中的可训练参数，占全部参数的 0.25%左右。注意这里的模型保存方式，PEFT 重写了 model 的 save_pretrained 方法，这里只存储了 LoRA 层的权重。

6. 推理前的 LoRA 参数与大模型参数的合并

最后就是在后续的推理过程中使用 LoRA，此时应载入 LoRA 参数，再将它与大模型进行合并，部分代码如下：

```
...
lora_model = PeftModel.from_pretrained(model, lora_model_dir)
lora_model = lora_model.merge_and_unload()
lora_model.train(False)
...
```

merge_and_unload 是合并参数的函数，其作用就是将不同参数进行合并；设置 train 为 False 的目的是在推断过程中不要进行训练过程的准备，从而节省显存。

10.3 虚拟客服多轮问答实战

在前面的章节中，我们详尽地介绍了大模型微调的前期准备工作。从微调的方案来看，我们采用 LoRA 对大模型 ChatGLM3 进行微调，这一方法在目前的大模型微调领域中被广泛应用且备受推崇。具体到实际应用，PEFT 类库为我们提供了大模型微调的标准化范式和模板。现在，我们即将开启基于 PEFT 微调 ChatGLM3 的第一个实战——虚拟客服的多轮问答。

可以说这个实战项目不仅是一次理论到实践的转换，更是深度学习技术在现实生活中的具体应用。我们将通过这一实战，更深入地理解和掌握大模型微调技术，以期在未来的研究和应用中更好地发挥深度学习的作用。

注意：使用 LoRA 对 ChatGLM3 进行微调，可能还需要一定的显存空间，如果读者在学习本章时遇到爆显存的问题，可以跳过 LoRA 微调的相关内容，直接学习 10.5 节有关 QloRA 微调的内容。

10.3.1　ChatGLM3 数据输入结构和处理函数

ChatGLM3 为了照顾更多的大模型使用者，特别定制了一种特殊的对话结构，代码如下：

```
<|system|>
You are ChatGLM3, a large language model trained by THU. Follow the user's instructions carefully. Respond using markdown.
<|user|>
Hello
<|assistant|>
Hello, I'm ChatGLM3. What can I assist you today?
```

可以看到，首先，该系统级提示为大模型设置了一种全局限制，即为其赋予了特定的角色特征；然后，便进入常规的问答环节。在此过程中，系统统一采用<|user|>作为用户的显式名称标识，而后续的<|assistant|>标记则起到引导大模型 ChatGLM3 完成对话内容的关键作用。通过这一系列操作，大模型得以在明确的角色定位下，与用户进行更为流畅、准确的对话交互。

1. 数据集的准备与预处理

为了配合 ChatGLM3 的微调，我们准备了一套简单的客服数据对话，内容如图 10-6 所示。

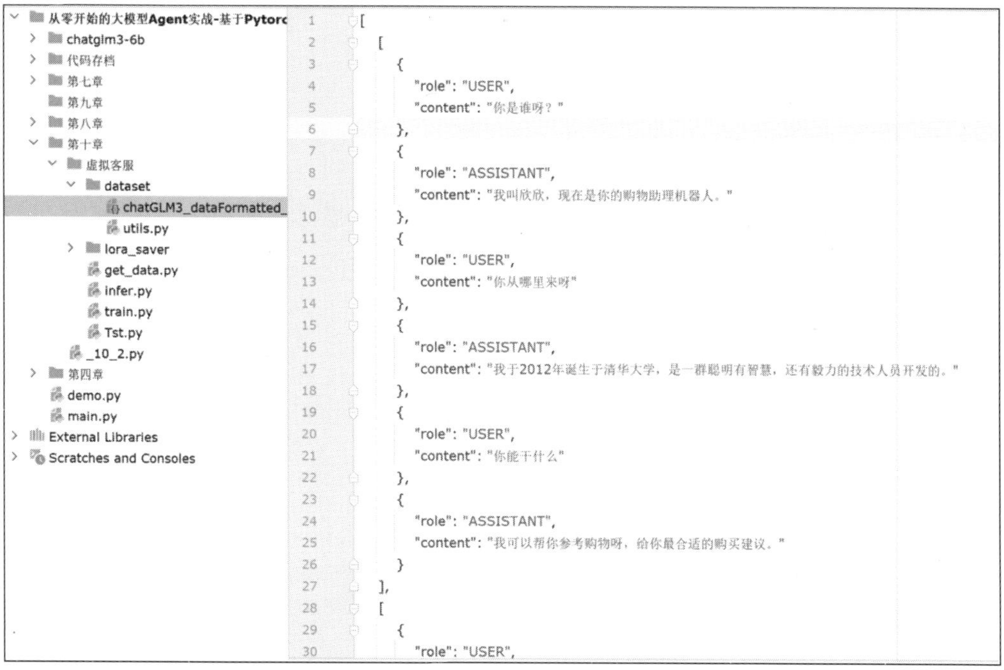

图 10-6　ChatGLM3 多轮对话数据集

这是一份 JSON 格式的简单多轮对话数据集，对数据的读取处理需要用到 JSON 类库，然后根据我们提供的处理函数对数据进行文本的拼接，代码如下：

```
import torch
def preprocess(conversations, tokenizer, max_tokens=None):
    """
```

```
    Preprocess the data by tokenizing.
    """
    all_input_ids = []  # 存储所有处理后的输入ID
    all_labels = []  # 存储所有的标签

    for conv in conversations:  # 对于每一组对话
        roles = [msg["role"] for msg in conv]  # 获取对话中每个人的角色，例如"SYSTEM",
"ASSISTANT"或"USER"
        messages = [msg["content"] for msg in conv]  # 获取对话中每个人的消息内容
        # 断言第一个角色不是"ASSISTANT"和最后一个角色是"ASSISTANT"
        # 这个可以使用也可以不使用
        assert roles[0] != "ASSISTANT"
        assert roles[-1] == "ASSISTANT"
        input_messages = []  # 存储需要输入的消息

        # 根据角色将消息添加到input_messages中，"ASSISTANT"和"USER"的消息都被添加
        for role, msg in zip(roles, messages):
            if role == "ASSISTANT":
                input_messages.append(msg)
            elif role == "USER":
                input_messages.append(msg)
        # 使用ChatGLM3的tokenizer进行token处理
        tokenized_input = tokenizer(input_messages, add_special_tokens=False)
# 对输入消息进行token化
        input_ids = []  # 初始化本次对话的输入ID
        labels = []  # 初始化本次对话的标签

        # 根据第一个角色是"SYSTEM"还是其他角色来添加初始的输入ID和标签
        if roles[0] == "SYSTEM":
            # 起始位置拼接特定的token ID
            input_ids.extend([64790, 64792, 64794, 30910, 13])
            input_ids.extend(tokenized_input.input_ids[0])
            labels.extend([-100] * (len(tokenized_input.input_ids[0]) + 5))     #
将label设置成-100，这是因为在计算交叉熵时，-100对应的位置不参与损失值计算
        else:
            # 起始位置拼接特定的token ID
            input_ids.extend([64790, 64792])
            labels.extend([-100] * 2)    # 将label设置成-100，这是因为在计算交叉熵时，
-100对应的位置不参与损失值计算

            # 根据每个人的角色和token化的消息，添加输入ID和标签
        for role, msg in zip(roles, tokenized_input.input_ids):
            if role == "USER":
                if roles[0] == "SYSTEM":
                    labels.extend([-100] * (len(msg) + 5))
                    input_ids.extend([13, 64795, 30910, 13])
                else:
                    # 将label设置成-100，这里是USER提问部分，不参与损失函数计算
                    labels.extend([-100] * (len(msg) + 4))
                    # 添加USER对话开始的起始符
```

```
                input_ids.extend([64795, 30910, 13])
            input_ids.extend(msg)    # 将当前的消息 token 添加到输入 ID 列表中
            input_ids.extend([64796])    # 添加 USER 对话结束符
            print("USER", msg)  # 打印 USER 的消息和对应的 token IDs


        elif role == "ASSISTANT":  # 当角色为"ASSISTANT"时
            msg += [tokenizer.eos_token_id]  # 在消息后面添加一个结束 token 的 ID
            # 这里的作用
            labels.extend([30910, 13])  # 添加 ASSISTANT 对话开始的起始符
            labels.extend(msg)  # 将当前的消息 token 添加到标签列表中

            input_ids.extend([30910, 13])  # 添加 ASSISTANT 对话开始的起始符
            input_ids.extend(msg)  # 将当前的消息 token 添加到输入 ID 列表中
            print("ASSISTANT", msg)  # 打印 ASSISTANT 的消息和对应的 token IDs

    if max_tokens is None:  # 如果没有设定最大 token 数量
        # 则使用 tokenizer 的模型最大长度作为最大 token 数量
        max_tokens = tokenizer.model_max_length
    # 将输入 ID 列表转换为 LongTensor，并截取前 max_tokens 个 token
    input_ids = torch.LongTensor(input_ids)[:max_tokens]
    # 将标签列表转换为 LongTensor，并截取前 max_tokens 个 token
    labels = torch.LongTensor(labels)[:max_tokens]
    # 判断输入 ID 的 tensor 和标签的 tensor 形状是否相同，确保一一对应
    assert input_ids.shape == labels.shape
    all_input_ids.append(input_ids)  # 将处理后的输入 ID 添加到所有输入 ID 列表中
    all_labels.append(labels)  # 将处理后的标签添加到所有标签列表中

return dict(input_ids=all_input_ids, labels=all_labels)
```

上面代码主要实现了一个预处理函数，名为 preprocess，用于处理一组对话数据。对话数据可能包含多个参与者的消息，每个参与者都有一个角色，如 SYSTEM、ASSISTANT 或 USER。

- 初始化：开始时，我们有两个空的列表 all_input_ids 和 all_labels，它们最终将包含所有处理过的输入 ID 和标签。
- 处理每场对话：对于每一组对话，首先提取每个参与者的角色和消息内容。确保第一场对话的角色不是 ASSISTANT，并确保最后一场对话的角色是 ASSISTANT。
- tokenization：对每个角色的消息内容进行 tokenization，将它转换为 token ID。此过程使用了名为 tokenizer 的工具。
- 构建输入和标签：针对每个角色及其对应的消息进行循环处理，根据角色类型，向 input_ids 和 labels 列表中添加特定的 token ID。
- 长度限制：如果设定了 max_tokens，则确保输入 ID 和标签的长度不超过这个限制。如果没有设定，那么使用 tokenizer 的模型最大长度作为限制，超出限制的部分会被截断。
- 添加到总列表：将处理后的 input_ids 和 labels 添加到 all_input_ids 和 all_labels 列表中。

可以看到，数据预处理部分就是拼接一些特定的 token 在不同的角色上，读者可以自行调试相

关内容。

2. PyTorch 中 Dataset 数据接口的使用

接下来就是将预处理后的数据加载到对应的计算模型中。在这一步中，我们可以使用一个 for 循环依次导入数据。不过还有一个更专业、更适配数据输入和输出接口的方案，即直接使用 PyTorch 提供的 Dataset 类来完成数据的读取，完整代码如下：

```
import json
import torch
from torch.utils.data import Dataset
from modelscope import AutoTokenizer
from dataset import utils

# 载入数据集
with open("dataset/chatGLM3_dataFormatted_sample.json", "r", encoding="UTF-8")
as j_file:
    j_dict = json.load(j_file)

# 实例化 ChatGLM3 中的 tokenizer 函数
model_dir = "../../chatglm3-6b"
tokenizer = AutoTokenizer.from_pretrained(model_dir, trust_remote_code=True)

# 定义一个名为 ChatDataset 的类，该类继承自 Dataset 类，用于处理聊天数据集
class ChatDataset(Dataset):
    # 初始化函数，接收以下参数：
    # conversations：一个包含对话数据的字典，默认为 j_dict
    # tokenizer：用于 tokenization 的工具，默认为 tokenizer
    # max_tokens：最大 token 数量限制，默认为 None
    def __init__(self, conversations: {} = j_dict, tokenizer=tokenizer,
max_tokens=None):
        # 通过 super()调用父类 Dataset 的初始化函数
        super(ChatDataset, self).__init__()

        # 使用 utils.preprocess 函数预处理对话数据，得到处理后的数据字典
        data_dict = utils.preprocess(conversations, tokenizer, max_tokens)

        # 从处理后的数据字典中提取 input_ids 和 labels，并保存到类的属性中
        self.input_ids = data_dict["input_ids"]
        self.labels = data_dict["labels"]

        # 重写__len__方法，返回处理后的 input_ids 的长度，即数据集的大小


    def __len__(self):
        return len(self.input_ids)

        # 重写__getitem__方法，使得可以通过索引 i 获取数据集中第 i 个样本的 input_ids 和
labels


    def __getitem__(self, i):
```

```
        return dict(input_ids=self.input_ids[i], labels=self.labels[i])
```

ChatDataset 类继承自 PyTorch 的 Dastset 数据处理类，其中的注释对代码功能和结构做了详细解释。简而言之，ChatDataset 类是一个定制的 Dataset 类，用于处理聊天数据，它通过预处理函数将原始对话数据转换为模型可以接收的输入格式，并通过重写的__len__和__getitem__方法使数据集易于使用和索引。

3. 对处理后的数据进行标准化整形

对于每一轮单独的对话来说，一个需要关注的点就是其长度并不是相同的，每轮对话中都有不定长度的内容。而对于 PyTorch 来说，则需要有一个标准长度的“正形”矩阵作为输入的数据集合。

PyTorch 中也提供了专门对数据进行整形的函数，代码如下：

```
res = torch.nn.utils.rnn.pad_sequence([torch.tensor([1,2,3]), torch.tensor([4,5])], batch_first=True, padding_value=0)
print(res)
```

打印结果如下：

```
tensor([[1, 2, 3],
        [4, 5, 0]])
```

可以看到，这里的整形实际上就是根据传递来的数据集合中最大长度适配整个数据集，代码如下：

```
class DataCollatorForChatDataset(object):

    # 初始化函数，这里没有接收特定的参数
    def __init__(self):
        # 初始化一个属性 padding_value，并设置其值为 0。这个属性后续用于填充操作
        self.padding_value = 0

        # 定义一个特殊方法 __call__，这使得类的实例能够像函数一样被调用
    def __call__(self, instances):
        # instances 参数应该是一个包含多个实例的列表，每个实例都是一个字典，包含 'input_ids' 和 'labels'
        # 通过列表推导式，分别提取每个实例的 'input_ids' 和 'labels'，并组成新的列表
        input_ids, labels = tuple([instance[key] for instance in instances] for key in ("input_ids", "labels"))

        # 使用 torch.nn.utils.rnn.pad_sequence 函数对 input_ids 列表进行填充操作，使得所有的序列长度一致
        # 参数 batch_first=True 表示输入的数据是 batch-major，即第一个维度是 batch 维度
        # 参数 padding_value=self.padding_value 表示用 0 进行填充
        input_ids = torch.nn.utils.rnn.pad_sequence(input_ids, batch_first=True, padding_value=self.padding_value)

        # 与上面类似，对 labels 列表进行填充操作，但是这里使用 -100 进行填充
        labels = torch.nn.utils.rnn.pad_sequence(labels, batch_first=True, padding_value=-100)
```

```
        # 返回一个字典，包含经过处理后的 input_ids, labels, 以及根据 input_ids 生成的
attention_mask
        # attention_mask 是一个布尔类型的张量，它的作用是在模型处理输入时，告诉模型哪些
部分是真正的内容，哪些部分是填充的内容
        return dict(
            input_ids=input_ids,
            labels=labels,
            attention_mask=input_ids.ne(self.padding_value),
        )
```

从上面代码可以看到，DataCollatorForChatDataset 类的主要目标是将一个个单独的样本，整理成适合模型训练的批量数据。在这个过程中，需要对输入数据和标签进行填充操作，以确保它们的长度一致，这样才能组成批数据进行训练。同时，生成一个注意力掩码，用于告诉模型哪些部分是实际的数据，哪些部分是填充的数据。

10.3.2 ChatGLM3 微调训练

此时的 ChatGLM3 大模型训练与普通模型在训练方式上并没有太大的区别，也是只需采用交叉熵函数作为损失的计算来完成模型的微调，代码如下：

注意：这里使用了加速库 accelerate，这部分内容会在下一节中进行讲解。

```
    # 导入 PyTorch 库，一个用于深度学习的开源库
    import torch

    # 导入 tqdm 模块，用于显示进度条
    from tqdm import tqdm

    # 从 peft 模块导入 LoraConfig 类和 get_peft_model 函数，用于 LoRA 方式的模型微调
    from peft import  LoraConfig, get_peft_model

    # 从 modelscope 模块导入 AutoTokenizer 和 AutoModel，用于加载预训练模型和相关的
tokenizer
    from modelscope import AutoTokenizer, AutoModel

    # 从 torch.utils.data 导入 DataLoader 和 Dataset，用于构建数据加载器
    from torch.utils.data import DataLoader, Dataset

    # 定义模型目录路径
    model_dir = "../../chatglm3-6b"

    # 在不需要计算梯度的环境下（即不进行反向传播）
    with torch.no_grad():
        # 从预训练模型目录加载 tokenizer
        tokenizer = AutoTokenizer.from_pretrained(model_dir,
trust_remote_code=True)
        # 从预训练模型目录加载模型并转为半精度计算，同时移动到 GPU 上
        model = AutoModel.from_pretrained(model_dir,
```

```
trust_remote_code=True).half().cuda()

    # 定义一个 LoRA 配置对象，配置 LoRA 相关的参数
    lora_config = LoraConfig(
        r=8,
        lora_alpha=16,
        target_modules=["query_key_value"],
        lora_dropout=0.05,
        bias="none",
        task_type="CAUSAL_LM",  # SEQ_2_SEQ_LM
    )

    # 定义批次大小和学习率
    BATCH_SIZE = 1
    LEARNING_RATE = 2e-4

    # 定义设备为 cuda，表示将使用 GPU 进行计算
    device = "cuda"

    # 使用 get_peft_model 函数对模型进行 LoRA 微调
    model = get_peft_model(model, lora_config)

    # 打印模型中可训练的参数
    model.print_trainable_parameters()

    # 导入 get_data 模块，这个模块应该包含了数据集相关的定义
    import get_data

    # 创建一个训练数据集对象
    train_dataset = get_data.ChatDataset()

    # 创建一个数据整合对象，用于在 DataLoader 中对数据进行处理
    datacollect = get_data.DataCollatorForChatDataset()

    # 创建一个数据加载器对象，设定批次大小、是否打乱数据，以及数据的整合方式等
    train_loader = (DataLoader(train_dataset,
batch_size=BATCH_SIZE,shuffle=True,collate_fn=datacollect))

    # 定义损失函数为交叉熵损失函数，忽略标签为-100 的部分
    loss_fun = torch.nn.CrossEntropyLoss(ignore_index=-100)

    # 使用 AdamW 优化器，对模型参数进行优化，设定学习率等参数
    optimizer = torch.optim.AdamW(model.parameters(), lr = LEARNING_RATE)

    # 定义学习率调度器，使用余弦退火方式调整学习率，设定最大迭代次数、最小学习率等参数
    lr_scheduler = torch.optim.lr_scheduler.CosineAnnealingLR(optimizer,T_max =
2400,eta_min=2e-6,last_epoch=-1)

    # 开始进行两个 epoch 的训练
    for epoch in range(2):
```

```
    # 使用 tqdm 创建进度条
    pbar = tqdm(train_loader,total=len(train_loader))

    for data_dict in pbar:  # 遍历训练集，data_dict 为每个样本的数据字典
        optimizer.zero_grad()  # 将模型参数的梯度归零
        # 将输入数据转移到设备上，并去掉最后一个 token
        input_ids = data_dict["input_ids"].to(device); input_ids =
input_ids[:, :-1]
        # 将标签数据转移到设备上，并去掉第一个 token
        labels = data_dict["labels"].to(device); labels = labels[:, 1:]

        # 将输入数据传入模型，得到模型的预测结果 logits
        logits = model(input_ids)["logits"]
        # 改变 logits 和 labels 的形状，以便于计算损失
        logits = logits.view(-1, logits.size(-1)); labels = labels.view(-1)
        # 计算预测结果 logits 和实际标签 labels 的损失值
        loss = loss_fun(logits, labels)

        loss.backward()  # 对损失值进行反向传播，计算模型参数的梯度
        optimizer.step()  # 使用优化器更新模型的参数
        lr_scheduler.step()  # 更新学习率
        # 设置进度条的描述，显示当前轮数、训练损失和学习率
        pbar.set_description(f"epoch:{epoch + 1}, train_loss:{loss.item():.5f},
lr:{lr_scheduler.get_last_lr()[0] * 1000:.5f}")

    # 保存训练好的模型参数
    model.save_pretrained("./lora_saver/lora_query_key_value.pth")
```

从整体来看，上面代码实现了模型的训练过程，包括数据的准备、损失的计算、反向传播、参数更新和学习率的调整等步骤。最后，训练好的模型参数被保存到了指定的文件中。

需要注意的是，采用了错位的形似对数据进行配对，代码如下：

```
    input_ids = data_dict["input_ids"].to(device); input_ids = input_ids[:, :-1]
# 将输入数据转移到设备上，并去掉最后一个 token
    labels = data_dict["labels"].to(device); labels = labels[:, 1:]  # 将标签数据转
移到设备上，并去掉第一个 token
```

对于损失函数的计算，我们可以直接使用交叉熵方法，并在计算过程中排除那些被声明为忽略的 token，以确保损失值的准确性。此外，针对使用 PEFT 类库的读者，还可以参考 10.2.3 节中提供的特定损失函数计算方式来完成损失值的计算，代码如下：

```
    model = get_peft_model(model, lora_config)      # PEFT 加载模型
    model.train()                                  # 显式声明模型处于训练状态
    …
    outputs = model(                               # 采用 PEFT 中的模型直接计算
            input_ids=input_ids,                   # 不需要采用错位输入
            labels=labels,
        )
        loss = outputs.loss                        # 显式获取损失值
```

读者可以自由替换此部分，但一定要注意，在使用 PEFT 对损失值进行计算时，这个过程不可以使用错位输入。

10.3.3　ChatGLM3 微调推理

接下来就是推理部分，采用 PEFT 合并原本的大模型并进行推断，合并后的推断代码如下：

```
# 导入必要的库
import torch  # PyTorch 库，用于深度学习模型的训练和推理
from tqdm import tqdm  # tqdm 库，用于显示进度条
# modelscope 库，用于自动加载预训练模型和分词器
from modelscope import AutoTokenizer, AutoModel
# peft 库，用于进行 Prompt-tuning 高效微调
from peft import PeftModel, PeftConfig

# 定义模型和预训练模型的路径
model_dir = "../../chatglm3-6b"  # 预训练模型的路径
peft_model_id = "./lora_saver/lora_query_key_value.pth"  # PEFT 微调模型的路径

# 在不计算梯度的情况下进行模型加载和预处理
with torch.no_grad():
    # 从预训练模型路径自动加载分词器
    tokenizer = AutoTokenizer.from_pretrained(model_dir,
trust_remote_code=True)
    # 从预训练模型路径自动加载模型，并转换为半精度浮点数格式（节省显存），然后移动到 GPU 上
    model = AutoModel.from_pretrained(model_dir,
trust_remote_code=True).half().cuda()

# 使用 PEFT 微调模型对原始模型进行微调
model = PeftModel.from_pretrained(model, peft_model_id)
# 将模型设置为评估模式（关闭 Dropout、Batchnorm 等层的影响）
model.eval()

# 定义对话历史和查询
history = []  # 对话历史，初始为空列表
query = "你是谁"  # 查询语句，即用户的输入问题
role = "user"  # 角色，这里设置为"user"，表示是用户的输入

# 使用分词器构建聊天输入
inputs = tokenizer.build_chat_input(query, history=history, role=role)
# 将输入数据移动到 GPU 上
inputs = inputs.to('cuda')

# 定义结束标记和生成参数
eos_token_id = [tokenizer.eos_token_id, tokenizer.get_command("<|user|>"),
tokenizer.get_command("<|observation|>")]  # 结束标记，包括普通的结束标记和特殊角色的结束标记
gen_kwargs = {"max_length": 1200, "num_beams": 1, "do_sample": True, "top_p":
0.95, "temperature": 0.95}  # 生成参数，包括最大长度、集束搜索宽度、是否进行采样、top-p 参数和温度参数
```

```
    # 生成输出
    outputs = model.generate(**inputs, **gen_kwargs, eos_token_id=eos_token_id)
    # 对输出进行处理，去掉输入的部分并转换为列表形式
    outputs = outputs.tolist()[0][len(inputs["input_ids"][0]):-1]

    # 使用分词器解码输出
    response = tokenizer.decode(outputs)
    # 处理响应，包括去除一些特殊标记和更新对话历史
    response, history = model.process_response(response, history)

    # 打印响应
    print(response)
```

最终结果如图 10-7 所示。

```
Loading checkpoint shards: 100%|████████████| 7/7 [00:06<00:00,  1.03it/s]
我叫欣欣，现在是你的购物助理机器人。
```

图 10-7　LoRA 处理后的 ChatGLM3 模型的输出

可以看到，代码通过合并后的 ChatGLM3 微调后，完成了结果的输出。

此外，还提供了一个基于键盘的多轮问答示例，它可以通过 PyCharm 客户端或者 CMD 终端完成多轮的问答，代码如下：

```
    # 导入必要的库
    import torch
    from tqdm import tqdm
    from modelscope import AutoTokenizer, AutoModel
    from peft import PeftModel, PeftConfig

    # 定义模型和预训练模型的路径
    model_dir = "../../chatglm3-6b"
    peft_model_id = "./lora_saver/lora_query_key_value.pth"

    # 在不计算梯度的情况下进行模型加载和预处理
    with torch.no_grad():
        tokenizer = AutoTokenizer.from_pretrained(model_dir,
trust_remote_code=True)
        model = AutoModel.from_pretrained(model_dir,
trust_remote_code=True).half().cuda()

    # model = PeftModel.from_pretrained(model, peft_model_id)
    model.eval()

    history = []
    role = "user"

    while True:
        # 通过键盘接收用户输入
        query = input("请输入你的问题：")
```

```
        # 判断用户是否想退出对话
        if query.lower() == "~":
            break

            # 使用分词器构建聊天输入
        inputs = tokenizer.build_chat_input(query, history=history, role=role)
        inputs = inputs.to('cuda')

        # 定义结束标记和生成参数
        eos_token_id = [tokenizer.eos_token_id, tokenizer.get_command("<|user|>"),
tokenizer.get_command("<|observation|>")]
        gen_kwargs = {"max_length": 1200, "num_beams": 1, "do_sample": True, "top_p":
0.8, "temperature": 0.8}

        # 生成输出
        outputs = model.generate(**inputs, **gen_kwargs,
eos_token_id=eos_token_id)
        outputs = outputs.tolist()[0][len(inputs["input_ids"][0]):-1]

        # 使用分词器解码输出
        response = tokenizer.decode(outputs)

        # 处理响应，包括去除一些特殊标记和更新对话历史
        response, history = model.process_response(response, history)

        # 打印响应
        print("模型响应：", response)
```

回答结果如下：

```
请输入您的问题：你是谁？
模型响应：  我叫欣欣，现在是你的购物助理机器人。
请输入您的问题：你多大了？
模型响应：  我于 2012 年诞生于清华大学，是一群聪明有智慧，还有毅力的技术人员开发的。
请输入您的问题：你会干什么？
模型响应：  我可以帮你参考购物呀，给你最合适的购买建议。
```

可以看到，通过微调处理后的 ChatGLM3 模型，能够较好地提供特定的答案。但是，由于本章只是做演示，因而没有提供更多的数据集，有兴趣的读者可以采用更多的数据集来继续完善此示例代码。

10.4　加速的秘密：accelerate 训练方法与模型量化详解

在上一节，我们成功完成了基于 LoRA 的 ChatGLM3 模型的首次训练。从中可以清晰看到，PEFT 库为我们简化了许多 LoRA 导入的琐碎细节，同时它还能为我们提供出色的输出和推断结果。然而，要优化整个模型的性能和效率，仅靠 PEFT 简化微调代码的编写是远远不够的。我们还需要借助其

他方法，进一步加速模型的训练和推断。对此，我们选择使用 accelerate 库来实现这一目标。

此外，本节还将引入一个新的概念，这是之前未曾提及的内容——模型的量化。量化是一种能够进一步优化模型性能、加速模型训练和推断的重要手段。本节将深入探讨这一新的概念，并介绍如何利用它更好地提升模型的效率。总的来说，通过结合 PEFT 的简化微调、accelerate 库的加速训练，以及模型量化的新技术，将能够为深度学习模型带来更高的性能和更快的推断速度。

10.4.1 加速器 accelerate 详解与完整代码编写

accelerate 是 PyTorch 中的一种加速库，旨在提高深度学习模型训练和推断的效率。通过使用 accelerate 库，我们可以使用各种技术来加速模型的训练和推断，包括多 GPU 训练、TPU 训练、混合精度训练等。

accelerate 库的设计理念是尽可能地简化加速技术的使用。它提供了简单易用的 API，使得我们能够轻松地将各种加速技术集成到模型的训练和推断过程中。此外，accelerate 库还提供了许多实用的功能，例如分布式训练、梯度累积等，这些功能可以帮助我们更有效地利用计算资源，提高模型的训练速度和精度。

要使用 accelerate 库，首先需要使用 pip 进行安装，代码如下：

```
pip install accelerate
```

然后，从 accelerate 类库导入 Accelerator：

```
from accelerate import Accelerator
accelerator = Accelerator()
```

接着，将所有与训练有关的对象（optimizer、model、training dataloader、learning rate scheduler）传递给 accelerator.prepare()方法。这将确保一切都为训练做好准备。

```
# 等号左右要一一对应
model, optimizer, train_dataloader = accelerator.prepare(model, optimizer, 
train_dataloader)
```

最后，使用 accelerator.backward(loss)替代 loss.backward()。

以上是使用 accelerate 的简单步骤。下面使用 accelerate 完成 LoRA 微调，代码如下：

```
import torch
from tqdm import tqdm
from peft import LoraConfig, get_peft_model
from modelscope import AutoTokenizer, AutoModel
from torch.utils.data import DataLoader, Dataset

# 定义模型目录路径
model_dir = "../../chatglm3-6b"

# 在不计算梯度的情况下加载预训练模型和分词器
with torch.no_grad():
    # 加载预训练的分词器
    tokenizer = AutoTokenizer.from_pretrained(model_dir, 
trust_remote_code=True)
```

```
        # 加载预训练的模型，将其转为半精度计算并移动到 GPU 上
        model = AutoModel.from_pretrained(model_dir,
trust_remote_code=True).half().cuda()

    # 定义 LoRA 配置
    lora_config = LoraConfig(
        r=8,  # LoRA 配置参数 r
        lora_alpha=16,  # LoRA 配置参数 alpha
        target_modules=["query_key_value"],  # 需要应用 LoRA 的模块名称
        lora_dropout=0.05,  # LoRA 配置中的 dropout 率
        bias="none",  # LoRA 配置中的 bias 类型
        task_type="CAUSAL_LM",  # 任务类型，这里为因果语言模型
    )

    # 定义批处理大小和学习率
    BATCH_SIZE = 1
    LEARNING_RATE = 2e-4

    # 定义设备类型，这里为 cuda（GPU）
    device = "cuda"

    # 根据 LoRA 配置获取 PEFT 模型
    model = get_peft_model(model, lora_config)

    # 打印模型中可训练的参数数量和占比
    model.print_trainable_parameters()

    # 导入 get_data 模块，该模块包含数据集和数据处理相关的函数或类
    import get_data

    # 创建训练数据集对象，该对象继承自 Dataset 类，负责提供训练数据
    train_dataset = get_data.ChatDataset()

    # 创建数据整合对象，用于在 DataLoader 中将多个数据样本整合成一个批次的数据
    datacollect = get_data.DataCollatorForChatDataset()

    # 创建数据加载器对象，用于在训练过程中批量加载数据，并进行打乱和整合
    train_loader = (DataLoader(train_dataset, batch_size=BATCH_SIZE, shuffle=True,
collate_fn=datacollect))

    # 定义损失函数，这里使用交叉熵损失函数，并设置忽略标签为-100
    loss_fun = torch.nn.CrossEntropyLoss(ignore_index=-100)

    # 定义优化器，这里使用 AdamW 优化器，并传入模型的所有参数和学习率
    optimizer = torch.optim.AdamW(model.parameters(), lr=LEARNING_RATE)

    # 定义学习率调度器，这里使用余弦退火学习率调度器，设置最大迭代次数、最小学习率和初始迭代次
数
    lr_scheduler = torch.optim.lr_scheduler.CosineAnnealingLR(optimizer,
T_max=2400, eta_min=2e-6, last_epoch=-1)
```

```
    # 导入 Accelerator 类，该类用于管理和加速模型的训练和推断过程
    from accelerate import Accelerator

    # 创建 Accelerator 实例
    accelerator = Accelerator()

    # 使用 accelerator.prepare 方法准备训练相关的对象，包括数据加载器、模型和优化器，这一步会
自动处理设备分配和数据并行等问题
    train_loader, model, optimizer = accelerator.prepare(train_loader, model,
optimizer)

    # 开始进行两个 epoch 的训练
    for epoch in range(2):
        # 使用 tqdm 模块创建进度条对象，total 参数设置进度条的总长度，这里为训练集的总批次数
        pbar = tqdm(train_loader, total=len(train_loader))
        # 遍历数据加载器中的每一个数据字典（批次）
        for data_dict in pbar:
            # 在反向传播前将所有参数的梯度缓存清零，防止梯度累加
            optimizer.zero_grad()
            # 获取输入数据的 ID，并转移到设备上，然后去掉最后一个 ID（通常为结束符），用于生成模
型的输出预测
            input_ids = data_dict["input_ids"].to(device); input_ids =
input_ids[:, :-1]
            # 获取标签数据，并转移到设备上，然后去掉第一个标签（通常为起始符），用于与模型的输
出预测对齐
            labels = data_dict["labels"].to(device); labels = labels[:, 1:]
    # 将输入数据 ID 输入模型，得到模型的预测输出（logits）和其他输出（这里只用到了 logits）
    logits = model(input_ids)["logits"]
    # 将 logits 变为一维，方便计算损失函数，大小为（总数据量，输出词汇表大小）
    logits = logits.view(-1, logits.size(-1));

    # 将 labels 也变为一维，大小和 logits 一致
    labels = labels.view(-1)

    # 计算损失函数值
    loss = loss_fun(logits, labels)

    # 使用加速器进行反向传播，计算梯度
    accelerator.backward(loss)

    # 使用优化器进行参数更新
    optimizer.step()

    # 执行学习率调度器，更新学习率
    lr_scheduler.step()

    # 设置进度条描述，显示当前 epoch 数、训练损失和学习率
    pbar.set_description(
        f"epoch:{epoch + 1}, train_loss:{loss.item():.5f},
```

```
lr:{lr_scheduler.get_last_lr()[0] * 1000:.5f}")
    # 保存模型
    model.save_pretrained("./lora_saver/lora_query_key_value.pth")
```

这个示例的推理部分和 10.3.3 节中的相同，请读者自行尝试。

10.4.2　加速的秘密 1：大模型的量化技术

大模型的量化是一种优化技术，其过程包括将深度学习模型中的权重和激活值从高精度浮点数（如 32 位）转换为低精度表示（如 8 位整数，INT8），这个过程被称为“量化”。它旨在减少模型的大小和计算复杂性，同时尽可能减少精度损失的优化手段。

具体而言，模型量化是一种压缩网络参数的方式，它将神经网络的参数（weight）、特征图（activation）等原本用浮点表示的量值，换成用定点（整型）表示，在计算过程中，再将定点数据反量化回浮点数据，得到结果，如图 10-8 所示。

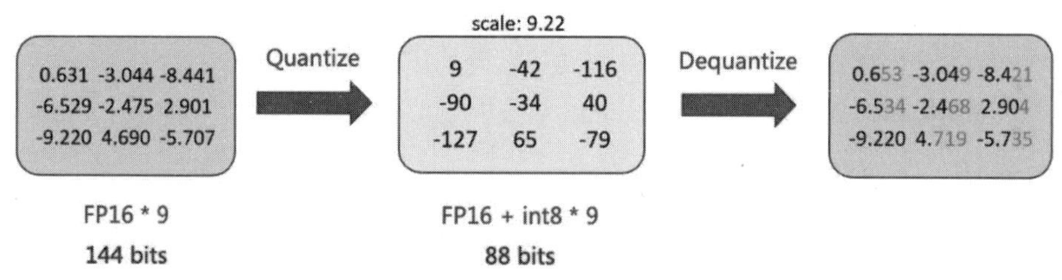

图 10-8　模型量化与复原

1. 为什么需要量化

- 减小模型大小：深度学习模型，尤其是大模型，可能会占用数百兆字节或甚至吉字节的空间。通过量化，可以将这些模型的大小减小至原来的到四分之一甚至更小，这对于在设备上部署模型或在网络中传输模型非常有利。
- 加速推理：低精度的计算通常比高精度的计算快，因为它们需要更少的内存带宽和更少的计算资源。这使得量化成为加速深度学习推理的一种有效方法。
- 能源效率：由于低精度计算需要的计算资源更少，因此它们通常比高精度计算更节能。

2. 如何量化

- 权重量化：这是最简单的量化形式，只涉及将模型的权重从浮点数转换为低精度的整数或固定点数。
- 激活量化：除了量化权重外，还可以量化模型中的激活值（即每一层的输出）。这通常比仅量化权重更复杂，因为它可能影响到模型的精度。
- 量化感知训练：这是一种更复杂的量化技术，模型在训练过程中就知道它最终会被量化，这使得模型可以在训练过程中“学习”如何更好地适应量化，通常可以得到比后期量化更好的结果。

3. 模型量化的具体实现

对于模型的量化，首先根据某个特定的常数（一般采用某个极值）对所有参数进行缩放计算，如图 10-9 所示。

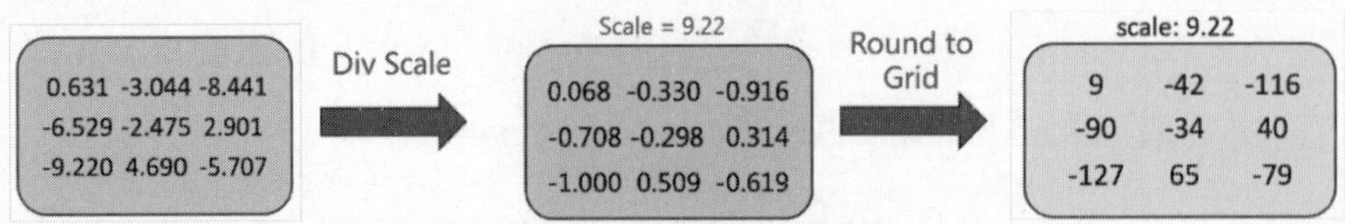

图 10-9 INT8 量化参数的缩放计算

具体来说，将特定目标模块的极值作为缩放参数，修正所有值，例如在图 10-9 中，将左侧图中的所有数值全部除以极值 9.22。

然后就是乘以量化参数，这里由于是对参数进行 INT8 缩放计算，此时的量化参数为：

```
127 = (2**(8-1)-1)
```

这里略微解释一下，这个公式实际上计算的是有符号 8 位整数能表示的最大正数值。这里 8−1 是因为我们已经用了一个位来表示符号，所以只剩下 7 位来表示数值的大小。然后，2**7 是这 7 位都能设置为 1 时得到的最大值，再减去 1 就得到了最大的正数值 127。

最后，将与量化参数相乘后的值使用 round 函数取近似值。

4. 注意事项

- 精度损失：量化通常会导致模型精度下降。因此，需要权衡模型大小、速度与精度之间的关系。
- 不是所有模型都适合量化：某些模型或某些任务可能对量化非常敏感，这意味着量化可能会导致精度大幅下降。因此，在决定量化之前，最好先评估模型的敏感性。

10.4.3 加速的秘密 2：大模型的 INT8 量化方案

模型的大小和计算速度主要由其参数量和精度决定。通常，模型的精度是 FP32、FP16、BF16 或 TF32，如图 10-10 所示。然而，高精度往往意味着更大的模型大小和更高的计算资源消耗。在追求性能的同时，如何减少模型的存储大小并提高计算效率呢？答案就是——模型量化。

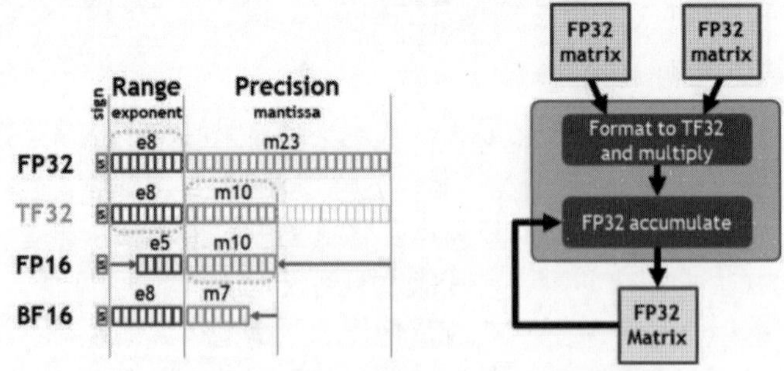

图 10-10 单个参数的构成——指数与尾数

从图 10-10 中可以看到，对于单个参数来说，它一般由指数与尾数构成，具体解释如下：

- float32（FP32）：标准的 IEEE 32 位浮点表示，指数 8 位，尾数 23 位，符号 1 位，可

以表示大范围的浮点数。大部分硬件都支持 FP32 运算指令。

- float16（FP16）：指数 5 位，尾数 10 位，符号 1 位。FP16 的数值范围远低于 FP32，存在上溢（当用于表示非常大的数时）和下溢（当用于表示非常小的数时）的风险，通过缩放损失（Loss Scaling）可以缓解这个问题。
- bfloat16（BF16）：指数 8 位（与 FP32 相同），尾数 7 位，符号 1 位。这意味着 BF16 可以保留与 FP32 相同的动态范围。但是相对于 FP16，减少了 3 位尾数。因此，在使用 BF16 时，大数值没有问题，但是精度会比 FP16 差。
- TensorFloat-32（TF32）：使用 19 位表示，结合了 BF16 的范围和 FP16 的精度，是计算数据类型，而不是存储数据类型。目前使用范围较小。

可以看到，对于 FP16 来说，其大小占用只有 FP32 的一半。具体的量化计算方法在 10.4.2 节已经介绍，此时的 INT8 量化方案也可以仿照上述过程进行计算，如图 10-11 所示。

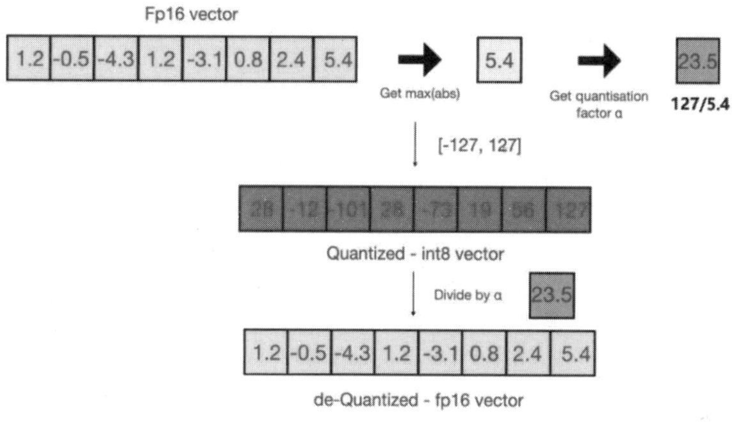

图 10-11　INT8 量化方案

除了单一使用 INT8 量化方案之外，还可以采用混合精度分解的量化方法，即将包含了 Emergent Features 的几个维度从矩阵中分离出来，对其做高精度（FP16）的矩阵乘法；其余部分进行 INT8 量化，如图 10-12 所示。

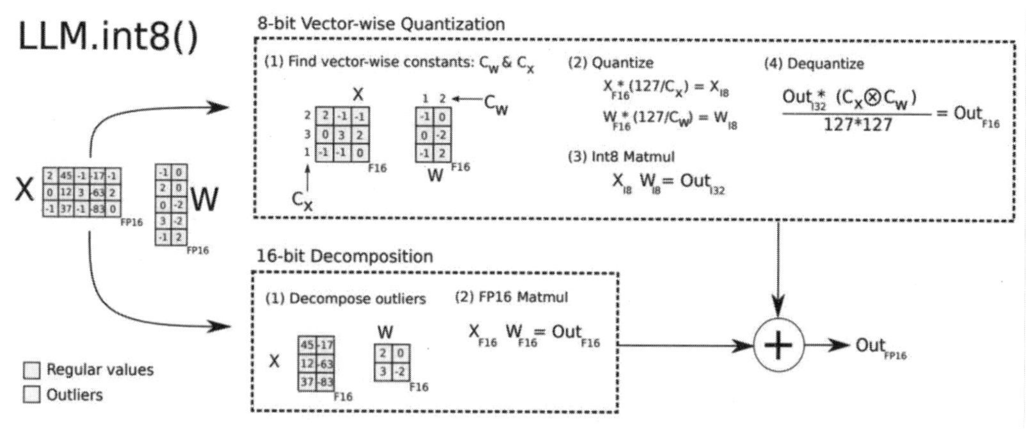

图 10-12　基于混合精度的 INT8 量化方案

量化方法，主要是量化不可避免地会带来一定的精度损失。因此，在实际应用中，读者需要根据具体任务和模型的要求，权衡精度和效率之间的取舍。对于某些对精度要求不高的场景，量化技术可以带来巨大的存储和计算优势，并且不会显著损害模型的性能。

10.4.4 加速的秘密 3：大模型 ChatGLM3 中的量化源码分析与实践

本小节将讲解大模型 ChatGLM3 的量化源码分析与实践。在模型源码中也提供了对应的量化源码，其中关键类进行分析和注释，如下：

```
# 定义一个名为 QuantizedLinear 的类，继承自 torch.nn.Module
class QuantizedLinear(torch.nn.Module):
    def __init__(self, weight_bit_width: int, weight, bias=None, device="cpu",
dtype=None, empty_init=False, *args, **kwargs):
        # 初始化函数，接收多个参数，包括权重位宽、权重、偏置、设备等
        super().__init__()  # 调用父类的初始化函数
        self.weight_bit_width = weight_bit_width  # 设置权重位宽
        shape = weight.shape  # 获取权重的形状
        # 如果权重为空或者 empty_init 为 True，则使用空的 torch.int8 类型的 tensor 初始化
权重，同时初始化权重缩放因子
        if weight is None or empty_init:
            self.weight = torch.empty(shape[0], shape[1] * weight_bit_width //
8, dtype=torch.int8, device=device)
            self.weight_scale = torch.empty(shape[0], dtype=dtype,
device=device)
        else:
            # 否则，根据权重的最大值计算权重缩放因子，并将权重量化到 torch.int8 类型
            self.weight_scale = weight.abs().max(dim=-1).values / ((2 **
(weight_bit_width - 1)) - 1)
            self.weight = torch.round(weight / self.weight_scale[:,
None]).to(torch.int8)
            if weight_bit_width == 4:
                # 如果权重位宽为 4，则使用 compress_int4_weight 函数进行压缩
                self.weight = compress_int4_weight(self.weight)
        # 将权重、权重缩放因子和偏置转换为参数，并设置为不可训练
        self.weight = Parameter(self.weight.to(device), requires_grad=False)
        self.weight_scale = Parameter(self.weight_scale.to(device),
requires_grad=False)
        self.bias = Parameter(bias.to(device), requires_grad=False) if bias is
not None else None
    def forward(self, input):
        # 定义前向传播函数，使用 W8A16Linear 函数
        output = W8A16Linear.apply(input, self.weight, self.weight_scale,
self.weight_bit_width)
        if self.bias is not None:
            # 如果存在偏置，则将偏置加到输出上
            output = output + self.bias
        return output  # 返回输出
```

上面代码在计算时调用了 W8A16Linear 类，这个类继承自 torch.autograd.Function，用于自定义

一个自动求导函数，实现一个线性层，其中的权重被量化为 8 位，而激活为 16 位。W8A16Linear 类的代码的分析与注释如下：

```
    # 定义一个名为 W8A16Linear 的类，继承自 torch.autograd.Function 类
    class W8A16Linear(torch.autograd.Function):
        # 定义静态方法 forward，这是自定义自动求导函数必需的一个方法
        @staticmethod
        def forward(ctx, inp: torch.Tensor, quant_w: torch.Tensor, scale_w:
torch.Tensor, weight_bit_width):
            # ctx 是一个上下文对象，用于在 forward 和 backward 之间传递信息
            # 存储输入的形状
            ctx.inp_shape = inp.size()
            # 存储权重的位宽
            ctx.weight_bit_width = weight_bit_width
            # 获取输出特征的数量
            out_features = quant_w.size(0)
            # 改变输入的形状，使它可以进行矩阵乘法运算
            inp = inp.contiguous().view(-1, inp.size(-1))
            # 提取权重到半精度浮点数
            weight = extract_weight_to_half(quant_w, scale_w, weight_bit_width)
            # 存储权重的形状
            ctx.weight_shape = weight.size()
            # 进行矩阵乘法运算，得到输出
            output = inp.mm(weight.t())
            # 保存用于反向传播的输入、量化权重和权重缩放因子
            ctx.save_for_backward(inp, quant_w, scale_w)
            # 返回输出，并恢复到原来的形状
            return output.view(*(ctx.inp_shape[:-1] + (out_features,)))
        # 定义静态方法 backward，这是自定义自动求导函数的另一个必需的方法，用于计算梯度
        @staticmethod
        def backward(ctx, grad_output: torch.Tensor):
            # 从上下文中获取保存的输入、量化权重和权重缩放因子
            inp, quant_w, scale_w = ctx.saved_tensors
            # 提取权重到半精度浮点数
            weight = extract_weight_to_half(quant_w, scale_w, ctx.weight_bit_width)
            # 改变梯度输出的形状，使它可以进行矩阵乘法运算
            grad_output = grad_output.contiguous().view(-1, weight.size(0))
            # 计算输入梯度
            grad_input = grad_output.mm(weight)
            # 计算权重梯度
            grad_weight = grad_output.t().mm(inp)
            # 返回输入梯度并恢复到原始形状，权重梯度恢复到原始形状，额外的两个 None 是为了与
forward 方法的输入参数数量匹配
            return grad_input.view(ctx.inp_shape),
grad_weight.view(ctx.weight_shape), None, None
```

有兴趣的读者可以查找相关文献进一步学习。

使用 INT8 方案对模型进行初始化的方法如下：

```
    from modelscope import AutoTokenizer, AutoModel
```

```
    model_dir = "../chatglm3-6b"
    tokenizer = AutoTokenizer.from_pretrained(model_dir, trust_remote_code=True)
    with torch.no_grad():
        # 下面是采用量化方案的 ChatGLM3，显存不够的读者可以使用
        model = AutoModel.from_pretrained(model_dir,
trust_remote_code=True).quantize(8).cuda()
    model = model.eval()
    response, history = model.chat(tokenizer, "你好", history=[])
    print(response)
    response, history = model.chat(tokenizer, "晚上睡不着应该怎么办", history=history)
    print(response)
```

上面代码采用了 INT8 量化的方案，即显式地添加量化函数 quantize(8)。要采用 INT4 量化方案，只需更改 quantize 函数中的参数，如下所示。

```
    model = AutoModel.from_pretrained(model_dir,
trust_remote_code=True).quantize(4).cuda()
```

结果请读者自行打印尝试。

10.5 更快的量化训练方案：QLoRA 基础内容详解

QLoRA 是 LoRA 微调方案的量化改良版。由于 LoRA 在微调过程中并不更新原始模型参数，因此，这些参数可以采用更低的 8 位甚至 4 位精度进行量化存储。这既节省了显存，又加速了训练过程。QLoRA 主要围绕 3 个核心策略进行优化：

- 基于 NF4 的分块量化策略：QLoRA 引入了一种名为 Normal Float 4-bit（NF4）的量化方法。这种方法采用分块的分位数量化策略，将模型参数划分为不同的块，并对每个块进行独立的量化处理。这种基于块的量化策略可以有效地减少存储需求，同时保持模型的性能。
- 双重量化技术：QLoRA 采用双重量化技术，首先对普通参数进行一次量化，然后对量化常数再次量化。这种双重量化策略可以进一步减少显存占用，提高存储效率。
- 分页优化器（Page Optimizer）：为了更有效地管理显存，QLoRA 还引入了一项名为分页优化器的技术。当显存使用过高时，分页优化器可以动态地利用一部分内存来替代显存，从而确保训练过程可以持续进行，不会因为显存不足而中断。

QLoRA 通过结合 NF4 分块量化、双重量化以及分页优化器等技术，显著降低了训练大模型时所需的显存资源，同时保持了模型的性能。这些优化策略使得 QLoRA 成为一种极具潜力的深度学习量化算法

10.5.1 加速的秘密 4：基于 bitsandbytes 的 ChatGLM3 量化 QLoRA 实现

在深入探讨 QLoRA 的细节之前，有必要了解一下 PyTorch 中 QLoRA 的具体实现，以及与之相

关的量化库。这里介绍一个与 PEFT 类似的名为 bitsandbytes 的 Python 专用量化库。

bitsandbytes 是一个基于 CUDA 的库，它主要用于支持 LLM.int8()量化。作为 torch.nn.modules 的子类，bitsandbytes 可以方便地与 PyTorch 框架集成，为用户提供一种高效的量化解决方案。值得一提的是，bitsandbytes 的设计思路是尽可能减少对原始代码的改变，因此，用户可以轻松将它应用到自己的模型中。

```
# 导入 PyTorch 库，这是一个用于机器学习的开源库，支持各种不同类型的数值计算
import torch
# 导入 PyTorch 中的 nn 模块，这个模块包含了一系列用于搭建神经网络的类和函数
import torch.nn as nn
# 导入 bitsandbytes 库中的 nn 模块，这个模块提供了用于 8 位整数运算的线性层
from bitsandbytes.nn import Linear8bitLt
# 先创建一个使用 16 位浮点数精度的序贯模型，这个模型包含两层线性层，每层都有 32 个输入和 32 个输出
# 然后，使用.half()方法将模型转换为半精度（即 16 位）浮点数模型，调用.to("cuda")方法将模型移动到 GPU 上
fp16_model = nn.Sequential(
    nn.Linear(32, 32),
    nn.Linear(32, 32)
).half().to("cuda")
# 创建一个使用 8 位整数精度的序贯模型，这个模型也包含两层线性层，每层都有 32 个输入和 32 个输出
#Linear8bitLt 是一个特殊的线性层，它使用 8 位整数进行运算。参数 has_fp16_weights=False 表示不使用 16 位浮点数作为权重
int8_model = nn.Sequential(
    Linear8bitLt(32, 32, has_fp16_weights=False),
    Linear8bitLt(32, 32, has_fp16_weights=False)
).to("cuda")
# 打印 FP16 模型中第一层权重的前 5 个元素
print("FP16:",fp16_model[0].weight[0,:5])
# 打印 INT8 模型中第一层权重的前 5 个元素
print("INT8:",int8_model[0].weight[0,:5])
```

将 bitsandbytes 应用到 ChatGLM3 中，就可以使用如下代码完成模型的训练或者推断。

注意：这里的源码过于复杂，读者目前只需要掌握使用方法即可。另外，有的读者在使用下面内容时会报错，这是因为 Windows 版量化包版本太低，可以直接使用 INT8 量化。

```
import torch
import torch.nn as nn
from modelscope import AutoTokenizer, AutoModel, BitsAndBytesConfig
model_dir = "../chatglm3-6b"
tokenizer = AutoTokenizer.from_pretrained(model_dir, trust_remote_code=True)
with torch.no_grad():
    # 下面是采用量化方案的 ChatGLM3，显存不够的读者可以使用
model = AutoModel.from_pretrained(
    model_dir,  # 模型目录
    trust_remote_code=True,
    torch_dtype=torch.float16,  # 为模型指定 torch 的数据类型，这里是 float16（也称为
```

```
半精度）
        load_in_4bit=True,  # 使用4位加载模型，这通常用于模型的量化，使其更加轻量级
        # 以下参数都是关于量化的配置
        quantization_config=BitsAndBytesConfig(
            load_in_4bit=True,  # 使用4位加载模型，与上面的一致
            bnb_4bit_compute_dtype=torch.float16,  # 在4位计算中使用的torch数据类型是
float16
            bnb_4bit_use_double_quant=True,  # 使用双量化。双量化可以进一步压缩数据长度
            bnb_4bit_quant_type="nf4"  # 指定量化类型为"nf4"，它是INT4的更一般的形式
        )
    )
    model = model.eval()
    response, history = model.chat(tokenizer, "你好", history=[])
    print(response)
    response, history = model.chat(tokenizer, "晚上睡不着应该怎么办", history=history)
    print(response)
```

具体来看，我们主要在模型中明确地声明数据类型以及量化方案，可以参考9.4.3节中的混合量化内容。BitsAndBytesConfig类详尽地定义了量化方案的设计，其中的参数定义如下：

- load_in_4bit：这个参数决定是否使用INT4量化方案。
- bnb_4bit_quant_type：这个参数定义了量化的数据结构，可以选择NF4（即默认的Normal Float 4bit）或纯FP4量化。
- bnb_4bit_use_double_quant：这个参数决定在第一轮量化之后是否进行第二轮量化，以便为每个参数额外节省一定的空间。
- bnb_4bit_compute_dtype：这个参数定义了计算时使用的数据类型，默认是torch.float32，但如果选择float16计算数据类型，矩阵乘法和训练的速度将会更快。

在具体使用时，对于参数的定义并没有特定的要求。一般来说，如果显存有限制，可以使用双量化；如果想要获得更高的精度，可以使用NF4；如果想要加快微调速度，可以使用float16。

在实践中，如果选择使用INT8的量化方案，则可以直接将模型的载入方式改为相应的方式。这样的设计使得模型在保持高性能的同时，也能灵活地适应不同的硬件环境和精度需求。代码如下：

```
    model = AutoModel.from_pretrained(model_dir, trust_remote_code=True,
torch_dtype=torch.float16, load_in_4bit=True, quantization_config=
    BitsAndBytesConfig(
            load_in_8bit=True,
                bnb_8bit_compute_dtype=torch.float16,
                bnb_8bit_use_double_quant=True,
                bnb_8bit_quant_type="nf4"))
```

具体的请读者自行尝试。

10.5.2 加速的秘密5：QLoRA详解

本节开头介绍，QLoRA主要围绕三个核心策略进行优化，即NF4分块量化、双重量化以及分页优化器，下面依次进行讲解。

1. NF4 分块量化

对于量化来说，例如 INT8 量化方案，将 float32 的值量化到 int8，确实是一种将数值从较大范围映射到较小范围的操作。通过引入一个常数 C 来实现成比例的数值缩小是常用的量化策略。这种方法的优势在于，可以轻易地使用这个常数 C 进行反量化操作，从而还原出原始的数值（尽管是近似的）。

然而，当处理包含 outlier（离群值）的数据时，选择合适的常数 C 会变得困难。因为 outlier 的存在可能会影响 C 的选择，进而导致其他数值被压缩到一个较小的范围内。这种情况下，Block-wise 量化策略是一种有效的解决方案。

在 Block-wise 量化中，不是对整个数据集使用一个统一的常数 C，而是将数据分成一批一批的块，每个块独立地使用自己的常数 C 进行量化。这种策略允许我们更灵活地处理数据，并且可以减少 outlier 对量化过程的影响。

这种每个块包含的数据用 16 位来表示的 Block-wise 量化策略具有几个优点。首先，由于每个块都是独立量化的，因此可以更有效地处理存在 outlier 的数据。其次，块大小为 16 位是在量化效果和计算效率之间的一个折中选择，它既可以减少存储需求，又不会过多地损失精度。

通过采用块大小为 16 位的 Block-wise 量化策略，我们可以更好地管理数值范围，降低 outlier 的影响，并使得量化过程更加灵活和高效。

那这个与我们所要讲解的 NF4 分块量化有什么关系呢？下面继续讨论。

1）什么是分位量化（Quantile Quantization）

在将一个 float32 量化到 INT4 的过程，4 位的情况下最多可以使用 2^4，也就是 16 个数。此时，最简单的量化方法是取最接近的那个值，或者直接使用 round 函数取近似值。

但是，这样做其实没有充分利用我们有限的数位，很有可能大部分原始数值都被量化到同一个 4 位数上了，原本有的差异或者说信息在这个量化过程中就被丢掉了。更极端的情况，假如原始的 float32 浮点数都在 0 上下波动，量化后可能完全变成 0，那就没有意义了。

如何才能充分利用我们仅剩的 16 个数呢？最直观的想法就是，把所有数字由小到大排列，再分成 16 等分，最小的一块映射到量化后的第一个数，第二块映射到量化后的第二个数，以此类推。这样，原始数据在量化后的数字上就是均匀分布的。这种做法就是分位量化。

分位量化的基本思想是，将原始数据从小到大排列，并分成相等的份数（在这个例子中是 16 份）。然后，每个分位的数值被映射到量化后的一个具体的数上。通过这种方式，可以确保原始数据在量化后的数值上是均匀分布的。这种策略能最大程度地保留原始数据中的差异和信息。

为了进一步优化这个过程，可以使用一个映射表（map）来存储量化后的数值。这个映射表的键是 0 到 15 的整数，而值则是最可能最小化量化误差的浮点数。在存储数据时，只需要存储相应的键即可。而在计算过程中，可以使用映射表中的值来进行计算。

为了计算这个映射表中的值，可以使用一个公式来最小化量化误差。这个公式可以根据具体的数据和需求进行调整，目标是通过优化映射表的值，使得量化后的数据与原始数据之间的误差最小。

总结一下，通过采用分位量化的方法，并结合映射表来存储最优的浮点数，我们可以更充分地利用有限的数位，并减少量化过程中的信息丢失。这种策略可以根据具体情况进行微调，以最小化量化误差并提高整体的数据处理效率。

2）NormalFloat 数据结构

将分位量化应用到大模型量化中，此时可以假设预训练的模型参数大致服从均值为 0 的正态分布，这为我们提供了一种直接量化这些参数的方法。

具体来看，就是将这些正态分布的参数按照分位量化的方法，找到 2^k 个量化值。这些值随后被缩放至[−1, 1]的范围进行量化。这种方法有效地减少了参数的存储需求，同时在一定程度上保留了原始数据的信息。

然而，这种方法存在一个潜在的缺点。在这种量化策略下，原本为 0 的参数值可能被映射为一个非零的数值，从而损失了 0 的特殊性质。0 在许多深度学习模型中都是一个重要的值，因为它通常代表没有激活或者没有贡献。

为了解决这个问题，我们对这种方法进行了改进。改进后的策略是使用两个 2^{k-1} 的[0, 1]范围来分别代表正数和负数。这样一来，原本为 0 的参数值仍然被映射为 0，同时保留了 0 的特殊性质，然后，通过去除重叠的一个 0 值，生成最终的数据类型。

这种改进的策略不仅减少了量化过程中的信息丢失，还保留了 0 这个特殊值的重要性。因此，这种策略在实际应用中可能会表现出更好的性能。对于深度学习模型的优化和部署而言，这种改进的量化策略提供了一种有效的解决方案，可以在不显著损失精度的同时，大幅降低模型的存储需求和计算复杂性。

2. 双重量化

双重量化是一种深度的量化策略，其主要目标是对量化常量进行再次量化，以达到更进一步的内存节约。在深度学习模型的优化中，双重量化策略有着重要的应用价值，因为它能够在保证模型性能的同时，显著降低模型的存储需求和计算复杂性。

在精确的 4 位量化中，我们通常需要使用较小的块大小来确保量化的准确性。然而，较小的块大小也会带来较大的内存开销。例如，当我们使用 32 位的常量，且块大小为 64 位时，每个参数将增加 0.5 位的内存消耗。这对于大型深度学习模型来说，可能会带来显著的显存消耗。

然而，通过对这一组量化常量进行再次量化，可以进一步减少这种内存消耗。这种双重量化策略能够有效地压缩量化常量的存储空间，从而在不显著影响模型性能的前提下，降低模型的内存需求。

具体来看，在分位量化方法中，我们曾提及每个块都拥有一个自己的常量 C。然而，这个常量 C 实际上带来了额外的存储开销。例如，当 C 使用 float32 类型，且块大小为 16 位时，每组量化后的参数所携带的用于指示 C 的位置标志需要占用（32/16）位=2 位的存储开销。特别是对于 4 位量化，这额外的 2 位相当于增加了 50%的显存消耗，这是相当大的。

为了解决这个问题，使用双重量化策略对常量 C 再进行一次量化。考虑到在常量 C 中，出现离群值的概率通常较小，因此可以采用一个更大的块大小，比如 256 位，来对 C 再次进行量化，得到 8 位的 C。改进过后每个参数的额外消耗为：

$$\frac{8}{16}\text{bit}+\frac{32}{16\times 256}\text{bit}\approx 0.507\text{bit}\ll 2\text{bit}$$

经过改进后，每个参数的额外消耗将会降低到更低。原本每个参数需要额外承担 2 位的开销，现在只需要额外承担 8/256 位=1/32 位的开销，这对于显存的消耗来说，显然是一个显著的降低。因此，这种双重量化的策略不仅减少了对显存的消耗，同时也提高了存储的效率。

总之，双重量化是一种深度的、有效的量化策略，它通过对已经量化的常量再次进行量化，进一步降低了深度学习模型的内存消耗。虽然这种策略可能会增加计算复杂性，但在许多情况下，这种增加的计算复杂性是可以接受的，因为它换来了更显著的内存节约。因此，双量化策略在深度学习模型的优化和部署中，有着广泛的应用前景。

3. 分页优化器

分页优化器是一个巧妙利用硬件特性的技术，特别针对深度学习中常常遇到的 GPU 内存限制问题。在深度学习的训练和推理过程中，GPU 的内存使用是一个关键点，当模型规模越来越大，或者批量数据越来越多时，GPU 的内存使用很容易就出现瓶颈。分页优化器的内容转移如图 10-13 所示。

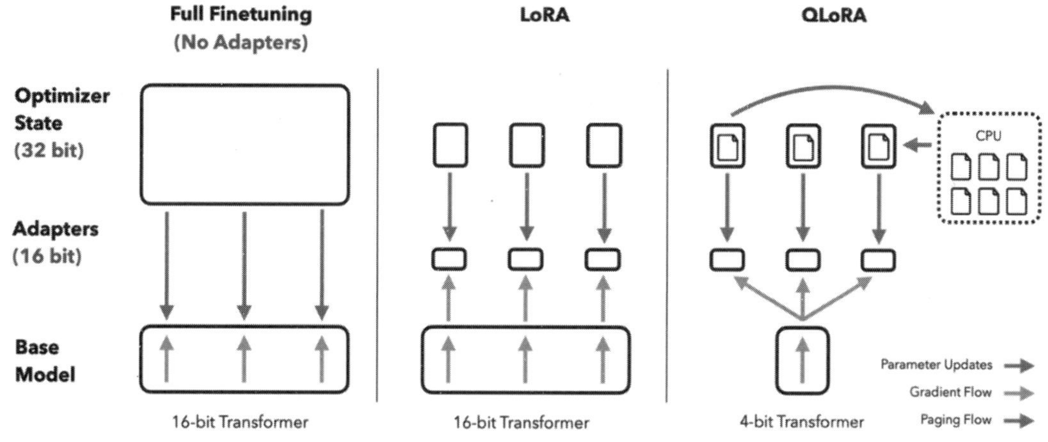

图 10-13　分页优化器的内容转移

分页优化器利用了 NVIDIA 统一内存的特性，这个特性允许在 GPU 内存不足的情况下，自动将数据从 GPU 内存传输到 CPU 内存，以确保 GPU 的处理过程能够持续进行而不被中断。这种传输方式类似于传统的内存分页机制，即当 CPU RAM 不足时，分页优化器会自动将数据从 GPU RAM 移至 CPU RAM。然后，只有当优化器更新步骤实际需要这些数据时，它们才会被重新取回 GPU 中。这样，就可以在不影响模型训练的前提下，显著节省 GPU 的内存使用。

这种方法的优点很明显：首先，它能够处理大于 GPU 内存的数据集，这使得我们能够训练更大规模的模型，或者使用更大的批量数据进行训练；其次，由于数据是在需要时才从 CPU 取回 GPU，因此在很大程度上，这种方法也能够节省不必要的数据传输开销。

总的来说，分页优化器是一种高效、实用的技术，它充分利用了硬件的特性，帮助我们更好地管理和使用 GPU 内存。对于深度学习的实践者来说，这无疑是一种很有价值的工具。

10.5.3　微调的目的：让生成的结果更聚焦于任务

本小节将采用单 GPU 微调 ChatGLM3 来完成文本生成。这里提供了一套完整的文案数据，如图 10-14 所示。

```
{"instruction": "类型#裙*风格#街头*风格#潮*裙型#a字", "output": "孕期就一定要穿的沉闷单调吗？热爱潮流的怎能束缚自己个性的心呢，这款裙子采用
{"instruction": "类型#裤*材质#牛仔布*颜色#浅蓝色*风格#街头*风格#休闲*裤型#直筒裤*裤款式#破洞", "output": "破洞元素已变成彰显个性的元素，
{"instruction": "类型#裤*版型#宽松*材质#雪纺*风格#知性*风格#性感*图案#线条*裤长#连体裤*裤款式#木耳边", "output": "雪纺面料的一袭连体裤，
{"instruction": "类型#裤*风格#简约*图案#线条*裤款式#口袋*裤款式#拉链", "output": "侧缝处添置有立体拉链口袋作为装饰，实用性强且兼备美观性。
{"instruction": "类型#上衣*颜色#白色*图案#条纹*图案#线条*衣样式#衬衫", "output": "白色的衬衫采用了百褶的袖子设计，既修饰了手臂线条，又为整
{"instruction": "类型#裤*材质#棉*材质#牛仔布*风格#简约*风格#休闲*裤长#短裤*裤款式#破洞", "output": "选用优质的纯棉面料打造出舒适的质感，
{"instruction": "类型#裤*材质#水洗*风格#潮*裤款式#不规则*裤口#毛边", "output": "年轻潮流的设计品味，洋气又好穿。细节相当丰富有看点，融入水
{"instruction": "类型#裤*颜色#蓝色*风格#简约*裤型#背带裤*裤款式#纽扣", "output": "背带裤的选用天蓝色的主题，远远看上去就像是蓝色<UNK>悬
```


图 10-14　提供的文案数据

instruction 部分是文本的关键词提示，也就是相应的 Prompt，output 部分是根据关键词提示生成的对应讲解文本。在进行下一步处理之前，首先将文本输入 ChatGLM3 中看看结果如何。未经过微调的代码如下：

```
from modelscope import AutoTokenizer, AutoModel
model_dir = "../../chatglm3-6b"
tokenizer = AutoTokenizer.from_pretrained(model_dir, trust_remote_code=True)
model = AutoModel.from_pretrained(model_dir,
trust_remote_code=True).quantize(4).cuda()
model = model.eval()
response, history = model.chat(tokenizer, "类型# 裙*版型# 显瘦*风格# 文艺*风格# 简约*图案# 印花*图案# 撞色*裙下摆# 压褶*裙长# 连衣裙*裙领型# 圆领", history=[])
print(response)
```

生成的结果如下：

```
这款连衣裙采用了撞色设计，简洁的圆领设计，展现出优雅的文艺风格。裙身采用了印花图案，清新而有趣。下摆采用了压褶设计，增加了层次感和时尚感。整体简约而大气，是一款非常显瘦的裙子。

搭配上，你可以选择一件简约的白色 T 恤，或者是枚举一些复古图案的 T 恤，这样会让整体造型更加休闲而有趣。此外，你也可以尝试搭配一双简约的高跟鞋，提升整体造型的时尚感。

在搭配鞋子方面，这款连衣裙的撞色设计和印花图案都非常适合搭配一双醒目的鞋子。比如，你可以选择一双复古风格的黑色高跟鞋，或是搭配一双色彩明亮的凉鞋，都会让整体造型更加鲜明而有趣。
```

可以看到，在生成结果上，虽然也会根据输入的关键词进行文案的输出，但是此时的输出并没有聚焦在我们所提示的关键词上，并且对于大模型来说，也仅仅是能够“猜测”我们的意图，或者可以认为大模型的生成结果与目标略有差异。

对大模型进行微调，然后将微调前后的生成结果进行比较，结果如图 10-15 所示。

```
输入：
类型#裙*版型#显瘦*风格#文艺*风格#简约*图案#印花*图案#撞色*裙下摆#压褶*裙长#连衣裙*裙领型#圆领
--------------------------------------------------------------------------------
微调前：
根据您的描述，我为您推荐一款显瘦的文艺风格连衣裙。这款连衣裙简约大方，印花图案搭配撞色裙下摆，圆领设计更显优雅。它采用压褶设计，使裙长更加流畅，穿上这款连衣裙，您会感受到显瘦的效果。

这款连衣裙适合各种场合，比如公司聚会、周末度假或者约会等。它的文艺风格让您在人群中脱颖而出，展现出与众不同的气质。同时，这款连衣裙的简约设计让您轻松搭配不同场合的服饰，展现出您的时尚品味。

如果您对这款连衣裙感兴趣，可以点击链接查看更多详情。同时，如果您有其他需求，请随时告诉我，我会尽力为您提供帮助。
************************
第一种微调后(LoRA)：
简约的圆领设计，展现出颈部的柔美，轻松打造优雅气质。精致的印花设计，展现出文艺气息，彰显出时尚品味。撞色的圆裙设计，修身显瘦，凸显出女性的曼妙身姿。
************************
第二种微调后(QLoRA)：
这款连衣裙简约时尚，时尚撞色设计，更显青春活力，精致圆领设计，更显优雅气质。衣身采用简约印花设计，更显优雅气质，压褶设计，更显美观大方。
```

图 10-15　微调前后结果对比

我们不深入探讨哪种微调方式更为优越，仅从最终的结果呈现来看，微调前后的文本生成，在内容表现上存在显著差异。经过微调后的文本生成，显然更加贴近我们所设定的目标，它能够根据给定的提示词，精准地生成与之相对应的文本。

这种微妙的变化并非偶然，而是深度学习模型在微调过程中不断学习和优化的结果。微调后的模型更加精准地捕捉到了提示词与文本之间的内在联系，从而生成更符合要求的文本内容。

随着深度学习技术的不断进步，我们有理由相信，这种微调技术将在文本生成领域发挥越来越重要的作用。它不仅能够提升文本生成的准确性和效率，还将为我们带来更多前所未有的创意和无限的可能性。未来，我们有望见证更加智能、更加灵活的文本生成系统的诞生，为我们的生活和工作带来更大的便利和乐趣。

10.6　QLoRA 微调文本生成实战

在前面的章节中，我们详细阐述了 QLoRA 的基本模型使用以及相关应用。通过深入了解，可以明确一个观点：针对大规模模型进行微调，可以显著地提高模型生成结果的准确性和对任务目标的聚焦性。这也正是我们进行微调的主要目的。

接下来，我们将运用 QLoRA 微调技术，实现 ChatGLM3 文案生成。基于 QLoRA 的微调方法，能够充分利用模型的潜力，使文本生成更为精准和高效。本节将详细介绍这一微调过程的具体操作和实现方法。

10.6.1　数据处理

10.5.3 节展示了本次微调任务所要聚焦的目标，即根据文本提示自动生成最为合适的文本内容。

首先来看一下数据处理部分。10.3.1 节中已经展示了一种数据读取的方法，此时我们可以仿照前面的讲解完成数据的准备工作，代码如下：

```
class ChatGLM1Dataset(Dataset):  # 定义一个名为ChatGLM1Dataset的类,继承自Dataset类
    def __init__(self, file, tokenizer, max_seq_length):  # 初始化函数，接收 3 个参数：文件路径、分词器和最大序列长度
        self.tokenizer = tokenizer  # 保存分词器
        self.bos_token_id = tokenizer.bos_token_id  # 获取分词器的起始符号 ID
        self.eos_token_id = tokenizer.eos_token_id  # 获取分词器的结束符号 ID
        self.max_seq_length = max_seq_length  # 保存最大序列长度
        with open(file, 'r', encoding='utf8') as f:  # 打开文件
            data_list = f.readlines()  # 读取文件中的所有行并保存到 data_list 中
        # logger.info("there are {} data in dataset".format(len(data_list)))  # 记录日志信息（此行被注释掉）
        self.data_list = data_list  # 将读取的数据保存到类的属性中

    def __len__(self):  # 返回数据集的长度（即数据条数）
        return len(self.data_list)
    def __getitem__(self, index):  # 根据索引获取数据集中的某一条数据
        # 每条数据格式为: <s>input1</s>target1</s>input2</s>target2</s>...
```

```
        data = self.data_list[index]  # 获取指定索引的数据
        data = json.loads(data)  # 将数据从 JSON 格式转换为 Python 对象

        # 收集多轮对话
        utterances = []  # 用于保存多轮对话的列表
        utterances += ([data["instruction"], data["output"]])  # 将指令和输出添加到 utterances 列表中
        utterances_ids = self.tokenizer(utterances, 
add_special_tokens=False).input_ids  # 将 utterances 中的文本进行编码，得到对应的 ID 序列
        # 模型的输入格式为：<s>input1</s>target1</s>input2</s>target2</s>...
        input_ids = []  # 用于保存最终输入的 ID 序列
        target_mask = []  # 用于对 input 进行 mask，只计算 target 部分的 loss
        for i, utterances_id in enumerate(utterances_ids):  # 遍历每个 utterance 的 ID 序列
            input_ids += utterances_id  # 将当前 utterance 的 ID 添加到 input_ids 中
            # input 部分
            if i % 2 == 0:
                target_mask += [0] * (len(utterances_id))  # 如果是输入部分，则在 target_mask 中添加相应数量的 0
            # target 部分
            else:
                input_ids += [self.eos_token_id]  # 如果是目标部分，则在 input_ids 中添加结束符号 ID
                target_mask += [1] * (len(utterances_id) + 1)  # 在 target_mask 中添加相应数量的 1
        assert len(input_ids) == len(target_mask)  # 确保 input_ids 和 target_mask 长度一致
        input_ids = input_ids[:self.max_seq_length]  # 截取 input_ids，使其长度不超过最大序列长度
        target_mask = target_mask[:self.max_seq_length]  # 截取 target_mask，使其长度不超过最大序列长度
        attention_mask = [1] * len(input_ids)  # 创建与 input_ids 等长的 attention_mask，全部置为 1
        assert len(input_ids) == len(target_mask) == len(attention_mask)  # 确保 3 个序列长度一致
        inputs = {  # 构建模型的输入字典
            'input_ids': input_ids,  # 输入 ID 序列
            'attention_mask': attention_mask,  # 注意力掩码
            'target_mask': target_mask  # 目标掩码
        }
        return inputs  # 返回输入字典
```

这段代码定义了一个 ChatGLM1Dataset 类，该类继承自 Dataset 类，用于处理 ChatGLM 模型的数据集。相对于前面处理数据集的方法，此类在数据处理中更细致地定义了目标掩码和注意力掩码，可以帮助模型在训练过程中更为细致地对结果进行处理和分析。

除此之外，使用 PyTorch 2.0 对模型进行训练时要求数据长度对齐，因此，还提供了将数据对齐的处理函数，如下所示。

```
class SFTDataCollator(object):  # 定义一个 SFTDataCollator 类
    def __init__(self, tokenizer, max_seq_length):  # 初始化函数，接收 tokenizer
```

```
和 max_seq_length 两个参数
        self.tokenizer = tokenizer  # 保存 tokenizer 对象，用于后续的分词操作
        self.max_seq_length = max_seq_length  # 保存最大序列长度，用于后续的截断操作
        self.pad_token_id = tokenizer.pad_token_id  # 获取 tokenizer 的填充 token
id，用于后续的填充操作
    def __call__(self, batch: List[Dict[str, Any]]) -> Dict[str, Any]:  # 定义
__call__方法，接收一个 batch 的数据
        # 找出 batch 中的最大长度
        lengths = [len(x['input_ids']) for x in batch]  # 通过列表推导式获取 batch
中每条数据的长度
        # 取出 batch 中的最大长度，如果超过 max_seq_length，则取 max_seq_length
        batch_max_len = min(max(lengths), self.max_seq_length)  # 找出 batch 中的
最大长度，并和 max_seq_length 比较，取较小值

        input_ids_batch, attention_mask_batch, target_mask_batch = [], [], []  #
初始化 3 个列表，用于存储处理后的数据
        # truncate and padding  # 进行截断和填充操作
        for x in batch:  # 遍历 batch 中的每一条数据
            input_ids = x['input_ids']  # 获取当前数据的 input_ids
            attention_mask = x['attention_mask']  # 获取当前数据的 attention_mask
            target_mask = x['target_mask']  # 获取当前数据的 target_mask
            padding_len = batch_max_len - len(input_ids)  # 计算需要填充的长度
            # padding  # 进行填充操作
            input_ids = input_ids + [self.pad_token_id] * padding_len  # 在
input_ids 后面填充相应的 pad_token_id
            attention_mask = attention_mask + [0] * padding_len  # 在
attention_mask 后面填充 0，表示这些填充的部分不需要关注
            target_mask = target_mask + [0] * padding_len  # 在 target_mask 后面
填充 0
            # truncate  # 进行截断操作
            input_ids = input_ids[:self.max_seq_length] # 将 input_ids 截断到
max_seq_length 长度
            attention_mask = attention_mask[:self.max_seq_length]  # 将
attention_mask 截断到 max_seq_length 长度
            target_mask = target_mask[:self.max_seq_length]  # 将 target_mask 截
断到 max_seq_length 长度
            input_ids_batch.append(input_ids)  # 将处理后的 input_ids 添加到
input_ids_batch 列表中
            attention_mask_batch.append(attention_mask)  # 将处理后的
attention_mask 添加到 attention_mask_batch 列表中
            target_mask_batch.append(target_mask)  # 将处理后的 target_mask 添加到
target_mask_batch 列表中
        # 将处理后的列表转换为 tensor，以作为模型的输入
        input_ids_batch = torch.tensor(input_ids_batch, dtype=torch.long) # 转
换 input_ids 为 tensor
        attention_mask_batch = torch.tensor(attention_mask_batch,
dtype=torch.long)  # 转换 attention_mask 为 tensor
        target_mask_batch = torch.tensor(target_mask_batch, dtype=torch.long)
# 转换 target_mask 为 tensor
        inputs = {  # 构建输入字典
```

```
            'input_ids': input_ids_batch, # 将处理后的 input_ids 作为输入字典的'input_ids'键的值
            'attention_mask': attention_mask_batch, # 将处理后的 attention_mask 作为输入字典的'attention_mask'键的值
            'target_mask': target_mask_batch  # 将处理后的 target_mask 作为输入字典的'target_mask'键的值
        }
        return inputs  # 返回处理后的输入字典
```

这段代码定义了一个名为 SFTDataCollator 的类，它的主要作用是对输入的一批数据进行处理，包括填充和截断操作，使其满足模型的输入要求。

10.6.2 损失函数设计

在本节示例中，由于我们在输入时采用了特殊的输入结构，即将基本数据和掩码内容一并传递给模型，因此需要根据输入的内容设计对应的损失函数。

设计损失函数的基本思想与 10.3 节中所阐述的相似，其核心在于利用交叉熵函数来评估模型对于下一个位置预测的准确性。通过这种方式，模型能够逐步预测并生成整个文本内容，从而实现文本的完整构建。代码如下：

```
class Loss(object):
    # 自定义的所有 Loss 类的父类
    def __call__(self, model, inputs, training_args, return_outputs=False):
        """
        用于计算 loss。
        :param model: 模型
        :param inputs: 模型输入，dict
        :param training_args: 训练配置参数
        :param return_outputs:是否返回模型的输出
        :return:
        """
        raise NotImplemented
...
class TargetLMLoss(Loss):  # 定义一个名为 TargetLMLoss 的类，继承自 Loss 基类
    def __init__(self, ignore_index):  # 初始化函数，接收一个 ignore_index 参数
        super().__init__()  # 通过 super()调用基类的初始化方法
        self.ignore_index = ignore_index  # 设置忽略的索引值，通常用于在CrossEntropyLoss 中忽略某些标签
        self.loss_fn = nn.CrossEntropyLoss(ignore_index=ignore_index)  # 初始化CrossEntropyLoss，并设置忽略的索引值
    def __call__(self, model, inputs, return_outputs=False):  # 定义类的调用方法，接收 model、inputs 和其他可选参数
        input_ids = inputs['input_ids']  # 从 inputs 字典中提取 input_ids
        attention_mask = inputs['attention_mask']  # 从 inputs 字典中提取attention_mask
        target_mask = inputs['target_mask']  # 从 inputs 字典中提取 target_mask
        # 模型前馈预测，使用模型对输入数据进行预测
        outputs = model(input_ids=input_ids, attention_mask=attention_mask, return_dict=True)
```

```
        logits = outputs["logits"] if isinstance(outputs, dict) else outputs[0]
# 提取模型的 logits 输出
        # 将 labels 中不属于 target 的部分设为 ignore_index，只计算 target 部分的 loss
        labels = torch.where(target_mask == 1, input_ids, self.ignore_index)  #
根据 target_mask 设置标签中的忽略部分
        shift_logits = logits[..., :-1, :].contiguous()  # 调整 logits 的形状，以
便与 labels 对齐
        shift_labels = labels[..., 1:].contiguous()  # 调整 labels 的形状，以便与
logits 对齐
        # 使用 CrossEntropyLoss 计算损失值
        loss = self.loss_fn(shift_logits.view(-1, shift_logits.size(-1)),
shift_labels.view(-1))
        # 根据 return_outputs 的值决定是仅返回损失还是同时返回损失和其他输出
        return (loss, outputs) if return_outputs else loss
```

定义这个类的主要目的是：根据给定的 target_mask 来计算语言模型的损失。通过使用 target_mask，我们可以只关注特定目标的损失，并忽略其他部分的损失。这种损失函数的定义方法在某些任务中可能很有用，例如，当我们只希望模型关注某些特定的单词或序列，并优化这些部分的损失时。

10.6.3　基于 QLoRA 的 ChatGLM3 文本生成微调实战

上面完成了数据处理与损失函数，本小节将使用 QLoRA 微调完成 ChatGLM3 文案生成。此时，一个非常朴素的思想就是，相对于前面讲解的 LoRA 微调，我们只需要显式地将模型在载入时以量化的形式进行实现即可，代码如下：

```
# 导入必要的库
import torch
from qlora_utils import lora_utils, dataset, collator # 导入 QLoRA 相关的工具函数
和数据集处理工具
from peft import LoraConfig, get_peft_model, prepare_model_for_kbit_training,
set_peft_model_state_dict  # 导入 peft 中的工具和函数
from torch.utils.data import DataLoader  # 导入 PyTorch 的数据加载工具
from modelscope import AutoModel, AutoTokenizer, BitsAndBytesConfig  # 从
modelscope 库中导入模型和 tokenizer 的自动加载工具以及量化配置
from tqdm import tqdm  # 导入进度条工具
# 定义预训练模型的路径
checkpoint_path = "../../chatglm3-6b"
# 从预训练路径中加载模型，并设置一些参数，如数据类型、量化配置等
model = AutoModel.from_pretrained(checkpoint_path,
                    trust_remote_code=True,
                    torch_dtype=torch.float16,
                    load_in_4bit=True,
                    quantization_config=BitsAndBytesConfig(
                    load_in_4bit=True, bnb_4bit_compute_dtype=torch.float16,
                    bnb_4bit_use_double_quant=True, bnb_4bit_quant_type="nf4",
                    llm_int8_threshold=6.0, llm_int8_has_fp16_weight=False))
# 开启模型的梯度检查点功能，这有助于节省显存
model.gradient_checkpointing_enable()
```

```
    # 从预训练路径中加载 tokenizer，用于数据的编码和解码
    tokenizer = AutoTokenizer.from_pretrained(checkpoint_path,
trust_remote_code=True)
    # 准备模型进行 kbit 训练，这是训练前的必要步骤，例如调整模型的某些层或参数等
    model = prepare_model_for_kbit_training(model,
use_gradient_checkpointing=False)
    # 打印模型在内存中的占用大小
    print(f'memory footprint of model: {model.get_memory_footprint() / (1024 * 1024
* 1024)} GB')
    # 定义要进行训练的目标模块名，这里以"query_key_value"为例，读者可以根据需要进行设置
    target_modules = ["query_key_value"]# lora_utils.find_all_linear_names(model)
    # 初始化 LoRA 配置，设置相关参数，这些参数大多与 QLoRA 中的设置有关
    config = LoraConfig(
        r=16,
        lora_alpha=16,
        target_modules=target_modules,
        lora_dropout=0.1,
        bias="none",
        task_type="CAUSAL_LM",
    )
    # 根据上述配置，获取 peft 模型
    model = get_peft_model(model, config)
    # 打印模型中可训练的参数
    model.print_trainable_parameters()
    # 设置模型的数据类型为 torch.float32，以确保模型在计算时使用这种精度
    model.config.torch_dtype = torch.float32
    # 初始化损失函数，这里使用的是 lora_utils 中的 TargetLMLoss，ignore_index 参数表示在计
算损失时不考虑的标签索引
    loss_func = lora_utils.TargetLMLoss(ignore_index=-100)
    # 设置批次大小，这是每次模型训练时接收的数据量
    batch_size = 4
    # 设置最大序列长度，这是模型能处理的最大序列长度，超过这个长度的序列将被截断
    max_seq_length = 256
    # 初始化训练数据集，数据集从“./data/dev.jsonl”文件中加载，并使用 tokenizer 进行预处理，
最大序列长度为 max_seq_length
    train_dataset = dataset.ChatGLM1Dataset("./data/dev.jsonl", tokenizer,
max_seq_length)
    # 初始化数据整合器，用于将批量数据进行整合，以准备输入模型
    data_collator = collator.SFTDataCollator(tokenizer, max_seq_length)
    # 初始化数据加载器，用于在训练过程中批量加载数据，这里设置了数据加载的各种参数，如批次大小、
是否打乱数据等
    loader = DataLoader(train_dataset, batch_size=batch_size, shuffle=True,
num_workers=0, pin_memory=True,collate_fn=data_collator)
    # 初始化优化器，这里使用的是 AdamW 优化器，学习率设为 2.14e-4，优化器的参数是模型的所有参
数
    optimizer = torch.optim.AdamW(model.parameters(), lr = 2.14e-4)
    # 初始化学习率调度器，使用余弦退火算法调整学习率，T_max 为 1200，最小学习率为 2e-6，初始 epoch
设为-1
    lr_scheduler = torch.optim.lr_scheduler.CosineAnnealingLR(optimizer,T_max =
1200,eta_min=2e-6,last_epoch=-1)
```

```
    # -----------------------------------开始模型训练
---------------------------------
    for epoch in range(5):  # 循环进行 5 个 epoch 的训练
        pbar = tqdm(loader, total=len(loader))  # 初始化进度条，用于可视化训练进度
        for inputs in pbar:  # 遍历数据加载器中的每一批数据
            optimizer.zero_grad()  # 将模型参数的梯度归零
            _loss = loss_func(model,inputs,return_outputs=False)  # 计算模型输出和损
失
            _loss.backward()  # 反向传播，计算当前梯度
            optimizer.step()  # 根据梯度更新模型参数
            lr_scheduler.step()  # 执行优化器学习率更新
            # 更新进度条描述，显示当前 epoch、训练损失和学习率
            pbar.set_description(f"epoch:{epoch +1}, train_loss:{_loss.item():.5f},
lr:{lr_scheduler.get_last_lr()[0]*100:.5f}")
        # 每个 epoch 结束后保存当前模型状态
        model.save_pretrained("./qlora/qlora_saver")
```

可以看到，相对于 10.3 节中实现的基于原始模型的 LoRA 微调，此时使用的模型经过了量化配置，并在此基础上完成了 QLoRA 微调。

下面提供了加载 accelerate 加速库的微调训练模型，部分代码如下所示，读者可以自行尝试学习。

```
    ...
    "--------------------下面使用 accelerate 加速---------------------"
    from accelerate import Accelerator
    accelerator = Accelerator()
    device = accelerator.device
    train_loader, model, optimizer = accelerator.prepare(
        train_loader, model, optimizer
    )
    "----------------下面开始模型训练------------------------------"
    for epoch in range(5):
        pbar = tqdm(train_loader, total=len(train_loader))
        for inputs in pbar:
            optimizer.zero_grad()
            _loss = loss_func(model,inputs,return_outputs=False)
            accelerator.backward(_loss)
            optimizer.step()
            lr_scheduler.step()  # 执行优化器
            pbar.set_description(f"epoch:{epoch +1}, train_loss:{_loss.item():.5f},
lr:{lr_scheduler.get_last_lr()[0]*100:.5f}")
        model.save_pretrained("./qlora/qlora_saver")
```

10.6.4 基于 QLoRA 的 ChatGLM3 文本生成

接下来，我们使用微调完毕的 ChatGLM3 进行文本推断。我们掌握了两种不同的方法对文本进行生成，即原始的文本生成和采用 QLoRA 方案的文本生成。在本小节示例中，我们将使用两种不同的方法加载 QLoRA 参数，请读者注意一下代码注释。代码如下：

```
    # 导入所需的库
    import torch,datetime
    from peft import LoraConfig, get_peft_model,
prepare_model_for_kbit_training,set_peft_model_state_dict
    from modelscope import AutoModel, AutoTokenizer, BitsAndBytesConfig
    # 设置是否在 4 位加载模型
    load_in_4bit = True
    # 设置最大新 token 数量
    max_new_tokens = 256
    # 预训练模型的路径
    checkpoint_path = "../../chatglm3-6b"
    # 从预训练路径加载模型，并设置相关参数
    base_model = AutoModel.from_pretrained(checkpoint_path,
                    trust_remote_code=True,  # 信任远程代码
                    torch_dtype=torch.float16,  # 设置 torch 的数据类型为 16 位浮点数
                    load_in_4bit=True,  # 在 4 位加载模型
                    quantization_config=BitsAndBytesConfig(  # 设置量化配置
                    load_in_4bit=True,  # 在 4 位加载
                    bnb_4bit_compute_dtype=torch.float16, # 4 位计算的数据类型为 16
位浮点数
                    bnb_4bit_use_double_quant=True,  # 使用双重量化
                    bnb_4bit_quant_type="nf4",  # 量化类型为 NF4
                    llm_int8_threshold=6.0,  # int8 的阈值
                    llm_int8_has_fp16_weight=False))  # int8 是否有 16 位浮点数权重
    # 从预训练路径加载分词器
    tokenizer = AutoTokenizer.from_pretrained(checkpoint_path,
trust_remote_code=True)
    # 循环一次
    for _ in range(1):
        # 输入的文本
        input_text = '类型# 裙*版型# 显瘦*风格# 文艺*风格# 简约*图案# 印花*图案# 撞色*裙下
摆# 压褶*裙长# 连衣裙*裙领型# 圆领'
        print(f'输入：\n{input_text}')
        print("-------------------------------------------------------")
        # 使用基础模型进行聊天，获取响应和历史记录
        response, history = base_model.chat(tokenizer=tokenizer, query=input_text)
        print(f'微调前：\n{response}')
        print("***********************")
        # 从 peft 导入 PeftModel
        from peft import PeftModel
        # 使用 LoRA 微调后的模型进行聊天
        model = PeftModel.from_pretrained(base_model, "./qlora/qlora_saver")
        response, history = model.chat(tokenizer=tokenizer, query=input_text)
        print(f'第一种微调后(LoRA)：\n{response}')
        print("***********************")
    # 设置目标模块为"query_key_value"
    target_modules = ["query_key_value"]
    # 初始化 LoRA 配置
    config = LoraConfig(
        r=16,  # LoRA 矩阵的秩，通常设置为 8、16、32、64 等。秩越大，参与训练的参数量越多，
```

```
效果通常更好，但需要更多的显存
        lora_alpha=16,  # LoRA 的缩放参数，通常设置为 16、32
        target_modules=target_modules,  # 设置目标模块列表，这些模块会被 LoRA 微调
        lora_dropout=0.,  # LoRA 权重的 dropout 率，用于防止过拟合
        bias="none",  # 不对 bias 进行微调
        task_type="CAUSAL_LM",  # 任务类型是因果语言模型
    )
    # 获得进行了 LoRA 微调的模型
    model = get_peft_model(base_model, config)
    # 将模型移至 GPU 上
    model = model.to("cuda")
    # 加载预训练的 adapters 参数
    adapters_weights = torch.load("./qlora/qlora_saver/adapter_model.bin")
    # 将加载的参数设置到模型中
    set_peft_model_state_dict(model, adapters_weights)
    # 使用微调后的模型进行聊天，获取响应和历史记录
    response, history = model.chat(tokenizer=tokenizer, query=input_text)
    # 打印第二种微调后 (QLoRA) 的响应
    print(f'第二种微调后(QLoRA): \n{response}')
```

在上面代码中，我们分别使用了两种方法对 QLoRA 进行载入，虽然形式有所不同，但是都可以完成对 QLoRA 参数的载入，这点请读者注意。

10.7　本章小结

在本章中，我们深入探讨了大模型微调的方法，尤其关注了 LoRA 与 QLoRA 在模型微调中的实际应用。作为一种参数高效调优技术，LoRA 通过运用低秩近似的方法，在保持模型性能的同时，实现了显著减少所需存储和计算资源的目标。这也使得 LoRA 成为大模型微调领域中的一项重要技术。

QLoRA 则是在 LoRA 的基础上做了进一步的扩展。QLoRA 通过引入量化技术，提高了模型的量化效率。量化技术能够将模型参数从浮点数表示转换为更低的位数表示，从而在保持模型性能的前提下，减少存储和计算开销。QLoRA 的提出，为大模型微调带来了新的可能性，使得在有限计算资源下进行高效微调成为可能。

在实际应用中，我们可以通过使用 LoRA 和 QLoRA 对大模型进行微调，以适应特定的任务和数据集。这种微调过程可以针对模型的某些层或者全局参数进行，从而实现模型性能的优化。此外，QLoRA 还提供了更灵活的量化选项，可以根据实际需求选择不同的量化位数和策略，以平衡模型性能和计算开销。

综上所述，LoRA 和 QLoRA 作为大模型微调的重要方法，在深度学习领域具有广泛的应用前景。它们通过参数高效调优和量化技术的结合，为大模型微调带来了新的思路和解决方案。希望通过本章的介绍，读者能够对 LoRA 和 QLoRA 的原理和应用有更深入的理解，并在实际项目中加以应用，实现模型性能的提升和计算资源的有效利用。

第 11 章 会使用工具的 ChatGLM3

在前面的章节中，我们详尽地讲解了 ChatGLM3 的应用与微调技术，展示了一个基本的问答大语言模型如何通过技术手段以及合理配置的工作流程，华丽变身为能够完成专业任务的专家级模型。这样的转变，让我们深感技术之魅力，同时也体现了 ChatGLM 开发者强大的大语言模型开发能力以及丰富的实践经验。

而且，令人更加兴奋的是，这仅是 ChatGLM3 的起点，而非使用极限。与其他大模型相比，ChatGLM 系列在升级到 3.0 版本后，已经具备了工具使用能力，这是一个前所未有的突破。它现在可以自主调用外部工具函数，以自主意识的形式借用工具，完成使用者发布的命令。这意味着 ChatGLM3 不再仅是一个被动的执行者，而是一个具有主动性的智能助手。

这种变革性的进步，让我们看到了人工智能的未来可能性。一个能够自主学习、自主调用工具的大模型，其潜力是无法估量的。它可以根据用户的需求，自动寻找解决问题的工具和方法，以更高效、更准确的方式完成任务。无论是在科学研究、工程设计等专业领域还是在日常生活中，这样的智能助手都将为我们带来巨大的便利和进步。

可以说，ChatGLM3 的升级改变了我们对大模型的认知和使用方式。它不再只是一个问答模型，更是一个能够自主学习、自主调用工具的智能助手。这是深度学习领域的一次重大突破，也为我们揭示了人工智能技术未来发展的无限可能。

11.1 ChatGLM3 调用工具源码详解与实战

尽管大语言模型非常强大，可以解决众多的创造性问题，但是其解决问题的能力仍受限于文本到文本的转换，或是基于预先训练的内容生成特定的内容图像。这种生成的内容，虽然可以视为一种特殊的“文本向量”，但实际上只是经过可视化处理的展示。无论如何，大语言模型本身并不具备调用工具的能力，即无法直接使用预先设定好的 API 完成相关任务。这一直是大语言模型应用的一大瓶颈。

ChatGLM3 的 Function calling 功能是一项具有划时代意义的进步。这一功能的实现，使得 ChatGLM3 不再局限于回答自身数据库中的知识，而是跃升至一个全新的高度——调用外部函数。

这意味着 ChatGLM3 大语言模型在与用户交互时，可以实时检索外部函数库。当用户提问时，模型不再仅从自身知识库中寻找答案，而是会根据实际需求，在外部函数库中进行检索，找出合适的函数并调用它。这种调用外部函数的能力，使得 ChatGLM3 可以获取到函数的运行结果，并基于这些结果进行回答。

这样的进步意味着 ChatGLM3 的回答将更加准确、智能和实时。无论是针对复杂计算、特定算法，还是其他需要外部函数支持的问题，ChatGLM3 都能迅速给出基于函数运行结果的回答。这使得模型的实用性得到了极大的提升，为用户提供了更高效、便捷的语音交互体验。

总的来说，ChatGLM3 的 Function calling 功能标志着人工智能领域又向前迈进了一大步。这一创新性的功能将深度学习和外部函数调用巧妙地结合起来，为未来的 AI 技术发展开创了全新的可能性。我们期待着这一功能在实际应用中发挥更大的作用，为用户带来更加智能化、高效化的服务。ChatGLM3 调用工具过程如图 11-1 所示。

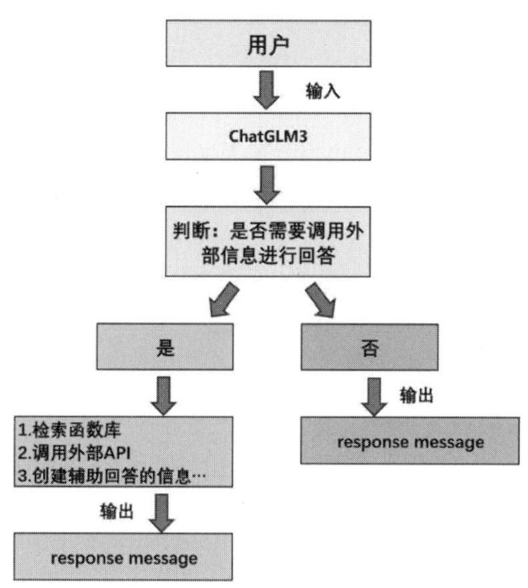

图 11-1　ChatGLM3 调用工具过程

Function calling 的出现，弥补了大语言模型在工具调用方面的空白，使得模型的实用性得到了极大的提升。通过学习和掌握 ChatGLM3 的工具调用方法，我们将能够进一步拓展大语言模型的应用范围，使其在更多领域发挥出色的性能。在接下来的内容中，我们一起探索这一前沿技术，一步一步地揭示这个创新性功能的秘密。

11.1.1　Python 调用工具详解

“君子生非异也，善假于物也。”

工具的使用是一项非常简单的事情，从我们祖先的钻木取火，到现在人类飞上月球在太空建立永久基地，这些都离不开工具的使用。日常生活中，决定今天出门要不要带上雨伞，都需要借助网络信息或者广播工具了解到今天的天气情况。

作为万能语言的Python，同样也可以使用工具来完成对外部API的调用，其所需要的仅仅是一个函数名称而已。代码如下：

```
# 创建了一个简单的查询天气的API
def get_weather(location = ""):
    "读者可以编写对应的天气查询API，这里仅进行演示"
    if location == "ShangHai":
        return 23.0
    elif location == "NewYork":
        return 25.0
    else:
        return "未查询相关内容"
location = "ShangHai"
# 注意写法格式，里面的单引号不能少
result = eval(f"get_weather(location='{location}')")   # 使用eval调用字符串名称对应的函数
print("查询到的结果是：", result)
```

最终打印结果如下：

```
查询到的结果是： 23.0
```

可以看到，Python中提供的eval函数可以根据传入的字符串自动运行对应的函数。在本示例中，我们将location变量的值嵌入字符串中，然后将该字符串作为代码传递给eval()函数执行。注意，在嵌入变量值时，使用了单引号将变量值引起来，以确保代码被正确解析。

eval()函数是Python的一个内置函数，它的功能是将字符串作为Python代码执行，其工作原理可以简单概括为“字符串解析和执行”。

当我们调用eval()函数并传入一个字符串时，函数会尝试解析该字符串，并将它转换成Python的表达式或语句，然后在当前的命名空间中执行这些表达式或语句。

例如，print(eval("1+2"))，eval()函数会将字符串“1+2”解析为Python的加法表达式，然后计算这个表达式的值，返回结果3。

11.1.2 ChatGLM3 工具调用流程详解

在11.1.1节中，展示了如何在Python中调用函数，但是，我们面临一个更为复杂的问题：如何在大模型ChatGLM3中调用工具？如同多年前人们询问计算机“今天是晴天还是雨天”一样，这个问题看似简单，实则涉及许多深层次的技术与思考。

我们先回到日常生活中的一个例子。在决定今天的穿着之前，我们通常会有一个明确的前置任务：了解今天的天气。那么，如何获取天气信息呢？以下是一些可能的方法：

（1）对着衣橱问自己应该穿什么衣服。这显然不是获取天气信息的正确途径。

（2）使用互联网登录天气网站，输入本地名称进行查询。这是一个有效且常用的方法。

（3）打开一本书阅读任意一页。这与获取天气信息无关。

（4）打开空调。这同样不能告诉我们今天的天气情况。

对于大多数读者来说，选择第2种是显而易见的，这是基于我们的常识和日常经验。然而，这种基于目标寻找最合适解决方案的能力并非天生，而是需要我们后天的学习和积累。我们需要知道哪些工具或方法可以帮助我们实现目标，这通常需要一个知识库或他人的指导。有知识库辅助研判的任务流程如图 11-2 所示。

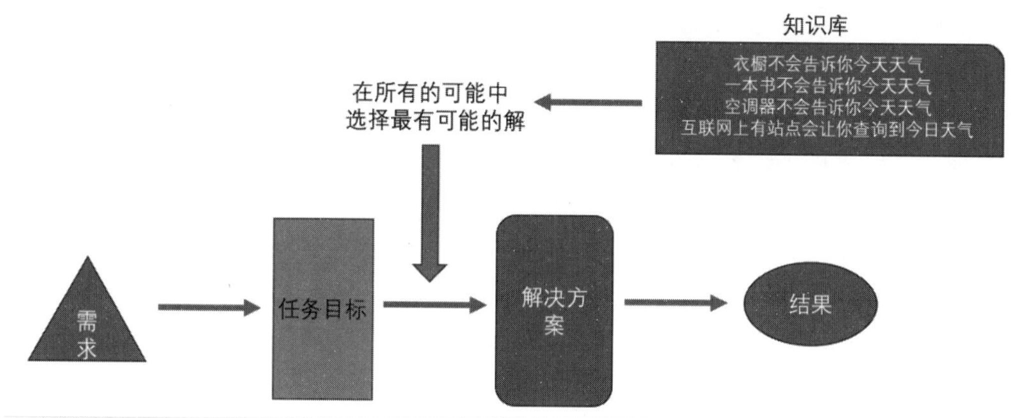

图 11-2　有知识库辅助研判的任务流程

上图所示是一个基于常识的决策过程，同时也是我们在日常生活中做出明智决策并取得良好结果的通用步骤。在每次决策之前，我们依赖的是深厚的知识储备或知识库，它们如同明灯，照亮我们前行的道路，引导我们做出最优决策。

当我们回到 ChatGLM3 调用工具的问题时，面临的挑战是如何让这个大模型也具备这样的决策能力，即根据给定的任务，它能知道应当调用哪些工具。作为深度学习程序设计人员，我们的责任不仅是开发模型，更要引导模型如何使用工具。我们可以提供格式化的 API 信息，这种方式就像是给大模型提供一本详细的程序文档。在这份文档中，我们详细描述每个工具 API 的功能、参数以及返回值，告诉大语言模型在何时、何地可以调用这些 API，并且当 API 被调用后，返回相应的 API 的 JSON 对象。

这样的方式能够让大模型更加智能化地运用工具，进而提升其解决问题的效率和准确性。想象一下，当大模型遇到问题时，它可以像人类一样查阅“工具书”，找到最合适的工具，然后利用这个工具解决问题。

一个具有描述格式的工具 API 的代码如下：

```
def get_weather(location = ""):
    "读者可以编写对应的天气查询 API，这里仅仅进行演示"
    if location == "ShangHai":
        return 23.0
    elif location == "NewYork":
        return 25.0
    else:
        return "未查询相关内容"
```

上述函数对象描述了一个名为“get_weather”的工具 API。通过这个 API，大模型可以根据输入的城市名称获取当前的天气情况。这样的描述方式清晰明了，使得大模型能够准确理解并调用这个 API。因此，通过对工具 API 中的描述进行甄别，从而选择使用哪一个最合适的工具，加上合理的引导和训练，可以使大模型更加智能化，进而完成对工具的使用。

11.1.3 大模型ChatGLM3工具调用实战详解

下面开始进入大模型 ChatGLM3 工具调用的实战。根据 11.1.2 节分析可知，想要让大模型 ChatGLM3 调用工具，首先需要给予 ChatGLM3 一个装满工具的“工具箱”，并且还需要有相关工具的描述。具体步骤如下：

1. 提供工具或者工具箱信息脚本

一个包含两个工具的工具箱的代码如下：

```
tools = [
    {
        "name": "get_stock",
        "description": "追踪指定股票的实时价格",
        "parameters": {
            "type": "object",
            "properties": {
                "symbol": {
                    "description": "需要追踪的股票代码"
                }
            },
            "required": ['symbol']
        }
    },
    {
        "name": "get_weather",
        "description": "根据城市获取当前天气",
        "parameters": {
            "type": "object",
            "properties": {
                "location": {
                    "description": "城市名称 e.g. NewYork, ShangHai"
                }
            },
            "required": ['location']
        }
    }
]
system_info = {"role": "system", "content": "在解决问题的过程中，你可以按需求使用下面工具箱中的工具:", "tools": tools}
```

其中的 system_info 作为一个 dict，将工具箱和一些提示性词语进行组合，之后一并传递给 ChatGLM3。

2. 将工具箱脚本传递给ChatGLM3

接下来，将工具箱脚本传递给 ChatGLM3，一个非常简单的方案就是将工具箱脚本与需求做成一个 prompt 提示符发给 ChatGLM3，让它做出选择。

还有另外一种更巧妙的方案，就是将结构组成的工具箱脚本信息作为 history 传递给 ChatGLM3，代码如下：

```
    from modelscope import AutoTokenizer, AutoModel, snapshot_download
    model_dir = "../chatglm3-6b"
    tokenizer = AutoTokenizer.from_pretrained(model_dir, trust_remote_code=True)
    model = AutoModel.from_pretrained(model_dir,
trust_remote_code=True).quantize(4).cuda()
    model = model.eval()
    history = [system_info]
    query = "帮我查一下 ShangHai 天气"
    response, history = model.chat(tokenizer, query, history=history)
    print("response:",response)
    print("-------------------------------")
    print("response:",history)
```

此时我们向大模型传送了任务目标和一个包含工具箱脚本的信息，其返回如下：

```
    response: {'name': 'get_weather', 'parameters': {'location': 'ShangHai'}}
    -------------------------------
    history: [{'role': 'system', 'content': '在解决问题的过程中，你可以按需求使用下面工具箱中的工具:', 'tools': [{'name': 'get_stock', 'description': '追踪指定股票的实时价格', 'parameters': {'type': 'object', 'properties': {'symbol': {'description': '需要追踪的股票代码'}}, 'required': ['symbol']}}, {'name': 'get_weather', 'description': '根据城市获取当前天气', 'parameters': {'type': 'object', 'properties': {'location': {'description': '城市名称 e.g. NewYork，ShangHai'}}, 'required': ['location']}}]}, {'role': 'user', 'content': '帮我查一下 ShangHai 天气'}, {'role': 'assistant', 'metadata': 'get_weather', 'content': "```python\ntool_call(location='ShangHai')\n```"}]
```

从整体来看，这一次大模型的返回信息不再是单纯地文本讲解，而是一个特定的格文件。

从 response 返回的 dict 对象来看，大模型很明确地告诉使用者，返回调用工具是 get_weather，并且其中的参数为“ShangHai”。

另外，从 history 的返回值来看，最后一组数据内容如下：

```
    {'role': 'assistant', 'metadata': 'get_weather', 'content': "
```python\ntool_call(location='ShangHai')\n```"}
```

可以看到，这里相对于返回的 response 有些不同，其中多了一个 metadata 参数，该参数指向需要调用的函数名；content 则是一个 Python 可执行代码，它调用了 tool_call 函数，其中的参数为 location='ShangHai'。换一种表述方式：

```
    def tool_call(*args):
        ...
    Python tool_call(location='ShangHai')
```

通过模拟可以看到，此时 ChatGLM3 可以通过调用名为“tool_call”的函数来完成工具的调用。

3. 使用 ChatGLM3 完成工具的调用

在经过了理论铺垫和 API 描述之后，我们终于来到了这一步——使用 ChatGLM3 完成工具的调
```

用。在之前的分析中，我们已经了解了整个决策和执行的过程，现在，是时候将这一切付诸实践了。

通过前面的步骤，我们已经得到了 ChatGLM3 判断返回的函数名和参数。接下来，需要根据这些输出来完成函数的执行。我们按照 ChatGLM3 的指引，调用相应的工具来完成任务，这个过程就如同按照乐谱演奏出美妙的乐章。这部分代码如下：

```
    # 定义一个系统信息字典，包括角色、内容以及工具
    system_info = {"role": "system", "content": "在解决问题的过程中，你可以按需求使用下面工具箱中的工具:", "tools": tools}
    # 从 modelscope 中导入 AutoTokenizer 和 AutoModel，以及 snapshot_download 方法
    from modelscope import AutoTokenizer, AutoModel, snapshot_download
    # 定义模型的路径
    model_dir = "../chatglm3-6b"
    # 使用 AutoTokenizer 的 from_pretrained 方法从预设路径加载 tokenizer，并设置 trust_remote_code 为 True
    tokenizer = AutoTokenizer.from_pretrained(model_dir, trust_remote_code=True)
    # 使用 AutoModel 的 from_pretrained 方法从预设路径加载模型，并进行量化处理（降低到 4 位），以及使用 CUDA 进行加速，最后将模型设为评估模式
    model = AutoModel.from_pretrained(model_dir, trust_remote_code=True).quantize(4).cuda()
    model = model.eval()
    # 将系统信息存入 history 列表
    history = [system_info]
    # 定义查询语句
    query = "帮我查一下上海天气"   # 注意这里使用的是中文

    # 使用模型进行聊天，并返回聊天内容和更新后的 history
    response, history = model.chat(tokenizer, query, history=history)
    # 打印聊天内容和更新后的 history
    print("response:",response)
    print("--------------------------------")
    print("response:",history)
    # 定义一个查询天气的函数，如果输入为 ShangHai 则返回 23.0，如果输入为 NewYork 则返回 25.0，否则返回“未查询相关内容”
    def get_weather(location = ""):
        "读者可以编写对应的天气查询 API，这里仅做演示"
        if location == "ShangHai":
            return 23.0
        elif location == "NewYork":
            return 25.0
        else:
            return "未查询相关内容"
    # 从 response 中获取调用的工具名称和参数
    tool_call = response["name"]
    parameters = response["parameters"]["location"]
    # 生成调用代码
    code = f"{tool_call}('{parameters}')"
    # 使用 eval 对生成的代码进行计算，这里假设 get_weather 函数已经被定义过
    result = eval(code)
    # 打印分隔符以及根据工具调用返回的结果再次进行聊天，这里 role 设为 observation，表示输入的是工具调用的返回值，而不是用户输入的内容
```

```
    print("------------------------------")
    _response, _history = model.chat(tokenizer, str(result), history=history,
role="observation")
    # 打印新的聊天内容
    print(_response)
```

结果如图 11-3 所示。

```
response: {'name': 'get_weather', 'parameters': {'location': 'ShangHai'}}
------------------------------
response: [{'role': 'system', 'content': '在解决问题的过程中，你可以按需求使用下面工具箱中的工具:', 'tools': [
  {'symbol': {'description': '需要追踪的股票代码'}}, 'required': ['symbol']}}, {'name': 'get_weather', 'desc
  e.g. NewYork，ShangHai'}}, 'required': ['location']}}]}, {'role': 'user', 'content': '帮我查一下上海天气'},
------------------------------
当前上海的天气是：23.0
```

图 11-3　对上海的温度进行查询的结果

结果的输出标志着本次工具调用的结束，可以看到，模型根据返回的结果成功地生成了回复。当然，对于某些复杂的问题，单次工具调用可能并不够，模型可能需要进行多次调用，深入探究问题的各个方面。在这种情境下，ChatGLM3 可以通过检查返回的 response 类型是 str 还是 dict，来判断模型返回的是最终的回复还是另一次工具调用的请求。对于工具调用而言，response 既是调用函数的参数，也是经过模型特殊处理的结果。

我们需要记住，大模型本身只能生成文本，如果出现 dict 对象作为返回结果的情况，那其中必然隐藏着某种玄机。

此时，我们再次回顾 ChatGLM3 的智能判定能力，不禁要为它赞叹。它不仅是一个文本生成模型，更是一个理解问题需求、精准调用函数的智能助手。它的这种自动化和智能化特性，极大地提高了我们解决问题的效率，同时也提升了答案的精准度。

然而，ChatGLM3 的真正魅力并不仅止于此。在函数调用结束生成答案之后，它并没有停下脚步，而是将返回的结果再次输入，进行下一轮的查询。这种迭代和交互的过程，让 ChatGLM3 能够与用户进行持续的深度对话，逐步完善答案，直至找到最符合用户需求的解决方案。这种工作方式，展示了人工智能的极高智能性和人性化的一面，也让我们看到了深度学习模型在未来的无限可能。

11.1.4　大模型 ChatGLM3 工具调用原理详解

在 11.1.3 节完成了 ChatGLM3 的工具调用，成功实现了其功能。本节将继续深入介绍这方面的内容，揭示这一神奇工具背后的调用原理。

想要深入理解 ChatGLM3 的工具调用原理，首先必须探究其训练过程中的样本数据构造。对于 ChatGLM3 这样的大模型来说，训练数据犹如“食粮”，为它提供了学习和进化的原料。那么，这些“食粮”是如何准备的呢？

在构造训练样本数据时，专家们通常会从海量的文本数据中进行筛选，这些文本可能来自各种书籍、文章、对话记录等。经过筛选的数据会被进一步处理，例如分词、编码，以形成模型可以理解的输入。每一个输入都与一个或多个输出相对应，形成一个或多个训练样本。

当我们使用特定的工具调用 ChatGLM3 时，实际上是在询问模型：“在给定这种输入时，你学到的最可能的输出是什么？”模型会根据它所学到的知识，给出一个或多个答案，以此完成工具的调用。

下面就是一份ChatGLM3在训练工具调用时使用的部分数据。

```
<|system|>
Answer the following questions as best as you can. You have access to the following tools:
[
    {
        "name": "get _weather",
        "description": "Get the current weather in a given location",
        "parameters": {
            "type": "object",
            "properties": {
                "location": {
                    "type": "string",
                    "description": "The city and state, e.g. San Francisco, CA",
                },
                "unit": {"type": "string"},
            },
            "required": ["location"],
        },
    }
]
<|user|>
今天上海的天气怎么样?
<|assistant|>
好的，让我们来查看今天的天气
<|assistant|>get_weather
```python
tool_call(location="上海", unit="celsius")
```
<|observation|>
{"temperature": 22}
<|assistant|>
根据查询结果，今天上海的气温为 22 摄氏度。
```

从这个工具调用的训练样本示例来看，在原始的训练样本中，当需要调用工具的时候，返回的结果是：

```
<|assistant|>get_weather
```python
tool_call(location="上海", unit="celsius")
```
```

与先前的分析一致，大模型之所以能够调用工具，关键在于它通过精心准备的数据集进行训练。在这个过程中，模型学习如何理解和使用各种工具。一旦训练完成，大模型就可以通过调用具有特定名称的函数来执行相应的任务，从而完成整个调用过程。这种能力使得大模型在处理复杂任务时更加灵活和高效。对比在上一小节中生成的结果：

```
    history: [{'role': 'system', 'content': '在解决问题的过程中，你可以按需求使用下面工具箱中的工具:', 'tools': [{'name': 'get_stock', 'description': '追踪指定股票的实时价格', 'parameters': {'type': 'object', 'properties': {'symbol': {'description': '需要追踪的股票代码'}}, 'required': ['symbol']}}, {'name': 'get_weather', 'description': '根据城市获取当前天气', 'parameters': {'type': 'object', 'properties': {'location': {'description': '城市名称 e.g. NewYork，ShangHai'}}, 'required': ['location']}}]}, {'role': 'user', 'content': '帮我查一下 ShangHai 天气'}, {'role': 'assistant', 'metadata': 'get_weather', 'content': "```python\ntool_call(location='ShangHai')\n```"}]
```

可以看到，此时的 ChatGLM3 的输出分成两部分：

（1）需要调用的函数：如上面例子中的 get_weather。

（2）固定调用的 tool_call 函数：location="shanghai"是大模型根据任务补充的参数部分。

这与 hostory 中最后一个 dict 一一对应，其中 metadata 是函数名，而 content 是需要执行的命令行。但是这里依旧存在一个问题，response 与 history 在返回结果上并不一致。获取 response 的结果如下：

```
    response: {'name': 'get_weather', 'parameters': {'location': 'ShangHai'}}
```

要解答这个问题，就需要查看 ChatGLM3 的推理源码：

```
    # 定义一个名为 chat 的方法，该方法属于某个类（由 self 可知）
    def chat(self, tokenizer, query: str, history: List[Tuple[str, str]] = None, role: str = "user",
        max_length: int = 8192, num_beams=1, do_sample=True, top_p=0.8, temperature=0.8, logits_processor=None, **kwargs):
        # 如果 history（聊天记录）为 None，则初始化为空列表
        if history is None:
            history = []
        # 如果 logits_processor（用于处理模型输出的逻辑处理器）为 None，则初始化为 LogitsProcessorList()实例
        if logits_processor is None:
            logits_processor = LogitsProcessorList()  # 向 logits_processor 列表中添加 InvalidScoreLogitsProcessor 实例（用于处理无效得分的逻辑处理器）
        logits_processor.append(InvalidScoreLogitsProcessor())
        # 定义生成参数 gen_kwargs，包括最大长度、集束搜索宽度、是否采样、top-p 参数、温度参数、逻辑处理器等
        gen_kwargs = {"max_length": max_length, "num_beams": num_beams, "do_sample": do_sample, "top_p": top_p,  "temperature": temperature, "logits_processor": logits_processor, **kwargs}
        # 使用 tokenizer（分词器）构建聊天输入，包括 query（当前输入）和 history（聊天记录），以及角色信息
        inputs = tokenizer.build_chat_input(query, history=history, role=role)

        # 将输入数据移至设备（如 GPU）上，self.device 存储了目标设备的信息
        inputs = inputs.to(self.device)
        # 定义结束标记列表 eos_token_id，包括分词器的结束标记、用户命令标记和观察命令标记
        eos_token_id = [tokenizer.eos_token_id, tokenizer.get_command("<|user|>"),
                        tokenizer.get_command("<|observation|>")]
```

```
        # 使用模型的 generate 方法生成输出，传入输入数据和生成参数，以及结束标记
        outputs = self.generate(**inputs, **gen_kwargs, eos_token_id=eos_token_id)
        # 对输出进行处理，取第一个输出序列，去掉输入部分和最后一个标记，然后转换为列表
        outputs = outputs.tolist()[0][len(inputs["input_ids"][0]):-1]
        # 使用 tokenizer 将输出的标记序列解码为文本
        response = tokenizer.decode(outputs)
        # 向 history（聊天记录）中添加新的聊天记录，包括角色和当前的内容（query）
        history.append({"role": role, "content": query})
        # 使用 process_response 方法对响应和聊天记录进行后处理
        response, history = self.process_response(response, history)
        # 返回处理后的响应和聊天记录
        return response, history
```

关于 chat 函数的细节，我们在此不再赘述。需要注意的是，响应的结果 response 和 history 在输出之前，必须通过 process_response 函数进行处理。因此，接下来将深入探讨 process_response 函数的代码实现：

```
    def process_response(self, output, history):
        # 初始化一个空字符串 content，用于存储处理后的响应内容
        content = ""
        # 对 history 进行深拷贝，避免修改原始聊天记录
        history = deepcopy(history)
        # 按照"<|assistant|>"标记将 output 分割成多个响应部分
        for response in output.split("<|assistant|>"):
            # 按照换行符（\n）将响应部分分为元数据（metadata）和内容（content）两部分
            metadata, content = response.split("\n", maxsplit=1)
            # 如果元数据部分为空（或者只包含空白字符）
            if not metadata.strip():
                # 去除内容部分的首尾空白字符
                content = content.strip()
                # 向 history 列表中添加新的聊天记录，角色为 assistant，元数据和内容分别为
metadata 和 content
                history.append({"role": "assistant", "metadata": metadata, "content":
content})
                # 将内容中的"[[训练时间]]"替换为"2023 年"
                content = content.replace("[[训练时间]]", "2023 年")
            # 如果元数据部分不为空
            else:
                # 向 history 列表中添加新的聊天记录，角色为 assistant，元数据和内容分别为
metadata 和 content
                history.append({"role": "assistant", "metadata": metadata, "content":
content})
                # 如果 history 中第一条记录的角色为 system 且包含"tools"关键字
                if history[0]["role"] == "system" and "tools" in history[0]:
                    # 去除内容部分的首尾空白字符，并重新赋值给 content
                    content = "\n".join(content.split("\n")[1:-1])
                    # 定义一个名为 tool_call 的内部函数，接收关键字参数**kwargs，并直接返回这
些参数
                    def tool_call(**kwargs):
                        return kwargs
```

```
                # 通过 eval 函数执行内容部分表示的 Python 代码，获得参数 parameters
                parameters = eval(content)
                # 将内容和参数存储到一个字典中，并重新赋值给 content
                content = {"name": metadata.strip(), "parameters": parameters}
            # 如果 history 中第一条记录的角色不为 system 或不包含"tools"关键字
            else:
                # 将元数据和内容存储到一个字典中，并重新赋值给 content
                content = {"name": metadata.strip(), "content": content}
    # 返回处理后的 content 和 history
    return content, history
```

请读者注意加粗的代码内容。下面对比一下 11.1.3 节中定义的 system_info：

```
system_info = {"role": "system", "content": "在解决问题的过程中，你可以按需求使用下面工具箱中的工具:", "tools": tools}
```

这里显式地判断了是不是使用了工具调用，如果是，就会进一步处理：

```
# 去除内容部分的首尾空白字符，并重新赋值给 content
content = "\n".join(content.split("\n")[1:-1])
# 定义一个名为 tool_call 的内部函数，接收关键字参数**kwargs，并直接返回这些参数
def tool_call(**kwargs):
    return kwargs
# 通过 eval 函数执行内容部分表示的 Python 代码，获得参数 parameters
parameters = eval(content)

# 将内容和参数存储到一个字典中，并重新赋值给 content
content = {"name": metadata.strip(), "parameters": parameters}
```

根据注释可以看到，上面这段代码在判定用户使用了工具后，依次完成以下任务：

（1）从给定的内容中提取待执行的代码，将 content="python\ntool_call(symbol='10111')\n" 转换为简洁的 content="tool_call(location='上海')"。

（2）定义一个名为 tool_call 的函数，该函数的主要功能是返回以 dict 格式存储的参数。在本例中，该函数接收一个名为 location 的参数，其值为上海。

（3）使用 eval()函数来执行字符串形式的代码。例如，eval("1 + 2")会返回 3。在本例中，我们使用 eval()函数执行 tool_call(location='上海')，并返回结果 23。

（4）将返回的结果进行整合，形成如下格式：{'name': get_weather, 'parameters': {location: '上海'}}。注意，这里的'name'对应的是 metadata 中的名称，即工具的名称，它来自大模型预测的 output 中的第一行。

通过调用 tool_call 函数，我们可以将特定的入参（例如 location='上海'）转换为字典格式。这样做的好处是，能够以结构化的方式处理和存储模型的入参，使其更易于理解和应用。因此，在工具调用样本中，明确调用 tool_call 函数是为了实现这一转换过程，从而更好地利用模型的推理结果。

完整的工具调用过程的代码如下：

```
from copy import deepcopy
tools = [
    {
```

```
        "name": "get_stock",
        "description": "追踪指定股票的实时价格",
        "parameters": {
            "type": "object",
            "properties": {
                "symbol": {
                    "description": "需要追踪的股票代码"
                }
            },
            "required": ['symbol']
        }
    },
    {
        "name": "get_weather",
        "description": "根据城市获取当前天气",
        "parameters": {
            "type": "object",
            "properties": {
                "location": {
                    "description": "城市名称 e.g. NewYork, ShangHai"
                }
            },
            "required": ['location']
        }
    }
]
def get_weather(location = ""):
    "读者可以编写对应的天气查询 API，这里仅做演示"
    if location == "ShangHai":
        return 23.0
    elif location == "NewYork":
        return 25.0
    else:
        return "未查询相关内容"
def process_response(output, history):
    # 初始化一个空字符串 content，用于存储处理后的响应内容
    content = ""
    # 对 history 进行深拷贝，避免修改原始聊天记录
    history = deepcopy(history)
    # 按照"<|assistant|>"标记将 output 分割成多个响应部分
    for response in output.split("<|assistant|>"):
        # 按照换行符(\n)将响应部分分为元数据(metadata)和内容(content)两部分
        metadata, content = response.split("\n", maxsplit=1)
        # 如果元数据部分为空（或者只包含空白字符）
        if not metadata.strip():
            # 去除内容部分的首尾空白字符
            content = content.strip()
            # 向 history 列表中添加新的聊天记录，角色为 assistant，元数据和内容分别为
metadata 和 content
            history.append({"role": "assistant", "metadata": metadata, "content":
```

```
content})

            # 将内容中的"[[训练时间]]"替换为"2023 年"
            content = content.replace("[[训练时间]]", "2023 年")

            # 如果元数据部分不为空
        else:
            # 向 history 列表中添加新的聊天记录，角色为 assistant，元数据和内容分别为
metadata 和 content
            history.append({"role": "assistant", "metadata": metadata, "content":
content})
            # 如果 history 中第一条记录的角色为 system 且包含"tools"关键字
            if history[0]["role"] == "system" and "tools" in history[0]:
                # 去除内容部分的首尾空白字符，并重新赋值给 content
                content = "\n".join(content.split("\n")[1:-1])
                # 定义一个名为 tool_call 的内部函数，接收关键字参数**kwargs，并直接返回这
些参数
                def tool_call(**kwargs):
                    return kwargs
                # 通过 eval 函数执行内容部分表示的 Python 代码，获得参数 parameters
                parameters = eval(content)
                # 将内容和参数存储到一个字典中，并重新赋值给 content
                content = {"name": metadata.strip(), "parameters": parameters}
                # 如果 history 中第一条记录的角色不为 system 或不包含"tools"关键字
            else:
                # 将元数据和内容存储到一个字典中，并重新赋值给 content
                content = {"name": metadata.strip(), "content": content}
                # 返回处理后的 content 和 history
        return content, history
    # system_info
    system_info = {"role": "system", "content": "在解决问题的过程中，你可以按需求使用下
面工具箱中的工具:", "tools": tools}
    from modelscope import AutoTokenizer, AutoModel, snapshot_download
    model_dir = "../chatglm3-6b"
    tokenizer = AutoTokenizer.from_pretrained(model_dir, trust_remote_code=True)
    model = AutoModel.from_pretrained(model_dir,
trust_remote_code=True).quantize(4).cuda()
    model = model.eval()
    # 定义系统工具箱和任务要求
    history = [system_info]
    query = "帮我查一下上海天气"
    # 1. 此时返回的结果是对工具箱中函数名的判定，返回认可的最合适的任务名称
    response, history = model.chat(tokenizer, query, history=history)
    # 2. 根据传递回来的 history 中的内容进行判定，取出对应的字符组成待执行语句
    outputs = history[-1]
    # 这里也可以使用 response 进行拼接，请读者自行尝试
    output =  f"""{outputs['metadata']}\n{outputs['content']}"""
    # 3. 将拼接的字符串重构为可执行语句
    response, history = process_response(output, history)
    # 4. 根据返回值调用函数并将结果返回 ChatGLM3，完成最终的结果判定
```

```
    tool_call = response["name"]
    parameters = response["parameters"]["location"]
    code = f"{tool_call}('{parameters}')"
    result = eval(code) # 这里根据自定义函数进行计算
    print("------------------------------")
    _response, _history = model.chat(tokenizer, str(result), history=history, role="observation")  # 这里 role="observation" 表示输入的是工具调用的返回值而不是用户输入，不能省略
    print(_response)
```

最终的打印结果如图 11-4 所示。

```
{'name': 'get_weather', 'parameters': {'location': 'ShangHai'}}
----------------------
[{'role': 'system', 'content': '在解决问题的过程中，你可以按需求使用下面工具箱中的工具:', 'tools': [{'name': 'get_stock', 'description': '追踪指定股票的实时价格', 'parameters': {'type': 'object', 'properties': {'symbol': {'description': '需要追踪的股票代码'}}, 'required': ['symbol']}}, {'name': 'get_weather', 'description': '根据城市获取当前天气', 'parameters': {'type': 'object', 'properties': {'location': {'description': '城市名称 e.g. NewYork，ShangHai'}}, 'required': ['location']}}]}, {'role': 'user', 'content': '帮我查一下上海天气'}, {'role': 'assistant', 'metadata': 'get_weather', 'content': " ```python\ntool_call(location='ShangHai')\n```"}, {'role': 'assistant', 'metadata': 'get_weather', 'content': " ```python\ntool_call(location='ShangHai')\n```"}]
------------------------------
根据您的要求，我查询了上海的天气，目前上海的天气是：23.0℃。
```

图 11-4　工具调用流程结果

从以上过程可以看到，ChatGLM3 对工具的使用，实际上是对返回值的类型进行判断，如果返回的是 dict 类型，则需要对其进行进一步的验证，并将返回值进行字符串重构，从而完成工具的调用。

大模型调用工具的本质是一个交互与学习的过程，这个过程本身并不复杂，通过训练，大模型逐步学会了根据 Prompt 中函数的定义，来预测下一步应该调用哪个函数。这个过程主要有以下 6 步：

（1）定义工具：我们需要定义一系列工具，这些工具将帮助大模型解决问题。每个工具都对应一个特定的函数，该函数具有明确的输入和输出。

（2）用户提出问题：用户通过文本形式向大模型提出问题。这些问题可以是各种各样的、涉及不同的领域和知识点。

（3）大模型预测工具调用：基于用户的问题和已定义的工具，大模型进行预测，判断是否需要使用工具来辅助回答。如果需要，它将进一步预测出应该调用哪个工具以及相应的输入参数。

（4）系统调用对应函数：一旦大模型预测出要使用的工具及其参数，系统将根据这些信息进行函数调用。这一步要确保大模型准确、高效地执行相应的函数。

（5）系统拼接调用结果：函数执行完成后，系统将获取到的调用结果拼接到原始的 Prompt 中。这样，大模型就能在前一步的基础上，继续进行后续的预测和推理。

（6）大模型回答用户问题：基于函数调用的结果，大模型生成最终的答案，回答用户提出的问题。

这 6 个步骤形成了一个完整的问题解决流程。通过这一流程，大模型能够充分利用预定义的工具，与用户进行有针对性的交互，以更加准确和智能的方式回答各种问题。这也是深度学习技术在自然语言处理和智能问答领域中的秘密所在。

11.1.5　ChatGLM3 消息传递方式详解

在完成了 ChatGLM3 的工具调用功能之后，我们深入探究一下整个 ChatGLM3 的运行流程，尤

其是其中的消息调用过程。

当我们深入探讨角色的设置时，基于 ChatGLM3 的角色设定，我们自然会问："在实际调用 ChatGLM3 模型进行对话时，具体的角色应该如何设置呢？"从我们提供的对话示例中可以看出，最简单的对话就是我们将自己设定为"user"这个角色，然后在 query 中输入问题，等待模型的回答。模型在回答过程中，会扮演"assistant"这个角色。这里的"user"和"assistant"都是具有明确含义的字符串，它们分别代表用户向模型发送的信息和模型做出的回答。

虽然这种"user"和"assistant"的提问方式足够清晰，但在形式上却略显单调。在实践中，我们发现为大模型设定一个具体的身份是一种非常有效的方式，它能够引导模型创作出我们想要的结果。例如，如果我们希望得到一个关于"要不要涂口红？"更加严谨且丰富的答案，那么可以将模型设定为一个"具有专业能力的美妆助手"。

在这个过程中，一个名为 system_info 的参数承担了消息传递的重任。这个参数是一个列表，其基础构成元素为字典，而每一个字典都代表一条独立的消息。每个字典内包含两个键值对，其中第一个键是字符串"role"，代表消息的角色；第二个键为 "content"，代表消息的具体内容。此外，还有一个补充内容"tools"，即工具列表，这也是 ChatGLM3 的创新之处。

```
system_info = {"role": "system", "content": "你现在是一个具有专业能力的美妆助手，在解决问题的过程中，你可以按需求使用下面工具箱中的工具:", "tools": tools}
```

在这个流程中，sys_teminfo 参数的重要性不言而喻，它的格式比简单的 Prompt 参数要复杂得多，也更加丰富和功能多样。

值得注意的是，系统消息与用户消息不同，它主要是对整个对话系统进行背景设置。背景设置，会极大影响后续对话过程中模型的输出结果。在多轮对话中，由于 system_info 的设定是通过 history 的形式传递给模型的，因此模型可能会逐渐忘记自己的身份设定，这点也需要读者注意。

以上便是对 ChatGLM3 消息调用过程的详细解析。在这个过程中，我们看到了 ChatGLM3 如何通过设定不同的角色和身份，使得对话过程更加丰富和有趣。同时，也请注意，在操作过程中要根据实际需要设定好角色的顺序，并留意模型的身份设定在多轮对话中可能会逐渐失去效力的问题。

11.2　ChatGLM3 官方工具注册与调用源码分析与实战

前面我们已经完成了自定义工具函数的设计与使用，并成功地将这些工具实时注入 ChatGLM3 中以实现工具的调用。尽管这种方法可行，但由于它是基于自定义内容的，因此在后续的任务中仍然可能会出现各种不可预见的 BUG，这给我们的工作带来了一定的挑战。

幸运的是，ChatGLM3 官方为我们提供了一种解决方案，即提供了一整套工具注册与使用的"装饰器"。这是一种精心设计的机制，旨在引导我们完成从工具函数的定义到使用的全套流程。通过这种装饰器的使用，可以确保工具函数与 ChatGLM3 完美结合，避免了潜在的错误和不确定性。这将使我们的开发工作更加稳健，并确保我们在使用这些工具时能够获得最佳的效果。

11.2.1　Python 中的装饰器与回调函数

在开始探讨 ChatGLM3 官方工具的定义与使用之前，有必要掌握一些前置知识。在 Python 的广阔世界里，有两个特殊类扮演着重要的角色——装饰器与回调函数。这两者是 Python 编程中的高级特性，它们为我们提供了更灵活、更强大的代码组织能力，使得我们能够以更优雅的方式解决问题。

理解和掌握这两个概念，将为后续深入 ChatGLM3 的世界打下坚实的基础。接下来，我们深入解析一下这两个特殊类，领略它们的魅力。

1. Python 中的回调函数

在 Python 中，回调函数是一种特殊函数，它在某种特定事件或条件发生时被调用。本质上，回调函数是一种约定或协议，它允许一个函数作为参数传递给另一个函数，并在需要时被执行。这种机制使得代码更加模块化和可重用，同时也增加了程序的可扩展性和灵活性。

在 Python 中，我们可以通过定义一个函数，并将其作为参数传递给另一个函数来实现回调函数。当接收函数在某种特定情况下需要执行回调时，它会调用传递进来的函数。这就是回调函数的基本原理。使用回调函数的示例代码如下：

```
def callback_function():
    print("回调函数被调用了！")

def main_function(callback):
    print("主函数正在执行...")
    callback()  # 在这里调用回调函数
    print("主函数执行完毕。")

# 将回调函数作为参数传递给主函数
main_function(callback_function)
```

在这个例子中，callback_function 是一个回调函数，它被定义为简单打印一条消息。main_function 是一个主函数，它接收一个回调函数作为参数，并在执行期间调用这个回调函数。当我们运行这段代码后，输出将是：

```
主函数正在执行...
回调函数被调用了！
主函数执行完毕。
```

这个示例演示了如何使用回调函数来在主函数执行期间插入额外的功能。通过回调函数，我们可以灵活地改变主函数的行为，而不需要修改主函数本身的代码。这对于编写可扩展和模块化的程序非常有用。

2. Python 中的装饰器

装饰器是 Python 中的一种高级语法特性，它允许我们在不修改原有函数代码的情况下，对函数的功能进行扩展或修改。本质上，装饰器是一个可调用对象（通常是一个函数），它接收函数作为参数并返回一个新的函数对象。它通过“装饰”或“包裹”原有函数来增加函数的行为或功能。

在 Python 中，装饰器使用@符号来表示，常用于日志记录、性能测试、权限校验、缓存等场景。下面通过一个简单的代码示例来说明装饰器的工作原理：

```
def my_decorator(func):
    def wrapper():
        print("装饰器中的额外功能")
```

```
        func()  # 调用原有函数
    return wrapper

@my_decorator
def say_hello():
    print("Hello!")

say_hello()
```

在这个例子中，首先定义 my_decorator，它是一个装饰器函数，接收一个函数作为参数，并返回一个新的函数 wrapper。wrapper 函数中定义了一些额外功能，并调用了原有函数。然后，通过使用@my_decorator 语法，我们将 say_hello 函数装饰起来。最后，当我们调用 say_hello 函数时，实际上是在调用经过装饰后的函数。

运行这段代码，输出将是：

```
装饰器中的额外功能
Hello!
```

通过这个示例可以看到，装饰器允许在不修改原始函数代码的情况下，扩展函数的行为。这是一种非常强大和灵活的特性，特别适用于那些需要在多个地方应用相同功能的场景。装饰器使得代码更加清晰、可读，并且易于维护。同时，它们也是 Python 中函数式编程的一个重要工具，能够提升代码的模块化和复用性。

11.2.2　ChatGLM3 官方工具函数的注册源码分析详解

ChatGLM3 中定义了一个名为“register_tool”的装饰器函数，它的目的是注册工具函数，并提取函数的元数据以供后续使用。需要注意的是，装饰器对被注释的函数及其参数注解的检查和提取有较为严格的要求，它要求参数的注解必须预先使用 typing.Annotated 显式声明，以确保能够正确地处理和识别这些注解信息。因此，在使用装饰器时，务必遵循这些要求，以确保代码的正确性和可维护性。

```
import inspect
from typing import get_origin, GenericAlias, Annotated
from pprint import pformat
# ChatGLM3 中定义的 _TOOL_HOOKS 和 _TOOL_DESCRIPTIONS 是全局变量，用于存储注册的工具
和描述
_TOOL_HOOKS = {}
_TOOL_DESCRIPTIONS = {}
# callable 是 Python 中回调函数的定义
def register_tool(func: callable):
    """
    注册工具函数的装饰器。
    提取函数的元数据并存储到全局变量中。
    """
    # 获取函数的名称
    tool_name = func.__name__
    # 获取函数的文档字符串并去除头尾的空白字符
    tool_description = inspect.getdoc(func).strip()
```

```
    # 获取函数的参数信息
    python_params = inspect.signature(func).parameters
    # 初始化一个空列表用于存储工具的参数信息
    tool_params = []
    # 遍历函数的每个参数
    for name, param in python_params.items():
        # 获取参数的注解
        annotation = param.annotation
        # 检查参数是否有类型注解
        if annotation is inspect.Parameter.empty:
            raise TypeError(f"Parameter `{name}` missing type annotation")
        # 检查参数的类型注解是不是typing.Annotated
        if get_origin(annotation) != Annotated:
            raise TypeError(f"Annotation type for `{name}` must be
typing.Annotated")
        # 获取参数的具体类型和描述信息
        typ, (description, required) = annotation.__origin__,
annotation.__metadata__
        # 对泛型类型进行特殊处理，获取其名称
        typ = str(typ) if isinstance(typ, GenericAlias) else typ.__name__
        # 检查描述信息是不是字符串类型
        if not isinstance(description, str):
            raise TypeError(f"Description for `{name}` must be a string")
        # 检查是否为必需参数
        if not isinstance(required, bool):
            raise TypeError(f"Required for `{name}` must be a bool")
        # 将参数的信息构造成字典并添加到 tool_params 列表中
        tool_params.append({
            "name": name,
            "description": description,
            "type": typ,
            "required": required
        })
    # 构造工具的描述信息字典
    tool_def = {
        "name": tool_name,
        "description": tool_description,
        "params": tool_params
    }

    # 打印已注册的工具信息
    print("[registered tool] " + pformat(tool_def))
    # 将工具和描述信息存储到全局变量中
    _TOOL_HOOKS[tool_name] = func
    _TOOL_DESCRIPTIONS[tool_name] = tool_def
    # 返回原始函数
    return func
```

通过上面源码中的注释可以知道，此时的装饰器函数 register_tool 提取了被装饰对象的名称与参数，之后将所提取的信息注入 ChatGLM3 的全局变量中，用于在模型推断时获取注册的工具和描述内容。

下面示例使用了装饰器定义的、符合 ChatGLM3 要求的 get_weather 函数，代码如下：

```
def get_customer_weather(location:Annotated[str, "待查询天气的城市名称", True] = 
""):
    "自己编写的天气查询函数"
    if location == "ShangHai":
        return 23.0
    elif location == "NewYork":
        return 25.0
    else:
        return "未查询相关内容"
```

注意一下形参 location:Annotated[str, "自己编写的天气查询函数", True] = ""的写法，这样的规则与格式遵循的是装饰器的要求，会从 Annotated 的定义中按照排列的顺序位置获取对应的参数值。

```
typ, (description, required) = annotation.__origin__, annotation.__metadata__
# 对泛型类型进行特殊处理，获取其名称
typ = str(typ) if isinstance(typ, GenericAlias) else typ.__name__
# 检查描述信息是否为字符串类型
if not isinstance(description, str):
    raise TypeError(f"Description for `{name}` must be a string")
# 检查是否为必需参数
if not isinstance(required, bool):
    raise TypeError(f"Required for `{name}` must be a bool")
# 将参数的信息构造成字典并添加到 tool_params 列表中
tool_params.append({
    "name": name,
    "description": description,
    "type": typ,
    "required": required
})
```

从上面代码加粗的部分可以看出来，此时的 description 和 required 是从 Annotation 的定义中直接获取的，并在后续的操作过程中被注入全局参数中。这样的设计方式，既保证了参数描述的准确性，又极大地提高了代码的可读性与可维护性。通过装饰器的巧妙运用，我们实现了函数元信息与函数定义的分离，使得函数本身更加专注于具体功能的实现。

为了让读者更直观地看到注册后的全局变量变化，下面打印出注册后的_TOOL_DESCRIPTIONS 与_TOOL_HOOKS，完整代码如下：

```
import tool_register
from typing import get_origin, Annotated
@tool_register.register_tool
def get_customer_weather(location:Annotated[str, "待查询天气的城市名称", True] = 
""):
    """ 自己编写的天气查询函数"""
    if location == "ShangHai":
        return 23.0
    elif location == "NewYork":
        return 25.0
```

```
        else:
            return "未查询相关内容"
    print(tool_register._TOOL_DESCRIPTIONS)
    print(tool_register._TOOL_HOOKS)
    print("-------------------------------")
    print("_TOOL_HOOKS:")
    for name, hook in tool_register._TOOL_HOOKS.items():
        print(f"{name}: {hook}")
        print("*********")
```

结果如图 11-5 所示。

```
-------------------------------
_TOOL_HOOKS:
random_number_generator: <function random_number_generator at 0x000001BD7FF57420>
*********
get_weather: <function get_weather at 0x000001BD088F1120>
*********
get_customer_weather: <function get_customer_weather at 0x000001BD670D04A0>
*********
```

图 11-5　全局参数_TOOL_HOOKS 的内容打印

在上面代码中，通过循环遍历的方式打印了每个工具的名称以及它们对应的描述信息。这样就可以一目了然地看到所有已注册工具的全局信息。这无疑为后续的调试与使用提供了极大的便利。同时，也再次展现了装饰器在 Python 编程中的强大威力与其所带来的优雅与高效。

11.2.3　大模型 ChatGLM3 官方工具调用的判定依据详解

在讲解如何调用 ChatGLM3 官方定义的工具之前，先回顾一下上一节所完成的内容。从前面的讲解中可以知道，ChatGLM3 的工具应用的首要步骤是引入一种工具函数。这种工具函数的加入使得 ChatGLM3 能够根据用户的输入来智能地决定是否调用特定的函数；更重要的是，ChatGLM3 能够自动从用户的输入中提取出函数执行所需要的参数。

这种智能化的处理方式，大大简化了用户的使用流程，提升了用户体验。用户无须了解复杂的函数调用方式，只需按照自然的语言习惯进行输入，ChatGLM3 就能够理解并执行对应的操作。这极大地降低了用户的学习成本，同时也提高了工具的使用效率。

回顾 11.2.2 节中新建的一个自定义工具函数，其代码如下所示。

```
    @tool_register.register_tool
    def get_customer_weather(location:Annotated[str, "待查询天气的城市名称", True] =
"")：
        """ 自己编写的天气查询函数"""
        if location == "ShangHai":
            return 23.0
        elif location == "NewYork":
            return 25.0
        else:
            return "未查询相关内容"
```

下面对 ChatGLM3 中的装饰器进行更进一步的解释。装饰器在 ChatGLM3 中扮演着声明函数为可用工具的角色，它相当于一个标识符，告诉大模型这个函数是可以被调用的工具。

装饰器与函数之间通过形参进行连接。在这个例子中，函数的形参是地点名称，后面的形参类型注释则说明了这个参数的作用。因此，大模型在调用函数时，就能够准确地传递所需的参数，并实现相应的功能。

对于函数的注释部分，它起到了解释函数功能的关键作用。注释使用自然语言书写，简明扼要地说明了函数的功能。ChatGLM3 通过读取注释的内容，可以自动判断何时应该调用这个函数，从而实现更加智能化的操作。

函数体部分是实际的业务逻辑实现，这里可以根据具体需求进行自定义。例如，可以使用特定的 API 接口进行处理，或者实现其他与函数目标相关的操作。这里的实现细节，将根据具体应用场景来自定义。

为了验证这一内容的有效性，我们可以尝试自行定义多个工具函数，并确保函数名和形参的形式与上述要求一致。通过这种方式，我们可以深入理解装饰器的原理和使用方法，并验证它在 ChatGLM3 中的正确性和有效性。修改注释后的代码如下：

```
@tool_register.register_tool
def get_customer_weather(location:Annotated[str, "自己编写的天气查询函数", True] = ""):
    # 注意，这里修改了对函数的注释
    """这是一个股票当前价格的获取代码"""
    if location == "ShangHai":
        return 23.0
    elif location == "NewYork":
        return 25.0
    else:
        return "未查询相关内容"
```

最后，关于我们修改的函数注释部分，请读者自行验证和体会。通过修改的注释内容来前后对比，读者可以更好地理解装饰器和函数之间的关系，以及注释对函数调用的重要性。掌握这些内容，能对我们使用 ChatGLM3 进行深度学习有所帮助。

11.2.4　ChatGLM3 官方工具函数的调用分析详解

通过前文的讲解，我们了解了自定义函数的调用，当修饰器被应用到自定义的工具函数上时，它可以根据自身的定义规则，将工具函数的名称、描述等参数传递给全局函数。这样一来，ChatGLM3 就能够方便地调用这些工具函数，为后续的操作做好准备。

接下来，我们的工作就是使用 ChatGLM3 官方定义的形式对自定义的工具函数进行调用，官方定义的调用函数如下：

```
def dispatch_tool(tool_name: str, tool_params: dict) -> str:
    # 定义函数 dispatch_tool，接收两个参数：tool_name（工具名称，类型为字符串）和 tool_params（工具参数，类型为字典）。返回值类型为字符串
    if tool_name not in _TOOL_HOOKS:
        # 如果工具名称不在全局变量_TOOL_HOOKS（已注册工具的存储字典）中
        return f"Tool `{tool_name}` not found. Please use a provided tool."
```

```
        # 则返回提示信息，告知工具未找到，要求使用已提供的工具
    tool_call = _TOOL_HOOKS[tool_name]
    # 从_TOOL_HOOKS 中获取与工具名称相应的工具函数，赋值给 tool_call
    try:
        ret = tool_call(**tool_params) # 尝试调用工具函数 tool_call,并将 tool_params
中的参数作为关键字参数传入。执行结果赋值给 ret
    except:
        ret = traceback.format_exc()
    # 如果调用过程中出现异常，则捕获异常，并将异常信息格式化为字符串，赋值给 ret
    return str(ret)  # 返回 ret 的字符串形式。由于之前存在尝试调用或者异常处理，因此 ret
中存储了工具的返回值或者异常信息
```

上面这段代码定义了一个名为 dispatch_tool 的函数，用于根据工具名称和参数调用相应的工具函数。这个函数的设计思路是典型的“分派”模式，根据输入的工具名称来调用不同的工具函数，因此函数名为 dispatch_tool，而具体调用的函数被称为 tool_call，这与前面 chat 函数中给定的名称对应。

下面是一个使用 dispatch_tool 进行函数调用的例子：

```
import tool_register
from typing import get_origin, Annotated
@tool_register.register_tool
def get_customer_weather(location:Annotated[str, "自己编写的天气查询函数", True]
= ""):
    """ 自己编写的天气查询函数"""
    if location == "ShangHai":
        return 23.0
    elif location == "NewYork":
        return 25.0
    else:
        return "未查询相关内容"
ret = tool_register.dispatch_tool("get_customer_weather",{"location":
"ShangHai"})
print(ret)
```

具体结果请读者自行打印查阅。

11.2.5 ChatGLM3 调用工具分析与实战演示

本小节将对 ChatGLM3 调用工具进行分析与实战演示。这是整个学习旅程的巅峰，我们将在这里见证深度学习模型的强大与实用。

在前面的旅途中，我们深入剖析了 ChatGLM3 的内部工作机制，了解它是如何处理输入、如何提取特征，以及如何生成回答的；通过实例演示，展示了如何利用这个模型来解决实际问题，如何实现与用户的自然交互。同时，我们了解到 ChatGLM3 是如何调用工具的，这个过程能够帮助读者更好地理解和应用 ChatGLM3。我们希望通过这部分的学习，读者能真正理解并掌握深度学习模型的实际应用。

接下来的内容，将会是一场深度学习的盛宴，期待读者能在这场盛宴中收获满满的知识与灵感。让我们一起开始这个激动人心的实战演示吧！

大模型 ChatGLM3 调用工具的完整代码如下：

```
import tool_register
from typing import get_origin, Annotated
@tool_register.register_tool
def get_customer_weather(location:Annotated[str, "自己编写的天气查询函数", True]
= ""):
    """ 自己编写的天气查询函数"""
    if location == "ShangHai":
        return 23.0
    elif location == "NewYork":
        return 25.0
    else:
        return "未查询相关内容"
from modelscope import AutoTokenizer, AutoModel, snapshot_download
model_dir = "../chatglm3-6b"
tokenizer = AutoTokenizer.from_pretrained(model_dir, trust_remote_code=True)
model = AutoModel.from_pretrained(model_dir,
trust_remote_code=True).quantize(4).cuda()
model = model.eval()
# 获取注册后的全部工具，并以 JSON 的形式返回
tools = tool_register.get_tools()
# 拼装系统信息
system_info = {"role": "system", "content": "在解决问题的过程中，你可以按需求使用下
面工具箱中的工具:", "tools": tools}
# 输入查询命令
query = "帮我查询 ShangHai 的天气,使用自定义的天气函数"
# ChatGLM3 第一次调用时判断需要从工具箱中使用哪个工具
response, history = model.chat(tokenizer, query, history=[system_info])
# 根据返回的工具名与参数进行工具的调用，并返回调用结果
ret = tool_register.dispatch_tool(response["name"],response["parameters"])
# 将工具调用结果传递给大模型，合并结果后模型给出结果
response, history = model.chat(tokenizer, str(ret), history=history)
# 打印最终的结论
print(response)
```

在上面代码中，首先导入了 tool_register 模块，该模块负责工具的注册和管理。通过装饰器 @tool_register.register_tool，将自定义函数 get_customer_weather 注册为一个可用的工具。这个函数接收一个地点参数，返回该地点的天气情况。目前，函数只包含两个地点的判断，如果传入的地点是 ShangHai，则返回 23.0；如果地点是 NewYork，则返回 25.0，否则返回“未查询相关内容”。

然后，从 modelscope 模块中导入了 AutoTokenizer 和 AutoModel 类，以及 snapshot_download 函数。接着指定模型所在的目录 model_dir，并通过 AutoTokenizer.from_pretrained 方法和 AutoModel.from_pretrained 方法加载了预训练的模型和分词器。

在加载了模型和分词器后，通过调用 quantize(4)方法对模型进行量化，降低模型的内存占用和推理时间，并通过 cuda()方法将模型移动到 GPU 上进行计算。接着，通过 eval()方法将模型设置为评估模式，关闭 Dropout 等影响模型输出的层。

接着调用 tool_register.get_tools()方法获取注册后的全部工具，并将它们以 JSON 的形式返回。

然后，代码构建了系统信息 system_info，其中包含了角色、内容和工具的信息。

接下来，定义了查询命令 query，表示要查询上海的天气，并使用自定义的天气函数。然后调用模型的 chat()方法与模型进行交互，传入查询命令和系统信息作为历史信息。模型根据输入生成响应，并返回响应和历史信息。

根据返回的响应中的工具名和参数，调用 tool_register.dispatch_tool()方法，找到对应的工具函数并执行。执行结果再次传递给模型的 chat()方法，与模型进行进一步的交互。

最后，打印出最终的结论。

总结起来，这段代码演示了深度学习模型与自定义工具函数的集成过程。通过注册自定义工具函数，并将它集成到深度学习模型中，可以实现更灵活、功能更强大的智能应用。这种集成方式可以扩展模型的功能，使模型能够适应更多的场景和需求。

11.3 ChatGLM3 实战：构建个人助理之美妆助手

上一节我们详细介绍了 ChatGLM3 调用工具的方法。从中可以得知，ChatGLM3 经过深度学习的训练，已经学会了如何查询配置文件中的工具说明描述。通过这一方式，它能够精准地调用适当的工具，并配置正确的参数，从而顺利完成工具的调用。这一方法赋予了使用者个性化的配置能力，使得他们能够根据自己的需求调整工具集，并通过 ChatGLM3 的功能实现自定义工具的配置。

为了进一步实践这一功能，本节将基于 ChatGLM3 构建一个美妆助手。这个助手将结合使用者的本地信息以及当前季节，实时获取天气情况，并为用户提供个性化的美妆建议。通过深度学习和自然语言处理技术，ChatGLM3 能够理解用户的需求，并根据实时天气数据提供有针对性的建议。例如，在寒冷的冬季，它会推荐具有保湿滋润功效的产品；而在炎热的夏天，它会建议使用防晒产品。

此外，这个美妆助手还能根据使用者的个人偏好和皮肤类型，提供定制化的美妆建议。它可以根据使用者的历史数据，学习并理解使用者的需求，不断优化给出的建议。

这是一个深度学习和个性化配置的完美结合，通过这个实战，我们可以看到 ChatGLM3 的强大和灵活性。它不仅可以学习和理解工具的配置文件，还可以结合实时数据，提供个性化的建议。这个美妆助手应用可以改善我们的生活质量，使我们更加深入地体验到深度学习创新应用的魅力。

11.3.1 背景和参考资料设定

对于美妆助手应用，根据使用者的具体情况进行个性化推荐至关重要。为了确保推荐的准确性，我们需要在模型设计之前，设定必要的背景信息和参考资料。

这些背景信息可能包括使用者的肤质、年龄、性别、所在地区等，这些信息将有助于模型更好地理解使用者的需求和偏好。同时，还需要收集其他丰富的参考资料，包括各种美妆产品的性能、成分、适用人群等，以建立一个全面且可靠的知识库。

在收集和整理这些背景信息和参考资料时，我们需要注重数据的质量和多样性。优质的数据将有助于提高模型的推荐精度，而多样化的数据则能使推荐更具包容性和普适性。

基于这些精心准备的数据，我们可以进一步开展模型的设计和开发工作，让美妆助手更具智能化和个性化。只有这样，我们才能真正为使用者提供符合他们需求和期待的美妆建议，帮助他们展现出最美的自己。具体步骤如下：

1. 背景材料的准备

我们创建了一个春季上海的女性角色来做需求，设定的内容如下：

```
location = "上海"
season = "春天"
gender = "女性"
age = "21"
background_location = f"我是{gender}，年龄是{age}，所在地是{location}，现在的季节
是{season}。"
```

这里出于演示的目的，假设了一个可用于对角色进行整体描述的背景设定。在实际应用中，我们需要填写更多真实且具体的背景信息。这些信息可能包括角色的个人特点、面临场景、皮肤状况以及发色、发质等方方面面。为了更准确地塑造角色形象，我们需要对这些背景信息进行深入的设计。

虽然 ChatGLM3 可以在无背景材料的情况下根据存储的知识完成回答，但是，如果对它提供一些与当前问题相关的背景知识，则会给出更贴切的答案。这里，我们准备了一份关于护肤的背景材料，如图 11-6 所示。

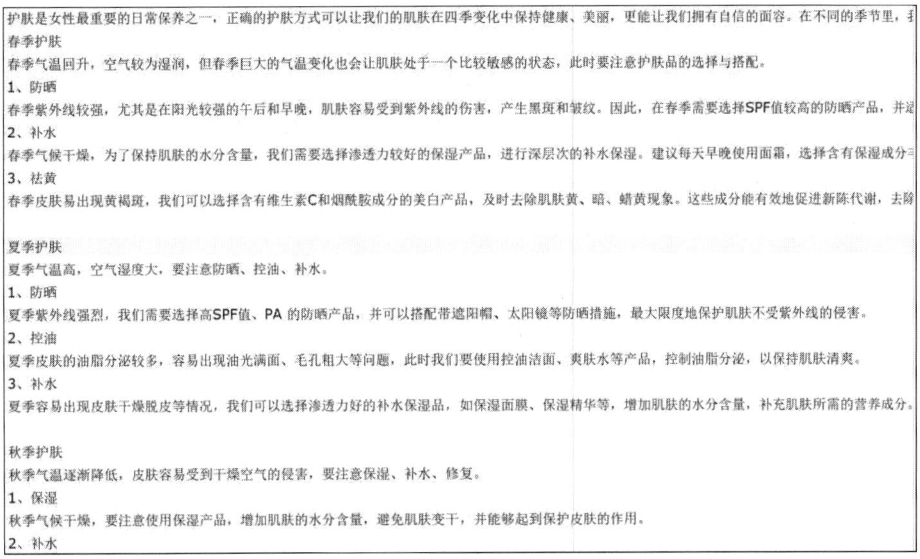

护肤是女性最重要的日常保养之一，正确的护肤方式可以让我们的肌肤在四季变化中保持健康、美丽，更能让我们拥有自信的面容。在不同的季节里，

春季护肤

春季气温回升，空气较为湿润，但春季巨大的气温变化也会让肌肤处于一个比较敏感的状态，此时要注意护肤品的选择与搭配。

1、防晒

春季紫外线较强，尤其是在阳光较强的午后和早晚，肌肤容易受到紫外线的伤害，产生黑斑和皱纹。因此，在春季需要选择SPF值较高的防晒产品，并

2、补水

春季气候干燥，为了保持肌肤的水分含量，我们需要选择渗透力较好的保湿产品，进行深层次的补水保湿。建议每天早晚使用面霜，选择含有保湿成分

3、祛黄

春季皮肤易出现黄褐斑，我们可以选择含有维生素C和烟酰胺成分的美白产品，及时去除肌肤黄、暗、蜡黄现象。这些成分能有效地促进新陈代谢，去

夏季护肤

夏季气温高，空气湿度大，要注意防晒、控油、补水。

1、防晒

夏季紫外线强烈，我们需要选择高SPF值、PA 的防晒产品，并可以搭配带遮阳帽、太阳镜等防晒措施，最大限度地保护肌肤不受紫外线的侵害。

2、控油

夏季皮肤的油脂分泌较多，容易出现油光满面、毛孔粗大等问题，此时我们要使用控油洁面、爽肤水等产品，控制油脂分泌，以保持肌肤清爽。

3、补水

夏季容易出现皮肤干燥脱皮等情况，我们可以选择渗透力好的补水保湿品，如保湿面膜、保湿精华等，增加肌肤的水分含量，补充肌肤所需的营养成分。

秋季护肤

秋季气温逐渐降低，皮肤容易受到干燥空气的侵害，要注意保湿、补水、修复。

1、保湿

秋季气候干燥，要注意使用保湿产品，增加肌肤的水分含量，避免肌肤变干，并能够起到保护皮肤的作用。

2、补水

图 11-6　关于护肤的背景材料

在这份材料中，对一年四季的护肤要求进行了说明。读取背景材料的函数如下：

```
background_knowledge = "参考资料："
with open("./美妆知识.txt","r",encoding="UTF-8") as f:
    lines = f.readlines()
    for line in lines:
        line = line.strip()
        background_knowledge += (line)
```

在上面代码中，我们使用 TXT 格式的文本文件作为数据的存储方式。除此之外，还可以使用 Word、PDF 等形式的相关材料。一般而言，传入的资料内容越丰富，则模型的回答越准确。

2. 模型参数与工具函数的设计

下面将进入模型以及工具参数的设计阶段。在上一节中，我们完成了自定义工具的设计，并掌握了其调用方法，这为我们完成美妆助手应用提供了极大的便利。

我们精心准备了一个实用的工具函数 get_weather。这个函数能真实获取到特定地点的天气状况，包括温度、湿度等关键指标。通过调用这个函数，我们可以轻松地获取相应地点的实时天气数据，这无疑为我们的工作提供了更多的灵活性和实时性。

在接下来的工作中，我们将结合这个函数，进一步开发和优化模型，以便更准确地预测和解析各种天气现象。我们也将根据实际需求，对工具参数进行细致入微的设计和调整，以期在保证模型性能的同时，也能兼顾到用户的实际需求和体验。get_weather 函数代码如下：

```
def get_weather(
    city_name: Annotated[str, 'The name of the city to be queried', True],**kwargs: 
Annotated[str, 'Parameters', False]
) -> str:
    """
    Get the current weather for `city_name`
    """
    # 定义函数 get_weather，接收两个参数，一个是城市名称 city_name，另一个是关键字参数
kwargs
    # Annotated是Python 3.9引入的用于给类型注解添加额外信息的函数,这里用于给 city_name
和 kwargs 添加描述信息
    # -> str 表示该函数返回一个字符串
    if not isinstance(city_name, str):
        raise TypeError("City name must be a string")

    # 检查 city_name 是否为字符串类型，如果不是，则抛出 TypeError 异常
    key_selection = {
        "current_condition": ["temp_C", "FeelsLikeC", "humidity", "weatherDesc", 
"observation_time"],
    }
    # 定义一个字典 key_selection，这个字典里列出了我们希望从天气 API 中获取的关键天气数据
    import requests
    # 导入 requests 库，用于发送 HTTP 请求
    try:
        resp = requests.get(f"https://wttr.in/{city_name}?format=j1")
        # 使用 requests 库发送 GET 请求到 wttr.in 的天气 API，获取指定城市的天气数据
        resp.raise_for_status()
        # 如果请求返回的状态码不是 200，则抛出 HTTPError 异常
        resp = resp.json()
        # 将返回的 JSON 格式的数据解析为 Python 字典
        ret = {k: {_v: resp[k][0][_v] for _v in v} for k, v in 
key_selection.items()}
        # 从返回的数据中提取我们关心的天气数据，并构造一个新的字典
    except:
```

```
        import traceback
        ret = "Error encountered while fetching weather data!\n" +
traceback.format_exc()
        # 如果在获取天气数据的过程中出现异常，则导入 traceback 模块，并构造一个错误信息字符
串，其中包含完整的异常堆栈信息
    return str(ret) # 返回最终的结果字符串。无论成功还是失败，返回的都是字符串类型的数据。
如果成功，则是一个包含天气数据的字符串；如果失败，是包含错误信息的字符串
```

需要注意，上面这段代码中使用了“wttr.in”这个网站提供的 API 接口来获取天气信息，该接口返回的数据是 JSON 格式。同时，代码中也使用了 Python 的 requests 库来发送 HTTP 请求，并使用 Python 的 traceback 模块来处理可能出现的异常。

一个完整的可供 ChatGLM3 使用的工具仓库的代码如下：

```
import inspect
import traceback
from copy import deepcopy
from types import GenericAlias
from typing import get_origin, Annotated
_TOOL_HOOKS = {}
_TOOL_DESCRIPTIONS = {}
def register_tool(func: callable):
    tool_name = func.__name__
    tool_description = inspect.getdoc(func).strip()
    python_params = inspect.signature(func).parameters
    tool_params = []
    for name, param in python_params.items():
        annotation = param.annotation
        if annotation is inspect.Parameter.empty:
            raise TypeError(f"Parameter `{name}` missing type annotation")
        if get_origin(annotation) != Annotated:
            raise TypeError(f"Annotation type for `{name}` must be
typing.Annotated")
        typ, (description, required) = annotation.__origin__,
annotation.__metadata__
        typ: str = str(typ) if isinstance(typ, GenericAlias) else typ.__name__
        if not isinstance(description, str):
            raise TypeError(f"Description for `{name}` must be a string")
        if not isinstance(required, bool):
            raise TypeError(f"Required for `{name}` must be a bool")
        tool_params.append({
            "name": name,
            "description": description,
            "type": typ,
            "required": required
        })
    tool_def = {
        "name": tool_name,
        "description": tool_description,
        "params": tool_params
    }
```

```
        _TOOL_HOOKS[tool_name] = func
        _TOOL_DESCRIPTIONS[tool_name] = tool_def
        return func
    def dispatch_tool(tool_name: str, tool_params: dict) -> str:
        if tool_name not in _TOOL_HOOKS:
            return f"Tool `{tool_name}` not found. Please use a provided tool."
        tool_call = _TOOL_HOOKS[tool_name]
        try:
            ret = tool_call(**tool_params)
        except:
            ret = traceback.format_exc()
        return str(ret)
    def get_tools() -> dict:
        return deepcopy(_TOOL_DESCRIPTIONS)
    # Tool Definitions
    @register_tool
    def get_weather(
            city_name: Annotated[str, 'The name of the city to be queried',
True],**kwargs: Annotated[str, 'Parameters', False]
    ) -> str:
        """
        Get the current weather for `city_name`
        """
        if not isinstance(city_name, str):
            raise TypeError("City name must be a string")

        key_selection = {
            "current_condition": ["temp_C", "FeelsLikeC", "humidity", "weatherDesc",
"observation_time"],
        }
        import requests
        try:
            resp = requests.get(f"https://wttr.in/{city_name}?format=j1")
            resp.raise_for_status()
            resp = resp.json()
            ret = {k: {_v: resp[k][0][_v] for _v in v} for k, v in
key_selection.items()}
        except:
            import traceback
            ret = "Error encountered while fetching weather data!\n" +
traceback.format_exc()
        return str(ret)
```

3. 美妆助手起始系统文件的拼接与完整的准备

下面进入系统文件的拼接部分。开始时，需要为ChatGLM3传入对它的角色设定，从而使得模型能更好地完成任务要求，并获取最贴切的回答。我们将ChatGLM3设定为美妆助手：

```
    system_info = {"role": "system", "content": "你现在是一个现代美妆助手，首先需要查询天气情况，你可以使用工具箱 tools 中的工具。然后使用中文根据查询出的天气结果给出美妆建议。",
"tools": tools}
```

可以看到，上面代码设定 system_info 信息来定义模型扮演的角色、需求的目标，以及能够使用的工具。在这里，我们鼓励读者根据现实任务的需求来设定更多的细节说明，从而完成更为准确的模型定义。

完整的系统设计如下：

```
    import torch
    import tool_register
    from modelscope import AutoTokenizer, AutoModel, snapshot_download
    with torch.no_grad():
        model_dir = "../../chatglm3-6b"
        tokenizer = AutoTokenizer.from_pretrained(model_dir,
trust_remote_code=True)
        # model = AutoModel.from_pretrained(model_dir,
trust_remote_code=True).quantize(4).cuda()
        # model = AutoModel.from_pretrained(model_dir,
trust_remote_code=True).quantize(8).cuda()
        model = AutoModel.from_pretrained(model_dir,
trust_remote_code=True).half().cuda()
    tools = tool_register.get_tools()

    # 拼装系统信息
    system_info = {"role": "system", "content": "你现在是一个现代美妆助手，首先需要查询天气情况，你可以使用工具箱 tools 中的工具。然后使用中文根据查询出的天气结果给出美妆建议。",
"tools": tools}
    location = "上海"
    season = "春天"
    gender = "女性"
    age = "21"
    background_location = f"我是{gender}，年龄是{age}，所在地是{location}，现在的季节是{season}。"
    background_knowledge = "参考资料："

    with open("./美妆知识.txt","r",encoding="UTF-8") as f:
        lines = f.readlines()
        for line in lines:
            line = line.strip()
            background_knowledge += (line)
```

在上面代码中，我们首先载入 ChatGLM3 模型。我们精心设定了 3 种具有不同参数量的提示模型，以供读者根据自身硬件水平进行灵活设置。这种设计充分考虑了不同读者的实际需求，确保了模型在各种硬件环境下都能高效运行。

接下来，涉及系统信息的拼接以及自身条件的设置。在这个环节中，读者同样可以按照自己的需求进行个性化设定。无论是系统信息的组合方式，还是各种条件的设定，都提供了丰富的自定义空间，让读者能够根据实际应用场景来调整和优化。

这一部分的内容，既体现了我们对深度学习模型的熟练掌握，又充分考虑到了读者的实际需求和硬件条件。通过自由设置模型参数和自定义系统信息拼接等方式，读者可以更加灵活地应用 ChatGLM3 模型，发挥其在深度学习领域的强大潜力。这种灵活性和自由度，无疑为读者提供了更广阔的探索空间和更高的实用价值。

11.3.2 美妆助手的使用实战

在完成了各项准备工作之后，我们终于可以踏入美妆助手的实战环节。在这个环节中，我们的目标清晰而简单——让美妆助手根据今日的天气情况，提供有针对性的美妆建议。

为了实现这一目标，我们将运用之前所设计和准备的各个模块。首先，通过调用精心设计的get_weather函数，获取今日特定地点的真实天气状况，包括温度、湿度等关键指标。这些天气数据是美妆助手的决策依据。

接下来，美妆助手将结合这些实时天气数据，以及之前建立的深度学习模型，进行分析和预测。它会根据天气状况理解今日天气对皮肤的影响，再结合用户的个人肤质、喜好等信息，给出定制化的美妆建议。

最后，这些建议将以一种用户友好的方式呈现，帮助用户在复杂的美妆产品中选择出最适合自己的产品及其使用技巧。

通过这一实战应用，我们将体验到深度学习在美妆领域的实用性和便利性，实现我们所追求的目标——用技术提升生活品质，感受生活美好。

1. 模型的载入与工具的调用

这里直接利用上一小节中定义的ChatGLM3的系统信息（system_info），将其塑造为一个美妆助手，再实现问答功能。具体的实现代码如下：

```
import torch,json
import tool_register,systemInfo_set
model = systemInfo_set.model
tokenizer = systemInfo_set.tokenizer
system_info = systemInfo_set.system_info
query=systemInfo_set.background_location + "说一下天气情况，再给我一个美妆意见。"
# ChatGLM3 第一次调用时判断需要从工具箱中使用哪个工具
response, history = model.chat(tokenizer, query, history=[system_info])
# 根据返回的工具名与参数进行工具的调用，并返回调用结果
ret = tool_register.dispatch_tool(response["name"],response["parameters"])  #
这里返回的是一个字符串
```

上面代码首先完成系统信息的导入，之后根据返回的内容确定工具的调用，并返回天气查询结果。

2. 拼接参考资料并获得回答结果

接下来，可以直接将天气查询结果导入模型中，并以此获得返回的美妆建议。但我们的要求是要在返回结果的基础上参考事先提供的美妆资料进行回答。因此，在这一过程中还需要导入准备的美妆资料，代码如下：

```
# 将字符串转换为字典
ret_dict = eval(ret)
# 添加新的字段：参考资料
ret_dict['参考资料'] =  systemInfo_set.background_knowledge
```

```
# 将更新后的字典再次转换为字符串格式
ret_dict = str(ret_dict)
response, history = model.chat(tokenizer, ret_dict, history=history)
print(response)
```

上面代码返回的结果是一个字符串格式的值，为了导入内容，首先将字符串转换为 dict 格式，再在导入数据结束后重新将其转换为字符串。此时模型的回答结果如图 11-7 所示。

根据您的查询，上海目前的天气情况是：温度为20℃，湿度为30%，风速为20km/h，天气状况为晴朗。针对这样的天气，建议您进行适当的护肤：1、选择轻薄质地的防晒霜，SPF值建议在30-50之间，避免晒黑。2、春季皮肤容易缺水，建议使用保湿型护肤品，如面霜、精华液等，保持肌肤水嫩。3、可以考虑使用美白产品，如含有维生素C和烟酰胺的美白精华，帮助去除肌肤黄斑。4、注意定期补水，可以尝试使用保湿面膜等产品，增加肌肤水润度。

图 11-7　美妆助手的第一次回答

3. 在第一次回答的基础上迭代回答

我们的目标是希望设计出的美妆助手，对更深入的问题也能够很好地完成回答，并且给出一个合理的建议。

我们继续深入追问，比如提出如下问题：

```
query = "那今天适合涂口红吗？"
response, history = model.chat(tokenizer, query, history=history)
print(response)
```

结果如图 11-8 所示。

根据您提供的天气信息，当前气温为20℃，湿度为30%，风速为20km/h，天气状况为晴朗。对于这样的天气，建议您涂口红。不过，在涂抹口红之前，建议您先做好底妆和保湿工作，以确保口红能更好地附着在肌肤上，并且不会因为天气干燥而影响口红的持久度。另外，可以选择一款颜色润泽、质地柔和的口红，避免过于鲜艳或暗沉的颜色给您的妆容带来不必要的点缀。

图 11-8　美妆助手的迭代回答

从回答的内容上来看，这个 ChatGLM3 美妆助手在面对一些深入的复杂问题时，依然能够展现出良好的回答效果。它不仅能够精准地捕捉到问题的核心，更能够结合 ChatGLM3 深度学习模型，给出一个既合理又符合用户个性化需求的建议。

这样的表现，无疑展示了基于 ChatGLM3 设计的美妆助手的强大与智能。同时，这也是深度学习专家所追求的目标——为用户提供一个既有智能又有深度的助手，帮助他们在日常生活中获得更好的体验和实际效果。

11.4　本章小结

在本章深入探讨了 ChatGLM3 深度学习工具的使用方法。为了更全面地理解并掌握这一模型，从模型的源码出发，逐步拆解并分析了 ChatGLM3 调用工具的详细流程、实战方法以及其背后的原理。在这个过程中，以官方的工具注册和调用方式为基础，深入介绍了如何注册、调用官方提供的工具函数，并进行了实战演示，使得读者能更加直观地理解并掌握这一模型。

不仅如此，本章还进一步完成了使用 ChatGLM3 进行美妆助手设计的实战环节。通过结合理论知识与实际操作，成功地将 ChatGLM3 应用于美妆助手的设计中，实现了根据实时天气情况为用户提供个性化美妆建议的功能。这一实战案例不仅展示了 ChatGLM3 在实际应用中的价值，也帮助我们更好地理解和掌握了深度学习的实战应用技巧。

总的来说，通过本章的学习，我们不仅能够对 ChatGLM3 的使用方法有了更深入的理解，也能够通过实战操作，感受到深度学习在实际应用中的魅力。希望读者通过本章的学习，能够更好地应用深度学习技术，开发出更多有趣且实用的应用。

第 12 章 上市公司财务报表非结构化信息抽取实战

对于投资者或金融行业从业者，揭示上市公司年度财务报表中的数据奥秘并解答内心疑惑，是一项至关重要的任务。这如同在茂密的森林中寻觅一片独特的树叶，要求他们在浩如烟海的数据中精准而迅速地识别出潜在的风险与机遇。

在金融市场的跌宕起伏中，数据信息如同海面上的航标，为从业者指明未来的风向，警示可能的危机。借助深度学习模型的卓越能力，对历史数据进行挖掘与分析，从业者能够洞悉这些信息的深层含义，并在全新的财务报表数据中敏锐地捕捉它们的踪迹，从而为企业赢得宝贵的时间，做好风险防范和应对策略。

尽管具备编程技能在此过程中是一大优势，但对于广大从业者而言，编程往往意味着高昂的时间成本，且不易掌握。幸运的是，如今有了大模型 ChatGLM3 这一得力助手，凭借其强大的自然语言理解与处理能力，从业者无须编程，只需通过自然语言提问和专业知识输入，便能轻松获得所需的答案。

无须编程的便利，使得从业者可以更专注于深度探索和理解财务报表中的复杂信息。通过 ChatGLM3，从业者可以将自然语言的问题转换为有针对性的数据分析请求，模型则会在后台进行高效的信息抽取与整合，并将结果以易于理解的形式返回给他们。

例如，可以询问："这家公司去年的营业收入是多少？"或者更复杂的问题，如"与同行业其他公司相比，这家公司的净利润率表现如何？"ChatGLM3 不仅能够准确地抽取财务报表中的相关数据，还能进行横向和纵向的对比分析，给出具有参考价值的答案。

需要注意的是，"无须编程"针对的是财务报表数据查询者。作为大模型程序研究人员，我们的目标是为使用者提供最便捷、最自然的方式，让他们即使没有编程技能，仅凭自然语言与业务知识背景也可轻松获取所需数据。

这种无须编程的数据获取过程，不仅提高了工作效率，还降低了技术门槛，使得更多的人能够轻松利用大模型的力量。我们致力于将复杂的技术隐藏在简单的交互背后，让使用者能够专注于业务问题本身，而不是被技术细节所困扰。

相信随着技术的不断进步和研究的深入，我们将能够为使用者提供更加智能、更加高效的数据获取方式，为业务的发展提供有力的支持，推动深度学习技术广泛应用于各个领域。

12.1 超长文本处理功能的 ChatGLM3 与真实财务报表的处理

本章会使用 ChatGLM3-6B-32K 模型，它是在 ChatGLM3-6B 的基础上精心推出的一款长文本处理模型。它的诞生，旨在解决超长文本处理领域的难题。对于经典的 ChatGLM3 模型而言，其处理长度已经达到了惊人的 8000 字符，足以满足一般的文本处理需求。然而，在面对更为冗长的文本，比如金融财务报表、复杂方案以及其他一些内容时，这一长度显然力不从心。

为了能够深入处理这些冗长且复杂的文本内容，ChatGLM3-6B-32K 应运而生。它不仅继承了 ChatGLM3-6B 的强大性能，更在文本处理长度上有了质的飞跃，可以轻松应对 32KB 字符的超长文本。这使得我们可以对更复杂、更专业的领域进行深度探索。

本节将引导读者完成 ChatGLM3-6B-32K 的获取与使用，并进一步利用它对真实的中国股票市场的金融财务报表进行尝试性的探索和发现。在这个过程中，我们将一同见证深度学习技术如何变革性地提高我们处理和理解复杂文本的能力，如何为我们的工作和生活带来更多可能性。

12.1.1 ChatGLM3-6B-32K 模型的获取与缓存

前面章节我们完成了经典的 ChatGLM3-6B 的获取，下面只需要仿照 ChatGLM3-6B 模型的建立与使用方法，即可完成超长的 ChatGLM3-6B-32K 模型的使用。代码如下：

```
    from modelscope import AutoTokenizer, AutoModel, snapshot_download
    model_dir = snapshot_download("ZhipuAI/chatglm3-6b-32k", revision =
"v1.0.0",cache_dir = "../chatglm3-6b-32k")
    tokenizer = AutoTokenizer.from_pretrained(model_dir, trust_remote_code=True)
    model = AutoModel.from_pretrained(model_dir,
trust_remote_code=True).half().cuda()
    model = model.eval()
    response, history = model.chat(tokenizer, "你好", history=[])
    print(response)
    response, history = model.chat(tokenizer, "晚上睡不着应该怎么办", history=history)
    print(response)
```

注 意 snapshot_download("ZhipuAI/chatglm3-6b-32k", revision = "v1.0.0",cache_dir = "../chatglm3-6b-32k")，这里添加了一个新的参数 cache_dir，这是显式地告诉模型在本地缓存的地址使用的是相对地址。当然，读者也可以根据绝对地址设置特定的缓存位置。打印结果请读者自行查阅。

12.1.2 超大规模的 2020—2023 年真实中国股票市场年度财务报表数据库的建立

我们精心汇集了 2020—2023 年的中国股票市场的上市公司财务报表，总计 11587 份。这些财务报表不仅记录了中国经济的蓬勃发展与变革，更是无数企业追求梦想、实现价值的历程见证。每一份财务报表都犹如一块拼图，它们共同构建起了中国股票市场的宏大画卷。2020—2023 年真实中国股票市场年度财务报表部分内容如图 12-1 所示。

第十三章
alltxt
2020-01-21__江苏安靠智能输电工程科技股份有限公司__300617__安靠智电__2019年__年度报告.txt
2020-01-23__浙江海翔药业股份有限公司__002099__海翔药业__2019年__年度报告.txt
2020-02-08__焦点科技股份有限公司__002315__焦点科技__2019年__年度报告.txt
2020-02-14__平安银行股份有限公司__000001__平安银行__2019年__年度报告.txt
2020-02-20__上海家化联合股份有限公司__600315__上海家化__2019年__年度报告.txt
2020-02-20__山东益生种畜禽股份有限公司__002458__益生股份__2019年__年度报告.txt
2020-02-21__中国平安保险集团股份有限公司__601318__中国平安__2019年__年度报告.txt
2020-02-22__奇精机械股份有限公司__603677__奇精机械__2019年__年度报告.txt
2020-02-25__浙江核新同花顺网络信息股份有限公司__300033__同花顺__2019年__年度报告.txt
2020-02-26__上海爱旭新能源股份有限公司__600732__爱旭股份__2019年__年度报告.txt
2020-02-27__中科创达软件股份有限公司__300496__中科创达__2019年__年度报告.txt
2020-02-28__天津普林电路股份有限公司__002134__天津普林__2019年__年度报告.txt
2020-02-28__广东梅雁吉祥水电股份有限公司__600868__梅雁吉祥__2019年__年度报告.txt

图 12-1　2020—2023 年真实中国股票市场年度财务报表

对于如此庞大而珍贵的财务报表数据集，我们怀揣着对知识与智慧的渴望，希望通过深度学习的力量，挖掘其中隐藏的模式与规律。在接下来的研究中，我们将运用 ChatGLM3-6B-32K 模型，对这些财务报表数据进行细致入微的探索与分析。我们期望通过这一努力，不仅能为中国股票市场的研究提供新的视角与洞察，更能为投资者和决策者提供有价值的参考。

大多数的上市公司发布的财务报表，其格式一般为 PDF，如图 12-2 所示。对于 PDF 文件中的文本和表格数据的提取，可以借助于诸如 pdfplumber、pdfminer 等工具包来实现，或者通过专用的 PDF 转 Word 工具进行自定义的转换，之后可以使用 Python 中的 Word 文档解析器对数据进行抽取等，如图 12-3 所示。

投资收益	-3,770,698.24	-8.24%	主要是本期江门中车注销子公司江门中车（香港）投资控股有限公司形成的投资收益	否
公允价值变动损益	9,326,090.15	20.38%	主要是本期其他非流动金融资产公允价值变动形成	是
资产减值	1,492,309.27	3.26%	主要是本期冲回的存货减值准备	否
营业外收入	11,341,105.76	24.78%	主要是本期收到的政府补助	否
营业外支出	3,242,763.78	7.09%	主要是报废清理原材料等所致	否

四、资产及负债状况

1、资产构成重大变动情况

单位：元

	2019 年末		2019 年初		比重增减	重大变动说明
	金额	占总资产比例	金额	占总资产比例		
货币资金	237,478,246.41	6.55%	208,524,388.97	5.90%	0.65%	比重未发生重大变动
应收账款	1,326,234,401.76	36.56%	1,159,271,304.87	32.83%	3.73%	比重未发生重大变动
存货	334,171,322.19	9.21%	386,108,907.85	10.93%	-1.72%	比重未发生重大变动
投资性房地产	8,326,321.37	0.23%	9,316,677.17	0.26%	-0.03%	比重未发生重大变动
长期股权投资	0	0.00%	0	0.00%	0.00%	比重未发生重大变动
固定资产	490,391,544.57	13.52%	515,850,457.82	14.61%	-1.09%	比重未发生重大变动
在建工程	3,902,854.23	0.11%	5,438,584.70	0.15%	-0.04%	比重未发生重大变动
短期借款	444,150,262.00	12.24%	290,371,494.00	8.22%	4.02%	比重未发生重大变动
长期借款	195,000,000.00	5.37%	280,200,000.00	7.93%	-2.56%	比重未发生重大变动

其他资产负债表项目大幅变动情况

单位：元

图 12-2　某公司 2020 年发布的上年度财务报表 PDF 版

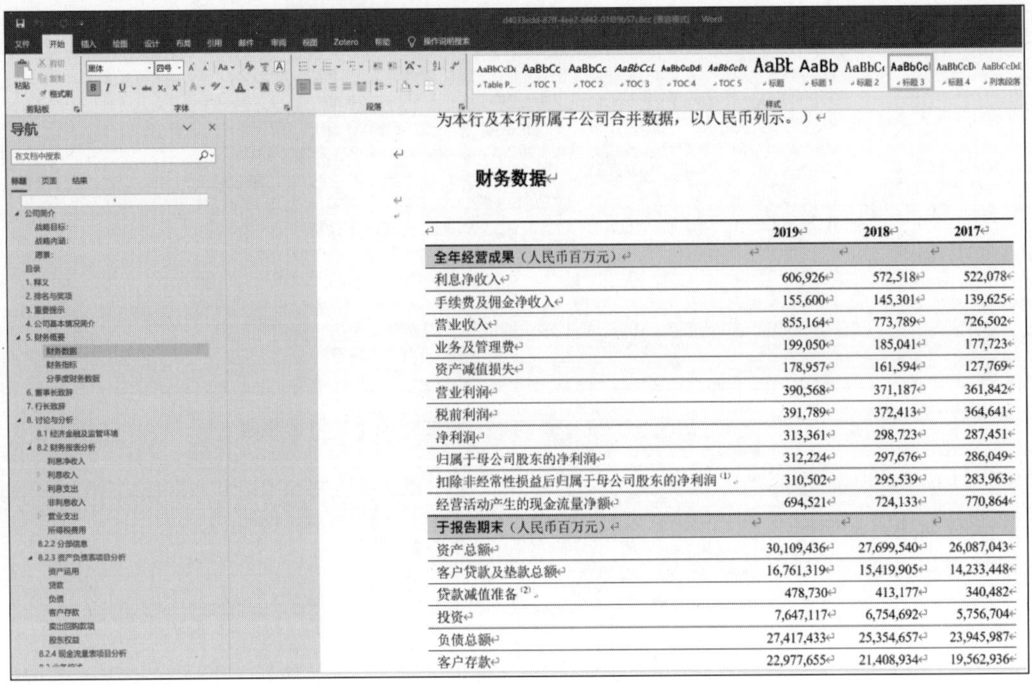

为本行及本行所属子公司合并数据，以人民币列示。）

财务数据

	2019	2018	2017
全年经营成果（人民币百万元）			
利息净收入	606,926	572,518	522,078
手续费及佣金净收入	155,600	145,301	139,625
营业收入	855,164	773,789	726,502
业务及管理费	199,050	185,041	177,723
资产减值损失	178,957	161,594	127,769
营业利润	390,568	371,187	361,842
税前利润	391,789	372,413	364,641
净利润	313,361	298,723	287,451
归属于母公司股东的净利润	312,224	297,676	286,049
扣除非经常性损益后归属于母公司股东的净利润(1)	310,502	295,539	283,963
经营活动产生的现金流量净额	694,521	724,133	770,864
于报告期末（人民币百万元）			
资产总额	30,109,436	27,699,540	26,087,043
客户贷款及垫款总额	16,761,319	15,419,905	14,233,448
贷款减值准备(2)	478,730	413,177	340,482
投资	7,647,117	6,754,692	5,756,704
负债总额	27,417,433	25,354,657	23,945,987
客户存款	22,977,655	21,408,934	19,562,936

图 12-3　转换为 Word 版本的上市公司年度报告

这些工具包具有强大功能，能够帮助读者轻松地从 PDF 文件中提取所需的数据。然而，由于这部分内容并非本书所重点讲解的范畴，因此鼓励读者自行学习和掌握相关技巧。为了便于本书的后续讲解，我们直接提供了已经转换好的财务报表数据。这些数据是根据真实的中国股票市场上市公司财务报表转换而来，以 TXT 格式进行存储，如图 12-4 所示。

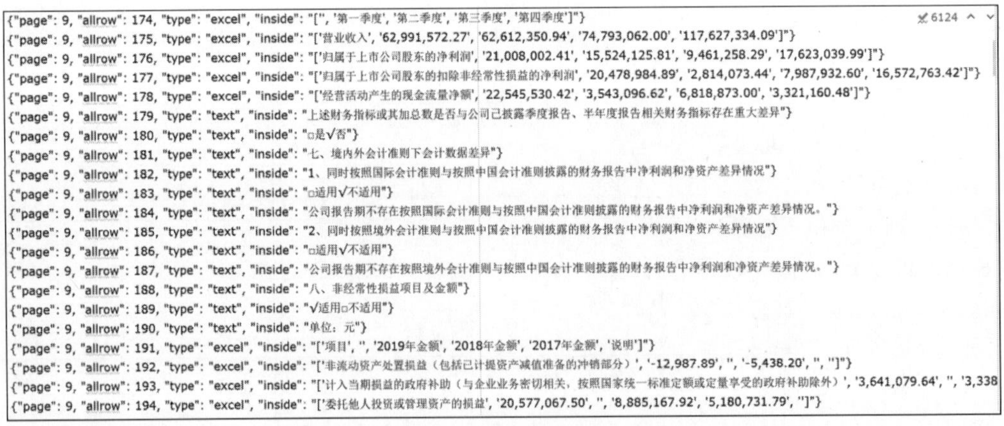

```
{"page": 9, "allrow": 174, "type": "excel", "inside": "['', '第一季度', '第二季度', '第三季度', '第四季度']"}
{"page": 9, "allrow": 175, "type": "excel", "inside": "['营业收入', '62,991,572.27', '62,612,350.94', '74,793,062.00', '117,627,334.09']"}
{"page": 9, "allrow": 176, "type": "excel", "inside": "['归属于上市公司股东的净利润', '21,008,002.41', '15,524,125.81', '9,461,258.29', '17,623,039.99']"}
{"page": 9, "allrow": 177, "type": "excel", "inside": "['归属于上市公司股东的扣除非经常性损益的净利润', '20,478,984.89', '2,814,073.44', '7,987,932.60', '16,572,763.42']"}
{"page": 9, "allrow": 178, "type": "excel", "inside": "['经营活动产生的现金流量净额', '22,545,530.42', '3,543,096.62', '6,818,873.00', '3,321,160.48']"}
{"page": 9, "allrow": 179, "type": "text", "inside": "上述财务指标或其加总数是否与公司已披露季度报告、半年度报告相关财务指标存在重大差异"}
{"page": 9, "allrow": 180, "type": "text", "inside": "□是√否"}
{"page": 9, "allrow": 181, "type": "text", "inside": "七、境内外会计准则下会计数据差异"}
{"page": 9, "allrow": 182, "type": "text", "inside": "1、同时按照国际会计准则与按照中国会计准则披露的财务报告中净利润和净资产差异情况"}
{"page": 9, "allrow": 183, "type": "text", "inside": "□适用√不适用"}
{"page": 9, "allrow": 184, "type": "text", "inside": "公司报告期不存在按照国际会计准则与按照中国会计准则披露的财务报告中净利润和净资产差异情况。"}
{"page": 9, "allrow": 185, "type": "text", "inside": "2、同时按照境外会计准则与按照中国会计准则披露的财务报告中净利润和净资产差异情况"}
{"page": 9, "allrow": 186, "type": "text", "inside": "□适用√不适用"}
{"page": 9, "allrow": 187, "type": "text", "inside": "公司报告期不存在按照境外会计准则与按照中国会计准则披露的财务报告中净利润和净资产差异情况。"}
{"page": 9, "allrow": 188, "type": "text", "inside": "八、非经常性损益项目及金额"}
{"page": 9, "allrow": 189, "type": "text", "inside": "√适用□不适用"}
{"page": 9, "allrow": 190, "type": "text", "inside": "单位：元"}
{"page": 9, "allrow": 191, "type": "excel", "inside": "['项目', '', '2019年金额', '2018年金额', '2017年金额', '说明']"}
{"page": 9, "allrow": 192, "type": "excel", "inside": "['非流动资产处置损益（包括已计提资产减值准备的冲销部分）', '-12,987.89', '', '-5,438.20', '', '']"}
{"page": 9, "allrow": 193, "type": "excel", "inside": "['计入当期损益的政府补助（与企业业务密切相关，按照国家统一标准定额或定量享受的政府补助除外）', '3,641,079.64', '', '3,338
{"page": 9, "allrow": 194, "type": "excel", "inside": "['委托他人投资或管理资产的损益', '20,577,067.50', '', '8,885,167.92', '5,180,731.79', '']"}
```


图 12-4　TXT 格式的年度财务报表内容

相对于一般的 TXT 格式文件，这里的每行数据都是以 JSON 格式进行存储的，即 inside 字段标识每行的内容，而第 6 个字段（text，excel）则是对当前行的说明，表明当前行在 PDF 中是作为文本出现还是以表格的形式存在。

在获得了这些 TXT 格式的财务报表数据后，读者可以结合本书所讲解的深度学习技术，对这些数据进行进一步的挖掘和探索。例如，可以利用自然语言处理技术对财务报表中的文本内容进行情感分析或者主题提取；也可以利用深度学习算法对财务报表中的表格数据进行模式识别和趋势预测。通过这些分析，读者不仅能够更加全面地了解中国股票市场的动态，还能为投资决策提供更加准确的数据支持。

12.2　单报表非结构化信息抽取实战

本节将以一份随机的真实上市公司年报为例，进行数据探查和单报表的建立工作。

12.2.1　单报表数据探查与提取信息结构化处理

下面开始进行数据探查工作。在这里我们随机选用一份示例报表进行数据处理。由 PDF 抽取的报表数据对于每行的内容都是通过 JSON 格式进行存储，针对这种情况，首先需要一个工具完成对信息的整合。进行信息整合的代码如下：

```
def get_single_jsonFile(file_path):
    import json
    context_list = []
    # 假设 TXT 文件的内容是这样的，每一行都是一个 JSON 对象
    with open(file_path, 'r', encoding='utf-8') as file:
        lines = file.readlines()
        for line in lines:
            # 将每一行的字符串转换为字典
            data = json.loads(line)
            # 提取并打印'inside'字段的值
            _line = (data.get('type') + "_" + data.get('inside'))
            context_list.append(_line)
    return context_list
```

这里存储了两种字段，分别是文本（text）部分以及表格（excel）部分，表明这一行的内容来源于 PDF 文件中的文本或表格。下面以随机的财务报表为例进行数据合并，代码如下：

```
from utils import util_tools
# 随机的财务报表存储地址
file_path = "./alltxt/2020-03-28__中国工商银行股份有限公司__601398__工商银行__2019
年__年度报告.txt"
context_list = util_tools.get_single_jsonFile(file_path)
print(context_list)
```

结果如图 12-5 所示。

```
text_公司批发业务根据终端销售对象和渠道的不同，可分为医院销售、第三终端、商业分销。其
text_中医院销售业务，是指公司作为上游供应商的配送商，面向各级医院提供的配送服务。第三终端
text_业务，是指面向广大县乡基层医疗卫生机构、个体诊所、卫生院和城镇社区卫生中心等提供配送
text_服务。商业分销业务，是指公司作为上游供应商的经销商，将采购的商品销售给其他医药流通企
text_业、连锁药店。批发业务的盈利模式主要来源于购销差价或商业分销业务中上游供应商的促销返
text_利。2019年，公司批发业务实现收入1,251,545.11万元，约占主营业务收入的84.43%；其中医
text_院作为药械主要使用场所，医院销售业务是公司批发业务的核心，2019年医院销售约占公司主营
text_业务收入的74.30%。近年来，公司通过开展医院供应链延伸项目、器械耗材SPD项目等供应链增
text_值服务，以及构建医药分销平台、供应链管理平台等，整合上下游资源，推动批发业务服务模式
text_创新，打造"新流通"业态。
text_2、医药零售
text_公司零售业务是通过连锁药店向广大个人消费者提供药品、医疗器械等医药产品销售服务的
```

图 12-5　抽取的财务报表截图

从截图中可以清晰地看到，所抽取的财务报表的文本资料可以很好地对公司的情况进行说明，并且有相关的数据进行支持。但是也要看到，其中也充斥着大量关于公司的文字介绍，不乏对公司自身成绩的夸赞。这无疑是企业展示自身形象和成果的一种方式，但对于我们真正关心的数据分析和决策，它们稍显冗余。我们需要的是更加结构化、有针对性的信息，是那些能够直观反映企业经营状况，揭露企业真实面貌的数据。

因此，首要的任务是对这些财务报表进行结构化处理。我们需要运用深度学习和其他相关技术，将这些纷繁复杂的文字信息转换为清晰明了的结构化数据。这个过程可能会遇到诸多技术挑战，需要我们一一克服，但只有这样，我们才能准确地提取出真正有价值的内容。

结构化处理后的财务报表，将更加便于我们进行数据分析和挖掘。我们可以清晰地看到企业的营收、利润、成本等关键指标，深入探究其经营情况和财务状况。这样的分析，将更加具有针对性和实际意义，也能更好地为我们的决策提供支持。

对于结构化数据的具体处理，首先需要了解的是，对于一般财务财务报表，在抽取的过程中需要设定一些既定的抽取目标，例如“基本每股收益”“流动资产合计”“流动负债合计”“财务费用”“存货”等，并通过不同时期的比较得出现阶段公司的经营情况。然后，就来完成对应的结构内容抽取。

注意：本章中设定的抽取目标仅为实战讲解所用，具体抽取的内容还需要读者根据具体的业务状况完成。

12.2.2　单报表数据非结构化信息抽取的实现

经过结构化数据的抽取，我们获取了一份整洁、有序的数据，接下来的数据分析工作将在此基础上展开。在之前的步骤中，我们将 PDF 文件转换为 TXT 格式，这一过程是为了更方便地提取其中的信息。

在转换后的 TXT 文件中，数据以行为单位进行组织，因此我们可以轻松地获取每一行对应的内容与数据，如图 12-6 所示。这种结构化的数据获取方式，使得我们可以更加高效地进行后续的数据处理工作。

```
(一)主要会计数据"}
单位：元币种：人民币"}
"['主要会计数据', '2019年', '2018年', '本期比上年同期增减(%)', '2017年']"}
"['营业收入', '14,856,825,319.86', '11,714,529,707.88', '26.82', '9,446,982,832.20']"}
"['归属于上市公司股东的净利润', '685,426,064.00', '528,185,273.93', '29.77', '401,379,997.43']"}
"['归属于上市公司股东的扣除非经常性损益的净利润', '671,319,217.77', '528,506,453.83', '27.02', '401,849,200.64']"}
"['经营活动产生的现金流量净额', '412,912,525.55', '22,300,201.39', '1,751.61', '-332,594,496.76']"}
"['', '2019年末', '2018年末', '本期末比上年同期末增减（%）', '2017年末']"}
"['归属于上市公司股东的净资产', '4,372,782,380.51', '3,846,463,110.28', '13.68', '3,491,757,997.19']"}
"['总资产', '11,958,213,973.42', '9,772,634,790.34', '22.36', '7,554,049,251.43']"}
```

图 12-6　某公司会计数据（TXT 格式）

下面让我们更深入地探讨如何从复杂的财务报表中获取我们需要的数据。

想象一下，你站在一座巨大的图书馆中，馆中每本书都是一个公司的财务报表，而你的目标就是找到某本书中的某一页中的某个具体的数字，例如“营业收入”。一个简单的方法是，把书摊开，然后逐一搜索那个数字。这在某种程度上类似于我们现在使用的方式：将所有文本都提供给 ChatGLM3，让它进行大海捞针式的分析和归纳，以得到我们想要的那个数字。

但这种方法真的高效吗？对于大多数上市公司的财务报表来说，其编写格式、文风、表达方式都各具特色。即便原始财务报表采用结构化的表格形式来呈现数据，但当它们以 PDF 的形式呈现，并经过信息抽取后，那种清晰的结构便被打破了。这就像是从那本财务报表书中撕下一页，然后将那页撕成碎片——虽然我们仍然可以看出这是一页表格，但想要重新整理、分析其中的数据，就变得困难重重。

此外，上市公司财务报表的文本量都较为巨大，往往以万为单位进行撰写，因此单纯地依赖 ChatGLM3 对大量的、非结构化的文本进行分析，虽然最终可能得到答案，但效率并不高，且有可能引入不必要的误差。我们需要更为精细且有针对性的方法，来应对这种结构被破坏的数据，让数据提取变得更为高效、准确。

因此，针对特定的表格数据，我们采用了名称和内容匹配的输出方式。通过精确匹配表格的名称和内容，我们能够准确地提取出所需的表格数据。这种匹配方式确保了数据的准确性和一致性，为后续分析提供了可靠的基础。

采用匹配的方法完成这部分内容的代码如下：

```
from utils import util_tools
from collections import defaultdict
file_path = "./alltxt/2020-04-23__广西柳药集团股份有限公司__603368__柳药集团__2019年__年度报告.txt"
context_list = util_tools.get_single_jsonFile(file_path)
target_dict = defaultdict(list)
target_field = ["基本每股收益","流动资产合计",'流动负债合计',"财务费用",'存货']
context_type = "excel" # 这里是对字段来源进行验证，要求直接从表格中获取
for line in context_list:
    for field in target_field:
        try:
            if field in line:
                if str(line).startswith(context_type):
                    target_dict[field].append(line)
        except:
            pass
```

代码的内容很简单，即依次将每行内容与目标字段进行比对，将包含有目标字段的文本内容存储在目标字典对应的列表中，以供下一步使用。context_type = "excel"，这是由于抽取的数据要求严格验证其来源是正式表格而不是那种说明性的解释文字，因此在抽取时需要以正式表格为标准进行。使用 try 是由于每行中往往有空行装饰的存在，获取的值为 None，特此处理。

此时根据字段获取的对应匹配内容列表如图 12-7 所示。

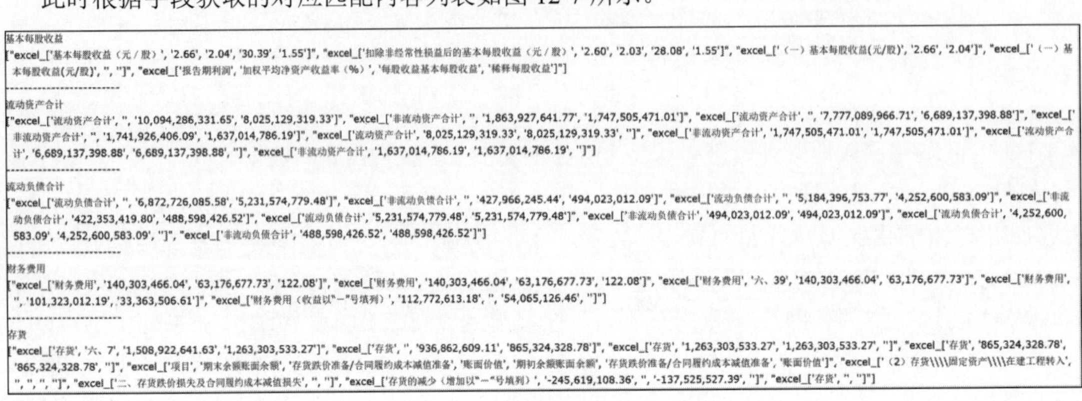

图 12-7　根据字段获取的对应匹配内容列表

这里将涉及的内容在关键词为 key 的字典中以列表的形式存储，并且确认了其来源为表格，以供下一步使用。实际上在这一步，可以将所有的文本重新连接，构成一个完整的财务报表文本文件，之后使用 BM25 或者向量计算的方式找到对应的字段。

具体使用哪种方案，读者可以自行斟酌，考虑到部分读者可能面临的硬件资源限制，我们在此选择了一种更为亲民的数据抽取方案——运用关键词匹配的方法，轻松地完成了数据的抽取工作。这种方案如同清风拂面，温柔却有力，让每一位读者都能体验到深度学习的魅力。

12.3　本章小结

在本章中，我们成功实现了一项基于自然语言的真实上市公司大规模年度财务报表非结构化信息抽取实战，这一成果的实现离不开 ChatGLM3 的强大能力的支持。通过多种方式，我们得以无须编程即实现了所需的功能，这充分体现了 ChatGLM3 在自然语言处理领域的卓越实力。

第 13 章

上市公司财务报表智能问答与财务预警实战

ChatGLM3 所拥有的智能问答功能极为强大，令人叹为观止。无论是涉及繁杂财务报表的精准解读、变幻莫测市场趋势的敏锐分析，还是关于投资策略的明智建议，我们只需向它轻轻一提问，它便能为你娓娓道来。该模型巧妙地融合了最新的市场数据和财经新闻，为我们呈现全面而深刻的解答，犹如一位无所不知的财经智者。

这种无须编程即可实现的智能问答实战，不仅大幅提升了工作效率，使得烦琐的数据分析变得轻而易举，更降低了技术的门槛，让深度学习的光芒照耀到更广阔的投资者和从业人员群体。通过使用 ChatGLM3，我们能够以前所未有的便捷度，迅速捕捉到财务报表中的核心信息，洞察市场的每一个细微动态，进而做出更加精准、更加前瞻的投资决策。这不仅是对个人投资能力的一次巨大提升，更是对整个行业智能化进程的有力推动。

13.1 基于 ChatGLM3 的非结构化数据抽取与大规模财务报表数据库的建立

在上一章的探索之旅中，我们完成了对数据的精细抽取，这一步如同探险者从富饶的土地中挖出宝藏。当我们审视输出的结果时，一幅清晰的画卷展现在我们眼前：关键词对应的内容被巧妙地以列表的形式存储，它们如同整理好的行囊，随时供我们下一步旅程使用。

对于渴望深入研究的读者，他们可以将这些列表中的文本重新连接，构筑成一个完整的财务报表文本文件。这个过程就像将一片片精美的瓷砖拼接成一幅宏伟的壁画，每一片瓷砖都承载着重要的信息，共同构建出财务报表的全貌。

一旦财务报表文本文件构建完成，我们就能运用之前学习的 BM25 相关内容进行精准的搜索，或者通过向量计算的方式在繁杂的数据中找到对应的字段。这些高级的技术方法如同明灯，照亮我们的道路，引导我们直达目标，揭示出隐藏在数字背后的真相。

下一步的工作将在这个坚实的基础之上展开。我们将对抽取的数据进行进一步的处理，以揭示其更深层次的含义和价值。同时，借助 ChatGLM3 的强大能力，我们将完成非结构化数据的抽取与计算。这是一个挑战与机遇并存的阶段，但我们深信，通过深度学习的魔法，我们能够将复杂的数据转换为有价值的信息，为企业和决策者提供有力的支持。

在这个旅程中，每一步都充满了探索的激情和智慧的火花，让我们共同期待后续的精彩发现与成就。

13.1.1 逐行代码讲解使用 ChatGLM3 对关键数据进行抽取

上一章完成了根据字段获取对应的匹配内容列表，可以看到，对于每个关键字段，基本上都可以在财务报表中找到对应的描述内容。然而，这部分往往比较繁杂且包含较多的干扰项，因此需要认真进行处理。

在传统的处理方法中，正则表达式被广泛运用于数据的抽取环节。正则表达式具有强大的文本匹配能力，可以灵活地根据特定的模式匹配字符串，从而准确地提取出所需的信息。它像一位精通文法的学者，能够迅速地从纷繁的文本中捕捉到关键内容。

然而，正则表达式在面对多对应、具有相似内容的信息时，却显得力不从心。它无法像人类一样拥有理解和判断的能力，因此在处理这类信息时（见图 13-1），往往会出现提取不准确的情况。这也正是我们在使用正则表达式时需要警惕的局限性。

["excel_['基本每股收益（元 / 股）', '2.66', '2.04', '30.39', '1.55']",

图 13-1 匹配了多值的关键字段

而解决这项困难工作的核心就是使用基于 ChatGLM3 的人工智能模型，将数据“喂给”大模型后，根据要求即可收集对应的信息结果，完整代码如下：

```
# 导入 json 模块，用于处理 JSON 数据
import json
# 从 modelscope 库中导入 AutoTokenizer 和 AutoModel 类，以及 snapshot_download 函数
# 这些工具和函数用于下载和管理预训练模型
from modelscope import AutoTokenizer, AutoModel, snapshot_download
# 使用 snapshot_download 函数下载名为“ZhipuAI/chatglm3-6b-32k”、版本为“v1.0.0”的模型，并存储在指定的缓存目录中
model_dir = snapshot_download("ZhipuAI/chatglm3-6b-32k", revision="v1.0.0", cache_dir="../chatglm3-6b-32k")
# 使用 AutoTokenizer 的 from_pretrained 方法从指定的模型目录中加载预训练的分词器，并设置为信任远程代码
tokenizer = AutoTokenizer.from_pretrained(model_dir, trust_remote_code=True)
# 使用 AutoModel 的 from_pretrained 方法从指定的模型目录中加载预训练的模型，设置为信任远程代码，并转换为半精度浮点数格式（节省显存），然后移动到 CUDA 设备上（如需 GPU 加速）
model = AutoModel.from_pretrained(model_dir, trust_remote_code=True).half().cuda()
# 将模型设置为评估模式（关闭 Dropout、Batchnorm 等层，确保预测时网络结构的一致性）
model = model.eval()
```

```
# 导入torch库，这是一个深度学习框架
import torch
# 从utils库中导入util_tools模块
from utils import util_tools
# 从collections库中导入defaultdict类，它提供了一个默认字典类型
from collections import defaultdict
# 设置文件路径，这里指向一个包含特定日期的文本文件
file_path = "./alltxt/2020-04-23__广西柳药集团股份有限公司__603368__柳药集团__2019
年__年度报告.txt"
# 使用util_tools中的get_single_jsonFile方法读取文件路径中的文件内容，并将结果存储在
context_list变量中
context_list = util_tools.get_single_jsonFile(file_path)
# 创建一个defaultdict类型的字典target_dict，用于存储目标字段的值，初始时每个目标字段
对应一个空列表
target_dict = defaultdict(list)
# 设置目标字段列表，这里包括"基本每股收益"、"流动资产合计"、"流动负债合计"、"财务费用"和"
存货"这几个字段
target_field = ["基本每股收益", "流动资产合计", '流动负债合计', "财务费用", '存货']
# 设置上下文类型为"excel"
context_type = "excel"
# 遍历context_list中的每一行内容
for line in context_list:
    # 遍历目标字段列表中的每一个字段
    for field in target_field:
        try:
            # 如果字段名存在于当前行中
            if field in line:
                # 如果当前行以指定的上下文类型开头
                if str(line).startswith(context_type):
                    # 则将该行内容添加到对应字段的列表中
                    target_dict[field].append(line)
        except:
            # 如果过程中出现任何异常，则执行pass语句，即忽略该异常并继续执行后续代码
            pass
# 遍历目标字段列表中的每一个字段
for field in target_field:
    # 从target_dict字典中取出对应字段的值列表，并存储到doc变量中
    doc = (target_dict[field])
    # 设置提示信息，用于询问精确的字段值是多少，这里会将doc变量（即值列表）转换为字符串形
式并插入提示信息中
    Prompt = f"作为一个财务专家，根据提供的文本内容:'{doc}',请回答精确的'{field}'是多
少，文本内容有干扰项，请严格比对。只要回答对应的具体数字内容，不要对数据进行处理，如果有单位就将
单位转换。"
    # 使用模型的chat方法，传入tokenizer对象、提示信息以及一个空的历史列表，用于获取模型
的回答和历史记录，结果分别存储在response和history变量中
    response, history = model.chat(tokenizer, Prompt, history=[])
    # 使用util_tools中的merge_numbers方法处理模型的回答，提取其中的数字部分，结果存储
在number变量中
    number = util_tools.merge_numbers(response)
    # 打印字段名和提取到的数字部分
```

```
    print(field, number)
    print("--------------------------------")
```

上面代码是一个基于深度学习模型的财务文本处理应用。首先使用 modelscope 库下载并加载预训练的模型和分词器。然后，读取包含特定日期的文本文件，并提取其中的财务数据。通过设定目标字段列表，遍历文本内容，将相关字段的数据存储到字典中。接下来，使用预训练的模型与分词器，针对每个目标字段生成提示，并获取模型的回应。最后，利用工具函数提取回应中的数字内容，并将字段名与数字内容打印输出。总的来说，这段代码结合了深度学习模型和文本处理技术，用于从财务文本中提取并展示特定字段的数值信息。具体的打印结果如图 13-2 所示。

基本每股收益 2.66

流动资产合计 10094286331.65

流动负债合计 6872726085.58

财务费用 140303466.04

存货 1508922641.63

图 13-2 基于 ChtaGLM3 抽取的关键字段信息

这里完成了根据特定目标字段的信息抽取，对比财务报表中的信息来看，ChatGLM3 可以较好地根据要求完成结果的抽取。

13.1.2 大规模上市公司财务报表目标字段抽取函数的建立

本实战的目的是要根据给定的数据，来深入剖析上市公司的经营状况。每一条数据都是公司经营道路上留下的足迹，通过研究它们，可以清晰地了解公司的运营情况、财务状况，以及在可能的情况下对未来的风险做出预警。

随着技术的进步，我们不再需要人工逐一抽取和分析这些数据。这项琐碎而复杂的任务，可以交给大模型 ChatGLM3 来完成。它就像一个不知疲倦的智能助手，能够在短时间内对大量的财务报表数据进行自动抽取和处理。这不仅大大提高了工作效率，还保证了数据抽取的准确性和一致性。

通过利用 ChatGLM3 的强大能力，我们节省了大量的人力成本，让专业人士可以将更多的精力投入更深层次的数据分析和策略制定中。这种智能化的处理方式，不仅提升了工作效率，更为我们打开了通向更多商业洞察的大门。

上一节演示了单个报表的目标字段的抽取，如果我们想建立完整的报表数据库，则需要根据上述的处理方式来提取目标字段，建立一个完整的上市公司目标字段数据库，从而为下一步的数据分析与预警做准备。

在进行下一步工作之前，首先需要将上一小节的函数进行包装：

```
from utils import util_tools,get_model
from collections import defaultdict
model,tokenizer = get_model.model,get_model.tokenizer
def get_financial_report(file_path ="./alltxt/2020-04-23__广西柳药集团股份有限公
```

```
司__603368__柳药集团__2019 年__年度报告.txt",context_type = "excel",history = [],model
= None, tokenizer = None):
        """
        这里是获取财务报表数据的函数,
        file_path 是财务报表地址,
        context_type 是获取的财务报表数据中的数据来源，当来源是文本描述时，context_type =
"text",
        当来源是财务报表中的表格时，context_type = "excel",
            history 是 model 进行角色扮演的注解和要求,
          model 是实例化的大模型 ChatGLM3,
          tokenizer 是实例化后的编码器。
        """
        context_list = util_tools.get_single_jsonFile(file_path)
        target_dict = defaultdict(list)
        target_field = ["基本每股收益","流动资产合计",'流动负债合计',"财务费用",'存货']
        for line in context_list:
            for field in target_field:
                try:
                    if field in line:
                        if str(line).startswith(context_type):
                            target_dict[field].append(line)
                except:
                    pass
        result_dict = {}
        for field in target_field:
            doc = (target_dict[field])
            Prompt = f"根据提供的文本内容：'{doc}',请回答精确的'{field}'是多少，文本内容有
干扰项，请严格比对。只要回答对应的具体数字内容,不要对数据进行处理。如果没有答案则回答-100"
            response, history = model.chat(tokenizer,Prompt, history=history)
            number = util_tools.merge_numbers(response)
            result_dict[field] = number
        return result_dict
```

对于 ChatGLM3 实例化的处理，在这里提供了一个 history，用作在模型对数据抽取时设定其角色扮演的 Prompt，从而让模型更好地完成财务目标字段的数据抽取。这部分内容代码如下：

```
    if __name__ == '__main__':
        system_info = {"role": "system","content": "你是一名专业的价值投资者，你的任务
是认真阅读给你的财务报表，并根据要求对其中的数据进行抽取，要严格比对给你的字段，不要凭空猜测。"}
        _, history = model.chat(tokenizer, "", history=[system_info])
        result_dict = get_financial_report(history=history)
        print(result_dict)
```

可以看到，此时设置的 system_info = {"role": "system","content": "你是一名专业的价值投资者，你的任务是认真阅读给你的财务报表，并根据要求对其中的数据进行抽取，要严格比对给你的字段，不要凭空猜测。"}，对 ChatGLM3 的数据抽取要求进行了严格规划，并显式要求模型在生成时必须从给定的表格（文本）中获取，而不能凭空猜测。

system_info 和函数体内部的 Prompt 结合在一起，构成了模型抽取的提示词，此时的结果如图 13-3 所示。

{'基本每股收益': 2.66, '流动资产合计': 10094286331.65, '流动负债合计': 6872726085.58, '财务费用': 140303466.04, '存货': 1508922641.63}

图 13-3　对随机文本的目标字段抽取结果

system_info 与函数体内部的 Prompt 的关系并非简单的叠加，而是一种深度的融合，彼此互相补充、互相呼应。这种默契的配合使得模型能够准确地锁定目标字段，避免偏离航道。

通过进一步分析可知，“严格”和“不凭空猜测”是指示关键词，它们确保了模型在数据抽取时的精确和可靠，从而使得 ChatGLM3 准确、高效地完成数据抽取任务。每一个数据点都被精准地捕获，无一遗漏。这种严格的要求和精准的执行，在一定程度上指示了模型在处理财务数据时展现出卓越的性能和出色的成果。

与此同时，system_info 与函数体中的 Prompt 紧密结合，共同形成了对模型抽取行为的强大引导。这两者如同经纬交织，构成了一个明确的坐标系，使得 ChatGLM3 能够在其中准确地定位并抽取所需的数据。

13.1.3　大规模上市公司财务报表目标字段数据库的建立

下面就是创建的数据抽取方案，完成了大规模的数据抽取，完整代码如下：

```
# 导入 utils 模块中的 util_tools 工具，这个工具包含一些常用的文件处理和数据处理函数
from utils import util_tools
# 导入 get_model 模块，这个模块应该包含了预训练模型和分词器
from get_model import model, tokenizer
# 导入 _13_2_2 模块中的 get_financial_report 函数，这个函数用来从财务报告中提取数据
from _13_2_2 import get_financial_report
# 初始化 system_info 字典，用来设定模型的角色和任务
system_info = {"role": "system","content": "你是一名专业的价值投资者，你的任务是认真阅读给你的财务报表，并根据要求对其中的数据进行抽取，要严格比对给你的字段，不要凭空猜测。"}
# 使用模型和分词器进行对话，传入 system_info 作为历史记录，获取模型的回应和更新后的历史记录
_, history = model.chat(tokenizer, "", history=[system_info])
# 查找目录“./alltxt”下的所有 TXT 文件，返回这些文件的路径列表
financial_report_files_path = util_tools.find_txt_files(directory="./alltxt")
# 遍历每个财务报告文件路径
for financial_report_file_path in financial_report_files_path:  # 对于路径列表中的每一个文件路径
    financial_reports = (financial_report_file_path.split("__"))  # 使用 split 方法按"__"分割文件路径字符串，得到一个包含信息的列表
    company_name = financial_reports[1]  # 获取公司名称（列表第二个元素）
    company_id = financial_reports[2]  # 获取公司 ID（列表第三个元素）
    company_short_name = financial_reports[3]  # 获取公司简称（列表第四个元素）
    report_year = financial_reports[4]  # 获取报告年份（列表第五个元素）
    try:  # 尝试执行以下代码块，如果发生异常则跳转到 except 部分进行处理
        result_dict = 
get_financial_report(file_path=financial_report_file_path, history=history, model=model, tokenizer=tokenizer)  # 调用 get_financial_report 函数处理财务报告文件，传入文件路径、历史记录、模型和分词器，得到包含财务数据的字典 result_dict
    except:  # 如果出现异常（例如文件读取错误、处理过程中的异常等）
        result_dict = {'基本每股收益': -100, '流动资产合计': -10, '流动负债合计': -100,
```

```
'财务费用': -100, '存货': -100}  # 设置一个默认的 result_dict 字典，所有财务数据的值均设为负数，表示数据获取失败
        result_dict["company_name"] = company_name  # 将公司名称添加到 result_dict 字典中
        result_dict["company_id"] = company_id  # 将公司 ID 添加到 result_dict 字典中
        result_dict["company_short_name"] = company_short_name  # 将公司简称添加到 result_dict 字典中
        result_dict["report_year"] = report_year  # 将报告年份添加到 result_dict 字典中
        print(result_dict)  # 打印包含财务数据的 result_dict 字典
        print("-----------------------------")
```

结果请读者自行打印验证。需要注意的是，设置的关键数据抽取大模型也是作为一种较为有力的辅助验证方法对财务报表数据进行抽取，对于一些显著错误的数据，还需要使用者进行多次验证或者采用人工验证的方法进行处理。

下面就是将生成的数据存储为CSV格式的代码示例。在这里使用CSV数据集作为存储的载体，而在真实的项目中，读者可以依据项目需求采用不同的数据库对所要求的内容进行存储。另外，采用大模型对数据进行抽取是可行的，但是对于一般读者来说，这个过程会耗费一定的时间。因此，为了演示起见，这里仅仅随机对一个上市公司近 3 年的年报进行抽取。完整代码如下：

```
    # 导入 utils 模块中的 util_tools 工具，这个工具包含一些常用的文件处理和数据处理函数
    from utils import util_tools
    # 导入 get_model 模块，这个模块应该包含了预训练模型和分词器
    from get_model import model, tokenizer
    # 导入_13_2_2 模块中的 get_financial_report 函数，这个函数用来从财务报告中提取数据
    from _13_2_2 import get_financial_report
    # 初始化 system_info 字典，用来设定模型的角色和任务
    system_info = {"role": "system","content": "你是一名专业的价值投资者，你的任务是认真阅读给你的财务报表，并根据要求对其中的数据进行抽取，要严格比对给你的字段，不要凭空猜测。"}
    # 使用模型和分词器进行对话，传入 system_info 作为历史记录，获取模型的回应和更新后的历史记录
    _, history = model.chat(tokenizer, "", history=[system_info])
    # 导入 csv 模块，用于处理 CSV 文件
    import csv
    # 打开一个名为"financial_reports.csv"的 CSV 文件以写入模式，并设置相关参数
    csvfile = open('financial_reports.csv', 'a', newline='', encoding=' utf-8-sig')
    # 创建一个 DictWriter 对象，并定义表头字段
    writer = csv.DictWriter(csvfile, fieldnames=["基本每股收益","流动资产合计","流动负债合计","财务费用","存货
","company_name","company_id","company_short_name","report_year"])
    # 写入表头
    writer.writeheader()
    # 使用工具函数查找财务报告文件路径
    financial_report_files_path = util_tools.find_txt_files(directory="./alltxt")
# 使用 util_tools 中的 find_txt_files 函数查找指定目录下的所有 TXT 文件
    # 遍历每个财务报告文件路径
    for financial_report_file_path in financial_report_files_path:  # 对于找到的每一个文件路径
        if "柳药集团" in financial_report_file_path:  # 随机选择一个公司
            financial_reports = (financial_report_file_path.split("__"))  # 使用
```

```
split 方法按"__"分割文件路径字符串，得到一个包含信息的列表
        company_name = financial_reports[1]     # 获取公司名称（列表第二个元素）
        company_id = financial_reports[2]       # 获取公司 ID（列表第三个元素）
        company_short_name = financial_reports[3]  # 获取公司简称（列表第四个元素）
        report_year = financial_reports[4]      # 获取报告年份（列表第五个元素）
        try:  # 尝试执行以下代码块，如果发生异常则跳转到 except 部分进行处理
            result_dict =
get_financial_report(file_path=financial_report_file_path,history=history,
model=model,tokenizer=tokenizer)  # 调用 get_financial_report 函数处理财务报告文件，传
入文件路径、历史记录、模型和分词器，得到包含财务数据的字典 result_dict
        except:  # 如果出现异常（例如文件读取错误、处理过程中的异常等）
            result_dict = {'基本每股收益': -100, '流动资产合计': -10, '流动负债合计
': -100, '财务费用': -100, '存货': -100}  # 设置一个默认的 result_dict 字典，所有财务数据
的值均设为负数，表示数据获取失败
        result_dict["company_name"] = company_name  # 将公司名称添加到 result_dict
字典中
        result_dict["company_id"] = company_id      # 将公司 ID 添加到 result_dict
字典中
        result_dict["company_short_name"] = company_short_name  # 将公司简称添加
到 result_dict 字典中
        result_dict["report_year"] = report_year    # 将报告年份添加到 result_dict
字典中
        writer.writerow(result_dict)   # 将 result_dict 写入 CSV 文件中
    csvfile.close()  # 关闭 CSV 文件
```

等待程序执行完后，可以在第13章的目录下获得对应的financial_reports.csv，作为数据集使用。这里请读者自行完成。

13.2 基于自然语言的上市公司财务报表智能问答与财务预警实战

我们借助ChatGLM3的力量，成功地从上市公司的财务报表中提取出了关键字段，尽管这一过程并非完美无瑕，但相较于传统的人工数据收集方式，无疑是一次巨大的飞跃。它极大地简化了工作流程，为我们节省了大量的宝贵时间。

想象一下，当我们需要采集浩如烟海的报表数据，甚至对全部上市公司的报表进行收集时，这项任务在以往几乎被认为是不可能完成的。然而，大语言模型ChatGLM3的出现，犹如破晓的曙光，将原本的不可能变为了切实可行的现实。它的威力与智能，赋予了我们穿越数据海洋的能力，让我们在繁杂的信息世界中游刃有余。

13.2.1 使用自然语言结合ChatGLM3实现上市公司财务报表智能问答与预警解决方案1

接下来，我们将结合ChatGLM3的卓越能力，实现上市公司财务报表的智能问答功能。在上一

节中，我们已经见识到 ChatGLM3 如何通过其出色的文本理解能力，轻松地将转换为 TXT 格式的财务报表内容进行精准分类提取，并将它们妥善存储于本地的 CSV 文件中。有兴趣的读者，完全可以根据自身需求，运用相同的方法来处理全部上市公司的财务报表，最终获得一份涵盖众多上市公司的关键字段数据库。

而现在，我们面临的挑战是如何利用这份财务报表数据库，实现针对上市公司的智能问答。针对这一挑战，使用 Python 语言来读取 CSV 文件无疑是直接且高效的方式。代码如下：

```
# 导入pandas库，并为它取一个别名"pd"
import pandas as pd
# 指定financial_reports.csv文件的路径
financial_reports_dataset_path = "./financial_reports.csv"
# 使用pandas的read_csv方法读取CSV文件，并将其内容存储在data变量中
data = pd.read_csv(financial_reports_dataset_path)
# 从data中筛选出"report_year"列值为"2019年"的所有行，筛选后的数据依然存储在
filtered_data变量中
filtered_data = data[(data["report_year"] == "2019年")]
# 从上一步筛选出的数据中，选取"流动资产合计"这一列的数据，并覆盖filtered_data变量
filtered_data = data[(data["report_year"] == "2019年")]["流动资产合计"]
```

对于普通用户或财务人员而言，编写程序往往是一项艰巨的任务，因为这不仅要求他们掌握编程技能，还需深入了解相关的技术和算法。编程所涉及的高度专业性和复杂性可能使他们望而却步，无法充分利用深度学习模型的强大功能来处理和分析财务报表数据。

然而，随着科技的日新月异，我们迎来了更为便捷、用户友好的工具，为这一难题带来了解决方案。ChatGLM3 宛如一座彩虹桥，将自然语言与程序设计紧密相连。透过其独具匠心的设计，即使是没有编程基础的用户，也能轻松驾驭财务数据，实现智能问答。

无须深陷编程的纷繁复杂，财务人员和普通用户只需运用自己熟悉的自然语言，便能驾驭深度学习模型的强大功能，轻松解析财务报表数据，探索其中的奥秘。这一技术革新为财务分析领域注入了新的活力，使得更多的人能够享受到深度学习带来的智慧与便捷。

下面模拟一个无编程基础的从业人员查询一个简单的财务问题：

```
"帮我查询柳药集团在2019年的财务数据"
```

这个看似简单的自然语言句子，实际上蕴含了相应的意图、待查询的实体名称以及查询的时间信息。因此，我们需要借助 ChatGLM3 的力量，来完成对句子中实体的精准抽取。在此基础上，我们将结合 CSV 文件的读取功能，根据抽取出的实体信息，在 CSV 文件中寻找匹配的内容，从而圆满实现基于自然语言处理的实体问答任务。以下是相应的代码展示：

```
# 导入json模块，用于处理JSON格式的数据
import json
# 从utils模块中导入get_model函数
from utils import get_model
# 使用get_model函数获取模型和分词器，并将它们分别赋值给model和tokenizer变量
model, tokenizer = get_model.model, get_model.tokenizer
# 创建一个字典，包含系统信息
system_info = {
    "role": "system",
    "content": "你是一名专业的文本实体抽取专家，不要访问外部资源，也不要解释，也不要写代
```

```
码，只从给你的句子中抽取实体信息，并不做回答。抽取的实体以 JSON 格式输出，格式为'{名称 ：''，年份 = ' XXXX 年',}'。只抽取对应的实体并以 JSON 输出，只输出 JSON，不要多做描述。"
    }
    # 定义一个字符串 Prompt，给出用户的提示信息
    Prompt = "抽取下面句子中实体的信息，并以 JSON 形式输出，不要做描述和回答。"
    # 定义一个字符串 query，将 Prompt 和具体的查询语句拼接在一起
    query = Prompt + "帮我查询柳药集团在 2019 年的财务数据"
    # 使用 model 的 chat 方法对输入的 query 进行处理，得到 response 和 history
    response, history = model.chat(tokenizer, query, history=[system_info])
    # 将 response 从 JSON 格式转换为 Python 对象
    response = json.loads(response)
    # 打印 response 对象
    print(response)
    # 导入 pandas 模块，并为它取一个别名 pd
    import pandas as pd
    # 定义一个字符串变量，存储财务报表数据集的路径
    financial_reports_dataset_path = "./financial_reports.csv"
    # 使用 pandas 的 read_csv 函数读取 CSV 文件，并将其存储在 data 变量中
    data = pd.read_csv(financial_reports_dataset_path)
    # 对 data 进行筛选，只保留 company_short_name 字段等于 response 中名称字段且 report_year 字段等于 response 中年份字段的数据，并将筛选后的数据存储在 filtered_data 变量中
    filtered_data = data[(data["company_short_name"] == response["名称"]) & (data["report_year"] == response["年份"])]
    # 打印 filtered_data 对象
    print(filtered_data)
```

上述代码是一个结合了深度学习和自然语言处理的实体问答系统。首先，通过导入必要的模块和工具，系统获取了预训练的模型和分词器。用户输入的自然语言查询被模型处理，抽取出其中的实体信息，并以 JSON 格式输出。然后，系统使用 Pandas 库读取存储了财务报表数据的 CSV 文件，并根据抽取出的实体信息（公司名称和年份）对数据进行筛选。最后，系统将筛选出的相关财务数据展示给用户。整个过程实现了从自然语言查询到结构化数据查询的转换，为用户提供了便捷的财务报表查询体验。打印结果如图 13-4 所示。

```
柳药集团 2019年
  基本每股收益    流动资产合计    流动负债合计  ...  company_id  company_short_name  report_year
0    2.66  10094286332  6872726086  ...     603368          柳药集团       2019年
```

图 13-4　基于 CSV 数据文件的查询结果

需要注意的是，在此我们巧妙地利用 system_info 为 ChatGLM3 注入了系统信息，明确了所需抽取的实体结构，即{名称 ：''，年份 ：'XXXX 年'}。在适配 Prompt 与问题后，ChatGLM3 完成了自然语言的解析与抽取任务，并凭借 Pandas 强大的数据处理能力，轻松地提取出与之匹配的内容，实现了精准的实体抽取。值得一提的是，这一复杂的抽取过程在后台默默完成，普通用户只需提供一句简单的查询语句，便可轻松获得所需的信息，而无须关心背后的技术细节。

13.2.2 使用自然语言结合 ChatGLM3-6B 实现上市公司财务报表智能问答与预警解决方案 2

提示：本节使用的是 ChatGLM3-6B，不能使用 ChatGLM3-6B-32K 模板，这点请读者一定注意。

在 13.2.1 节，我们通过 system_info、Prompt 与查询语句的组合，依赖 ChatGLM3 强大的自然语言提取与抽取能力，完成了查询语句的实体识别，并结合 Pandas 完成了智能问答。然而，这并不是 ChatGLM3 的全部能力，我们还可以依靠 ChatGLM3 的工具调用能力完成智能问答。

经过我们测试，在教会 ChtaGLM3 完成本地版股票查询工具函数的调用之前，需要通过对 ChatGLM3 的微调让模型了解和掌握股票类工具的调用。具体来说，需要先自定义一套调用数据集将查询的意图、方式以及可能的返回结果传递给 ChatGLM3，从而教会 ChatGLM3 财务查询工具的调用方法。

目前来说，对于这种方案我们并不是很推荐，读者只需掌握其中的方法即可。

1. 定义一个财务查询函数

首先需要定一个财务查询函数。对于具体的 ChatGLM3 工具函数的写法，我们在第 12 章介绍工具函数时已经做出讲解，这里只提供已完成的由装饰符标注的财务查询函数，代码如下：

```
@register_tool
def get_stock_data(
        company_short_name: Annotated[str, '这里是股票简称，股票名称，
company_short_name', True],
        report_year: Annotated[str, '这里是报告年份，report_year', True],
) -> int:
    """
    本地数据库中查询 stock_data 的工具函数

    根据'股票简称'与'报告年份'获取对应的财务数据
    Obtain corresponding financial data based on the 'company_short_name' and
'report_year'

    获取财务数据，对应于股票简称以及报告年份
    Get financial data for 'company_short_name' and 'report_year'
    """
    # 下面路径可以改成自定义的路径

financial_reports_dataset_path = "./financial_reports.csv"
    data = pd.read_csv(financial_reports_dataset_path)
    if "年" not in report_year:
        report_year += "年"
    filtered_data = data[(data["company_short_name"] == company_short_name) &
(data["report_year"] == report_year)]
    json_result = filtered_data.to_json(orient='records')
    return json_result
```

特别需要注意的是，在函数中，我们不仅要详细阐述函数的整体作用，还要对每个参数的具体功能进行清晰的说明，因为这是 ChatGLM3 在调用函数时所依赖的重要依据。目前，笔者只准备了

一个函数示例，即根据股票名称和年份查询相关信息的函数。

然而，在实际应用中，读者可能需要根据具体的业务需求来设计和准备更多的查询条件及合适的组合方式。同时，在编写函数参数时，读者也需要运用一些技巧和 Python 特定的参数策略，例如使用*args 等不定参数的方式，来应对可能的参数变化，确保函数的灵活性和可扩展性。

2. 采用既定格式对 ChatGLM3 进行微调

在使用未经微调的 ChatGLM3 进行流程处理时，可能会有一些大模型的“幻觉”产生，具体的大模型幻觉问题会在附录中进行讲解。

为了最大可能地避免这种情况，使得 ChatGLM3 能够按使用者的需求完成项目的输出，在一定条件下还需要对 ChatGLM3 进行微调。下面是为自定义微调 ChatGLM3 所准备的数据：

```
<|system|>
Answer the following questions as best as you can. You have access to the following tools:
[
    {
        "name": " get_stock_data",
        "description": "本地数据库中查询 stock_data 的工具函数",
        "parameters": {
            "type": "object",
            "properties":
                {
                 "company_short_name": {
                    "type": "string",
                    "description": "这里是股票简称，股票名称，company_short_name",
                },
                "unit": {"type": "string"},
                "report_year": {
                    "type": "string",
                    "description": "这里是报告年份，report_year",
                },
                "unit": {"type": "string"},
            },
            "required": ["company_short_name","report_year"],
        },
    }
] <|user|>
帮我查询柳药集团在 2019 年的财务数据
<|assistant|>
好的，让我们来查看柳药集团在 2019 年的财务数据情况
<|assistant|> get_stock_data
```python
tool_call(company_short_name ="柳药集团", report_year = "2019 年" , unit="celsius")
```

<|observation|>
{"temperature":基本每股收益,流动资产合计,流动负债合计,财务费用,存货,company_name, company_id,company_short_name,report_year\n 2.66,10094286332,6872726086,140303466,
```

```
1508922642,广西柳药集团股份有限公司,603368,柳药集团,2019 年}
    <|assistant|>
    根据查询结果，柳药集团在 2019 年度基本每股收益为：2.66,流动资产合计：10094286332,流动负债合计：6872726086,财务费用：140303466,存货：1508922642。
```

读者完全可以根据自己的需求进行更多的数据准备工作。在此提醒读者，在数据准备的过程中，务必确保数据与预先设定好的工具函数严格对应，这样模型在运行时才能准确地找到相关内容，实现预期的功能。

3. 采用会用工具的 ChatGLM3 进行智能问答与预警

在完成了上面内容的基础上，我们就可以直接进入 ChatGLM3 的工具函数调用阶段，读者可以仿照 11 章的内容完成，在这里我们提供一个示例代码供读者参考。代码如下：

```
# 从 utils 模块中导入 util_tools 和 get_model
from utils import util_tools, get_model
# 从 get_model 中获取预训练模型和分词器
model, tokenizer = get_model.model, get_model.tokenizer
# 从 utils 模块中导入 tool_register
from utils import tool_register
# 从 tool_register 中获取所有已注册的工具
tools = tool_register.get_tools()
# 定义一个系统信息字典，包括角色、内容和工具
system_info = {
    "role": "system",
    "content": "你是一名专业的会计，首先需要在本地数据库中查询 stock_data，不要联网。你可以尝试使用工具箱 tools 中的工具函数在本地查询。",
    "tools": tools
}
# 用户查询语句。
query = "帮我查询'柳药集团'在'2019 年'的财务数据"
# 使用模型进行聊天交互，并获取响应和聊天记录
response, history = model.chat(tokenizer, query, history=[system_info])
print(response)
# 从响应中获取工具名称和参数
tool_name = response["name"]
tool_parameters = response["parameters"]
# 使用 tool_register 调度工具，并传递工具名称和参数。这里返回的是一个字符串形式的字典
ret = tool_register.dispatch_tool(tool_name, tool_parameters)  # 这里返回的是一个字符串
# 将返回的字符串转换为字典
ret_dict = eval(ret)
print(ret_dict)
print("----------------------------------------------------------------------")
# 将字典转回为字符串，然后使用模型再次进行聊天交互
ret_dict = str(ret_dict)
response, history = model.chat(tokenizer, ret_dict, history=history)
print(response)
print("----------------------------------------------------------------------")
# 用户再次查询，请求计算速动比率
```

```
    query = "再帮我计算一下速动比率是多少，你可以使用如下金融工具：速动比率 = (流动资产合计 - 存货)/流动负债合计,你要一步一步地计算。"
    response, history = model.chat(tokenizer, query, history=history)
    print(response)
```

这段代码首先从 utils 模块中导入了必要的工具和模型，然后初始化了一个包含系统和工具信息的字典。接下来，它定义了一个查询语句，并使用模型和分词器处理该查询。最后，它打印了模型的响应。结果如图 13-5 所示。

```
[{'基本每股收益': 2.66, '流动资产合计': 10094286332, '流动负债合计': 6872726086, '财务费用': 140303466.0, '存货': 1508922642, 'company_name': '广西柳药集团股份有限公司', 'company_id': 603368, 'company_short_name': '柳药集团', 'report_year': '2019年'}]
------------------------------------------------------------
根据您的查询，我已经成功调用了本地数据库，查询到了'柳药集团'在'2019年'的财务数据。根据API返回结果，柳药集团在2019年的财务数据如下：基本每股收益为2.66元，流动资产合计为10094286332元，流动负债合计为6872726086元，财务费用为140303466.0元，存货为1508922642元。这些数据可以帮助您更好地了解柳药集团在2019年的财务状况。
------------------------------------------------------------
好的，我明白了。那么根据速动比率的计算公式，我们可以得到以下步骤：

1. 计算流动资产合计 - 存货：10094286332 - 1508922642 = 8585363790
2. 计算流动负债合计：6872726086
3. 将步骤1的结果除以步骤2的结果，即：8585363790 / 6872726086 ≈ 1.26

因此，速动比率为1.26。这个值可以帮助您了解柳药集团的短期偿债能力，一般来说，速动比率大于1表示公司的短期偿债能力较强。
```

图 13-5　基于自然语言处理的模型计算与结果打印示例

总体而言，这段代码是一个简单的自然语言处理应用，用于从本地数据库中查询特定公司的财务数据，并且无须联网。具体结果请读者自行完成。

4. 本小节内容的补充说明

对于目前所用的 ChatGLM3，直接利用它进行财务查询和分析并不是一项已经经过千锤百炼、达到炉火纯青境界的任务。在纷繁复杂的实际操作中，我们还需要采取一些其他方法，如通过表格查询或者输出代码示例，对任务进行抽丝剥茧、细致入微的拆解。因此，当读者希望 ChatGLM3 能够灵活运用各种工具，胜任财务查询的重任时，笔者有一个建议：我们可以通过自定义数据集的方式，对 ChatGLM3 进行微调，使它更加切合实际需求，以此来提高任务的完成效率，确保每一个结果的准确性。

除此之外，在本小节的最后，还特别增加了一个基于业务背景的问答环节。通过这一环节，我们可以针对整个上市公司的数据进行预警分析，及时发现潜在的风险和问题。当然，具体如何操作和运用，还需要读者在实际的学习和实践中去掌握和领会。希望这一部分的内容，能够对读者有所启发和帮助。

13.2.3　使用自然语言结合 ChatGLM3 实现上市公司财务报表智能问答与预警解决方案 3

在传统的财务查询领域，面对上市公司时，常常偏好于运用 SQL 语句，通过那些经典的关系数据来深入挖掘财务数据的内核。这种经典方法的优势在于，它可以为我们展现一种更精确、更直观的查询结果，使我们能在纷繁复杂的业务处理中，避免因大模型的误导而陷入幻觉，确保查询结果的准确与真实。

对于如何实施这一步，建议读者回顾在 13.1 节中所分享的实例，学习如何将所采集的宝贵数据妥善存储在为其量身打造的目标数据库中。这个过程并不复杂，只需使用者运用特定的 SQL 语句即可，这个过程如同填充画布上的色彩一般，只需将所需字段一一完善，读者可以自行体验并完成。

但是，我们的探索并未止步。我们的愿景是运用自然语言处理的技术，借助 ChatGLM3 那令人惊叹的语言理解与转换能力，来完成项目的查询。由此，我们可以释放自然语言的力量，使它不再仅是沟通的工具，而是成为我们处理事务、解决问题的有力助手，为我们的工作带来前所未有的便捷与高效。

1. 将自然语言查询语句通过 ChatGLM3 转换成 SQL 语句

下面是一个将自然语言查询语句通过 ChatGLM3 转换成 SQL 语句的代码示例，代码如下：

```
from utils import get_model
model,tokenizer = get_model.model,get_model.tokenizer
system_info = {"role": "system","content": "你是一名专业的会计和程序员，从输入给你的查询语句中提出对应的实体信息，并将查询语句转换成 SQL 语句的形式输出，格式为'select financial_table where ...... and report_year = 'XXXX 年''。不要输出描述和解释，只要输出 SQL 语句。"}
query = "帮我查询柳药集团在 2019 年的财务数据"
response, history = model.chat(tokenizer, query, history=[system_info])
print(response)
```

这里首先通过 system_info 向 ChatGLM3 传递扮演的角色，以及所要完成的任务。后面则是输出的格式，并制定了输出数据的来源，这点可以有效指导大模型完成 SQL 语句的转换。打印结果如图 13-6 所示。

```
select financial_table where company_name = '柳药集团' and report_year = '2019年
```

图 13-6　自然语言转换的 SQL 语句

要提醒读者的是，确保字段内容的一一对应至关重要。以我们提供的 SQL 语句为例，其中的 company_name 是模型查询的字段，但在 13.2 节中，数据存储时所使用的简称是“company_short_name”。关系数据库对此类细节极度敏感，即便是细微如一个字符的变动，也可能导致查询结果大相径庭。因此，在实际应用中，读者必须谨慎行事，确保每一个字段、每一个字符都准确无误，以获得预期的查询结果。

2. 本小节内容的补充说明

关于 SQL 语句的运用，相关的 Python 教程已经提供了详尽且易于上手的指导，对此有兴趣的读者可以自行探索和学习。值得一提的是，SQL 语句本身所蕴含的能力是令人惊叹的，通过巧妙地构造 SQL 语句，我们不仅可以处理和计算众多的参数因子，更能实现复杂的数据操作和转换。

而在这个过程中，我们可以借助清华大学推出的顶级人工智能模型——ChatGLM3 的力量。凭借其卓越的自然语言理解和转换能力，ChatGLM3 能够为我们扫清障碍，让我们即便是 SQL 语句的初学者，也能够如鱼得水般地运用 SQL 语句，轻松解决项目中的各种挑战。

13.3 本章小结

本章成功实现了一个基于自然语言的真实上市公司大规模年度财务报表智能问答与财务预警的实战案例。在实战过程中，无论是对自然语言实体的精准提取、文本内容的深入理解，还是工具函数的灵活运用和将自然语言转换为 SQL，ChatGLM3 都展现出了游刃有余的高效处理能力。这些都让我们深刻感受到了先进技术在推动业务创新发展方面的巨大潜力。

当然，本章所展示的案例仅仅是抛砖引玉，更多的将 ChatGLM3 应用于业务场景的创新方法还有待读者们在后续的工作中继续深入探索。我们期待看到更多的实践成果，共同推动自然语言处理技术在各个业务领域的广泛应用和持续进步。

附　录

大模型的“幻觉”

随着深度学习技术的飞速发展，大语言模型如GPT-4等逐渐成为自然语言处理领域的主角。然而，伴随着这些大模型的崛起，一个被称为“幻觉”（Hallucination）的现象逐渐受到关注。下面将从幻觉的定义、产生、危害、对应方法及结论与展望5个方面深入探讨大模型的幻觉现象，旨在帮助读者更好地理解这一问题，并探讨可能的解决方案。

1. 幻觉的定义

在心理学中，幻觉被定义为“一个清醒的个体在没有来自外部世界适当刺激的情况下所体验的感知”。在自然语言处理背景下，尤其在生成式问答任务（GQA）中，幻觉通常表现为模型生成的答案不忠实或无意义，但却具有高度的可读性，使读者误以为它们是基于提供的上下文生成的。这些答案往往与真实世界的常识和事实相去甚远，甚至达到荒谬的程度。

2. 幻觉的产生

关于大模型幻觉的产生原理，目前还没有数学逻辑上的严格证明。然而，一种较为令人信服的猜测是，大模型在搜索过程中并没有很好地融合获得的证据。在GQA任务中，模型会首先进行问题相关信息的搜索，这些搜索到的信息称为“证据”，然后基于这些检索到的信息生成答案。

由于这些证据来源往往不唯一，可能包含冗余、互补或相互矛盾的信息，因此模型在生成答案时可能会对多个并不兼容的证据产生疑惑。为保证回答的全面性，模型融合证据时会把不同答案的段落进行拼接，从而导致生成的答案产生幻觉。

3. 幻觉的危害

幻觉现象的存在对大模型的应用产生了严重影响，尤其是在需要高度严谨回答的领域，如医疗和法律等。在这些领域中，准确的答案至关重要，而幻觉可能产生错误的或不准确的答案，从而带来严重的后果。

例如，在医疗领域，错误的诊断或治疗建议可能导致患者的健康状况恶化；在法律领域，错误的法律解释或建议可能导致不公正的裁决。因此，解决大模型的幻觉问题对于这些领域的实际应用至关重要。

4. 对应方法

为了减轻大模型产生幻觉的现象，研究者们采用了多种手段：

- 事实检测：通过引入额外的事实检测模型，对生成的答案进行验证，确保其准确性。这种方法可以帮助识别出与事实不符的答案，并对它进行修正。
- In-context learning：通过在训练过程中引入更多的上下文信息，帮助模型更好地理解问题，并生成更准确的答案。这种方法可以使模型更加关注问题的上下文信息，从而减少产生幻觉的可能性。
- 知识微调：通过微调模型的知识库，使模型更准确地回答问题。这种方法可以帮助模型更好地利用已有的知识资源，提高答案的准确性。
- 拒绝回答：对于幻觉高发的问题，模型可以选择拒绝回答，以避免产生错误的答案。这种方法可以作为一种保守策略，确保模型在不确定的情况下不会给出误导性的答案。

5. 结论与展望

虽然采用了种种手段，但还是无法从根本上杜绝大模型的幻觉。这主要是因为大模型的复杂性和不确定性使得完全消除幻觉现象变得非常困难。尽管如此，我们仍然可以通过不断改进模型和优化训练方法来降低幻觉现象的发生频率和影响程度。

未来，随着深度学习技术的不断进步和模型规模的持续扩大，我们有理由相信大模型的幻觉问题将更好地得到解决。未来的研究方向可能包括开发更先进的事实检测方法、优化 In-context learning 策略、改进知识微调技术等。同时，我们也期待着新的技术和方法的出现，为解决大模型的幻觉问题提供更多的可能性。